复杂开采条件下冲击地压及其防治技术

主　编　孙学会
副主编　吕玉国　孙世国
　　　　庄桂成　冯少杰

北　京
冶　金　工　业　出　版　社
2009

内容提要

全书共分为5章，其中第1章介绍冲击地压研究现状与抚顺矿区冲击地压特点，第2章着重介绍特厚煤层冲击地压发生的机理及老虎台矿冲击地压诱发因素，第3章着重介绍冲击地压危险性预测与抚顺矿区冲击地压的识别技术，第4章着重介绍冲击地压的防治措施，第5章为事故案例分析。

本书具有很强的可读性，可供矿山、科研设计院所、高等院校的采矿专业的科技人员、教学人员和管理人员阅读。

图书在版编目（CIP）数据

复杂开采条件下冲击地压及其防治技术/孙学会主编. —北京：冶金工业出版社，2009.4

ISBN 978-7-5024-4874-5

Ⅰ.复… Ⅱ.孙… Ⅲ.煤矿—冲击地压—防治 Ⅳ.TD324

中国版本图书馆CIP数据核字（2009）第038388号

出 版 人 曹胜利
地　　址 北京北河沿大街嵩祝院北巷39号，邮编100009
电　　话 (010)64027926 电子信箱 postmaster@cnmip.com.cn
责任编辑 杨盈园 美术编辑 李 心 版式设计 葛新霞
责任校对 石 静 责任印制 牛晓波
ISBN 978-7-5024-4874-5
北京百善印刷厂印刷；冶金工业出版社发行；各地新华书店经销
2009年4月第1版，2009年4月第1次印刷
850mm×1168mm 1/32；10.75印张；283千字；326页；1-2000册
35.00元
冶金工业出版社发行部 电话：(010)64044283 传真：(010)64027893
冶金书店 地址：北京东四西大街46号(100711) 电话：(010)65289081
（本书如有印装质量问题，本社发行部负责退换）

本书编委会

主　　编　孙学会

副 主 编　吕玉国　孙世国　庄桂成　冯少杰

编委会成员（以姓氏笔画为序）

冯少杰　吕玉国　吕　霁　刘　军

刘　佳　孙世国　孙学会　庄桂成

张升祥　周蒲生　姜亭亭　崔颖辉

鲁　海

前　言

“冲击地压”或“冲击矿压”，非煤矿山也称之为“岩爆”，是井工矿山开采过程中典型的动力灾害之一，通常是在岩石工程系统达到极限强度时，以突然、急剧、猛烈的形式释放能量，导致煤岩体瞬时破坏并伴随煤粉冲击，造成井巷的破坏及人身伤亡事故。煤矿冲击地压更为严重的后果是还可能诱发瓦斯、煤尘爆炸等灾害性事故。煤矿冲击地压是一个世界性的灾害问题，从1738年英国的南史塔福煤田发生世界上第一次冲击地压以来，已有270年的历史了。其间，很多国家发生了冲击地压，而我国最早记录冲击地压是1933年在抚顺胜利煤矿。截至目前，我国有十几个省近百个矿山发生了冲击地压。随着一些老矿区开采深度增大，再加上特殊的地质构造、厚煤层开采等诸多因素的共同影响和作用，冲击地压灾害日趋严重，其发生的频率越加频繁，冲击强度也越来越大，严重地影响到矿山安全生产和作业人员的安全。

我国93%的能源、80%的工业原料、70%的农业生产资料以矿产品为原料。目前我国有矿山企业153万个，2001年全国矿业产值达4601亿元，占全国GDP的49%，约占全国工业总产值的93%。21世纪矿山企业仍然是推动我国经济发展和工业化建设的重要力量。其中，能源是矿产资源的重要组成部分，煤炭又排在能源矿产之首，占我国一次能源消费的67%，是我国最主要的能源。1949年全国原煤产量为32.0Mt，1980年全国原煤产量为620.0Mt，平均每年产量增加19.19%；1996年全国原煤产量达到了1396.7Mt，是1980年原煤产量的2.25倍。随着我国国民经济的快速发展，能源需求大幅度上升，煤炭产量出现了空前的增长趋势，2004年全国煤炭产量达到 19.5 亿 t，2005 年煤炭产量为 21.1 亿 t，2006 年全国煤炭产量达到 23.8 亿 t。产量增加的同时也增大了灾害发生的概率。为此，应加强本学科领域的研究，总结其变化规律，为减少灾害发生提供科学依据。

抚顺矿区是我国有记录最早发生矿震的矿山，每年地震台能记录到的矿震次数达 4500 次以上，最大震级为 $M_L3.7$。随着开采深度的不断增大，矿震频度和能量均显著增加，再加上抚顺地区受浑河断裂带的控制，地震多发生在浑河断裂带两侧附近和抚顺至沈阳之间。地震震级不大，但因为震源深度较浅，其影响范围一般小于 10km，所以，有时有震感，频率一般每年约 4 ~6 次左右。

该时间段内记录到的最大震级为 $M_L3.3$。所有矿震记录中 M_L 不小于 1.0 的约占总数的 17% 多；2.0 震级的矿震占 M_L 不小于 1.0 以上矿震总数的 4% 多；绝大多数矿震小于 1.0 级。每年2 ~3月及 9 ~11 月是矿震相对高发期。

由于抚顺矿区属于特厚煤层开采，而特厚煤层综放开采条件下冲击地压的发生规律与一般矿山有较大区别。首先是开采煤层的最大厚度达到 150m 属于世界少见；再加上抚顺矿区复杂的地质构造与 800 多米的开采深度，致使冲击地压的发生规律与损害特点完全不同于其他矿山，其对城市的安全影响与控制措施属于世界前沿问题。作者就这些问题进行了 30 多年研究。本书是多年研究成果的集成。全书共分为 5 章，第 1 章介绍冲击地压特点与规律及其分类以及抚顺矿区冲击地压的特殊性，第 2 章着重介绍特厚煤层冲击地压发生的机理及老虎台矿冲击地压诱发因素及其影响特征的分析，第 3 章着重介绍冲击地压危险性预测方法与抚顺矿区冲击地压的识别技术，第 4 章着重介绍冲击地压的相关防治措施，第 5 章为案例分析。

全书由抚顺矿业集团孙学会任主编，由抚顺矿业集团老虎台矿吕玉国、北方工业大学孙世国、冯少杰，首钢勘察院庄桂成任副主编。在本书的编写过程中得到北京市“学科与研究生教育—岩土工程”项目与北方工业大学重点科研项目的联合资助，著者对此表示感谢。

本书参考了诸多学者和前人的研究成果，对此表示感谢！由于笔者水平及时间有限，书中不妥之处，望读者不吝赐教。

作　者

2008 年 11 月

目　录

1　冲击地压研究现状与抚顺矿区冲击地压特点

1.1　国内外冲击地压发生概况

世界各国地下开采发生冲击地压灾害十分普遍，目前包括中国在内，德国、南非、前苏联、波兰、美国、加拿大等几十个国家和地区均受到冲击地压灾害的威胁。苏联首次发生冲击地压是在20世纪40年代的基泽尔煤田，20世纪80年代前194个矿井的847个煤层有冲击危险性，并发生了750次有严重后果的冲击地压。波兰全国67个煤矿中有36个煤矿的煤层具有冲击危险性，其中，1949~1982年间，共发生破坏性冲击地压3097次。1949~1978年，联邦德国共发生破坏性冲击地压1001次。因此，国际上对冲击地压的研究给予了极大的关注。我国最早记录的冲击地压是1933年发生在抚顺胜利煤矿，之后在北京矿务局的门头沟、房山、城子、大沟峪、大台、木城涧6个煤矿，开滦矿务局的唐山矿，抚顺的龙凤矿、老虎台矿，南桐的砚石台、南桐矿，枣庄的陶庄、八一、柴里矿，大同忻州窑、煤峪口、永定庄等矿井，沈阳中心台矿，北票台吉矿，阜新高德、五龙矿，通化铁厂矿，舒兰营城矿，鹤岗南山矿，鸡西滴道矿，天池、五一、擂鼓、花鼓山、冰沟、欢城等地方煤矿都发生过严重的冲击地压。

随着矿井采深增加，水、火、瓦斯、煤尘、冲击地压、热害等对煤矿安全生产的威胁日益严重。目前我国发生冲击地压的矿井已达100多个。我国煤矿矿井大多建于20世纪50~60年代，随着矿产资源开发向深部转移，这些矿井将逐步进入深部开采，冲击地压灾害问题将更加严重、更加突出、更为普遍。据预测，冲击地压的预测技术与防治措施将成为21世纪井工开采与岩石力学领域研究的主要难题之一。其主要特点是以突然、急剧、猛烈的形式释放出煤岩体变形能，同时煤岩体被抛出、造成支架损坏、片帮冒顶、巷道堵塞、伤及井下工作人员，并产生巨大的响声和岩体震动；一般震动时间从几秒到几十秒，冲出的煤岩从几吨到几百吨，记录到的矿山最大震级已超过里氏5级。

冲击地压发生的原因极为复杂，影响因素众多，灾害严重，已成为矿山深部开采和岩石力学领域研究中的一个重大课题。我国绝大多数矿山的煤层与岩层都具有强烈或明显的冲击倾向，在一定的临界深度下，煤岩体发生的冲击地压极其严重。随着煤矿开采深度不断增加，冲击地压灾害越来越严重，已经成为制约矿山生产和安全的重大灾害之一。尽管国内外学者在冲击地压发生机理、监测手段及控制等研究方面取得了一定进展，由于冲击地压的复杂性，到目前为止，远没有从根本上解决其有效预测和防治问题。

1.2 冲击地压的特征

冲击地压是矿山压力的一种特殊显现形式，是矿山采动或采掘工作面扰动诱发高强度的煤（岩）变形能瞬时释放，在相应采动空间引起围岩突然破坏，并产生震动和挤出的现象，是煤矿生产中常见的重大灾害。冲击地压将造成人员伤亡和设备损坏，其破坏位置不仅可以发生在工作面现场，而且可能波及巷道、硐室，特别是存在高应力集中的空间部位。冲击地压最主要的特征是突发性、瞬时震动及破坏性。

近年来随着开采深度增加，冲击地压事故频繁发生。1998年6月19日中午12点40分，在北京市门头沟煤矿发生了相当于2.8级地震的矿震。门头沟区、石景山区震感明显。此次矿震为地应力突然变化形成的冲击地压所致，发生在距地表700m左右的采空区，因发生时间在中午，对地下采煤工作面的人员安全未形成威胁。然而门头沟矿区是冲击地压多发矿区，形成的最大矿震曾达3.9级。

2001年11月3日23点22分，在华丰煤矿－750m水平

3407（1）工作面发生的冲击地压，震级2.4级。冲击地压发生前没有明显的前兆，突然一声巨响后，伴随连续小的爆裂声音，围岩强烈震动，煤尘飞扬，持续时间8min，并伴有强烈的冲击波，伤13人，工作面下50m，下出口50m，巷道全部堵塞，8~35m的巷道上帮位移严重，支柱折损53根，顶梁40余根，地面有明显震感。

2003年5月3日20点36分，抚顺老虎台煤矿因冲击地压引发3.3级矿震。当时在井下作业的抚顺老虎台矿部分矿工因躲避不及而在井下遇险，其中2人当场死亡，1名矿工经抢救无效死亡，其余的9名伤员从井下被救上来后，3m多高工作面只剩下几十厘米。

2004年4月1日9点5分，四川绵竹天池煤矿1号井发生冲击地压事故，井内5名正作业的矿工全部被埋。经过14个小时生死营救，2日凌晨，5名被埋矿工全部脱险，离专家推测的生命极限仅仅还有1个小时。

2004年6月27日，北京昊华公司木城涧煤矿发生的冲击地压，属于典型的压缩性冲击地压。造成1人死亡，3人重伤，5人轻伤。

2005年2月14日辽宁阜新矿业（集团）有限责任公司孙家湾“2·14”矿难导致214名工人死亡。事故直接原因是冲击地压造成3316工作面风道外段大量瓦斯异常涌出，3316风道里段掘进工作面局部停风造成瓦斯积聚，致使回风流中瓦斯浓度达到爆炸界限。工人违章带电检修照明信号综合保护装置，产生电火花引起瓦斯爆炸。

我国煤矿冲击地压的突出特点是类型多样、条件复杂及发展趋势严重。冲击地压发生前一般没有明显的宏观前兆，其主要诱发因素如放炮、顶板来压期间、回柱（移架）等。通过对国内外大量冲击地压案例的分析，冲击地压的主要特征可以归纳如下：

（1）冲击地压的发生与地质构造有密切关系，一般多发生在褶曲、断层及煤层变异性突出的部位，主要受构造应力的控制。

（2）发生冲击地压的煤层顶板往往具有坚硬的岩层，该岩层聚集高强度的变形能，是冲击地压发生的主要能量。

（3）发生在超前巷道的冲击地压，以巷道两帮煤体抛出为主要特征，将巷道堵塞，甚至完全充实巷道空间。

（4）发生在工作面的冲击地压，一般表现为大面积冲击现象，冲击形成的煤体运动和冲击波将支护体推倒。

（5）在留有底煤的采场，冲击地压发生时，以底臌和煤岩压入采场空间为主要显现特征。

1.3 冲击地压研究现状

有记录的由采掘诱发地震可追溯到20世纪初，几乎在所有的采矿国家如前苏联、德国、波兰、日本、南非及美国等都发生过。人们很早就注意到采矿与地震的关系，但早期的认识相当模糊。1872年，捷克斯洛伐克的克拉德诺（Kladno）煤矿提供了有关这种关系的第一篇文字记载。

1908年，明德罗普（Mintrop）在德国鲁尔煤田的博卡（bochcum）地区建立了第一个矿山观测的台站。该台站配有一架著名的维谢尔特水平地震仪，直至在第二次世界大战中被摧毁前，从未中断过工作。1915年在南非成立了专门的冲击地压科研机构，标志着冲击地压发生机理研究的开始。20世纪20年代，迈因卡（Mainka）在德国的上里西亚（后划归波兰）建立了第一个用于矿井监测的地震台网。该台网包括若干个站，其中一个设在煤矿深部，并配有Mainka水平摆。

我国是采矿大国，最早有记录采矿诱发地震发生于1933年的抚顺胜利矿，当时采深为250～300m。由于矿藏的赋存条件和采掘工艺技术因素，因此，由采掘诱发地震已成为世界采矿业中一个令人注目的难题。据1993年不完全统计，我国煤炭部门已有65个矿井发生此灾害，其中35个累计发生过200余次具有破坏性的采掘诱发地震，造成数以百计的人员伤亡。

到了20世纪60年代，南非金矿建立了由地面和现代地震台组成的遥测台。第一个采用高频拾震器并可对4级微小事件进行测定且精度达40~20m的地震台网。我国于1976年唐山地震以群测群防形式，陆续在一些有天然地震活动的矿区架设了三分向地震仪，用于监测记录矿震情况。1984年从波兰引进的地音—微震观测系统分别在北京门头沟矿、抚顺龙风矿、四川天池矿和山东陶庄矿等几个冲击地压严重的地区应用，并取得了明显的经济效益。首先就采矿与地震提出明确对应关系的第一份报告是由甘恩（Gane）完成的。甘恩等在南非威特沃特斯兰金矿区的地面上布设地震台通过定位，获知这些与开采有关的地震总是发生在离工作面很近的地方，从而应用记录资料确认了开采对地震的诱发关系。目前，世界上有记载的最大矿山地震是德国东部Suna钾碱矿区，1975年6月23日发生的M_L5.2地震。其次是波兰卢铜矿区，1977年3月24日发生的M_L4.5地震。我国发生的最大冲击地压是北京门头沟煤矿，1987年3月31日发生M_L3.9地震。

大量统计资料表明，采矿诱发地震的震源深度距地面一般不超过1km，震中区要比同级天然地震高出1~2度。国外有里氏5级以上的记载，超过城市地区防震标准。随着矿井开采深度增加，地质条件复杂及地应力的提高采掘诱发地震的频度会越来越严重，研究其发生过程在实际中具有重要意义，国外已广泛开展了此项研究。采掘诱发地震的特点，一是震源就在工作面或在工作附近，人们的活动区域和设备的储放及运行地点就在震中，通常地震强度都低于里氏5级，但震源浅，震中区裂度大；二是破坏在瞬间迅速完成，来势猛，发生时间短，先兆不明显，难以预报。

冲击地压发生机理是指形成冲击地压的内在规律，它是冲击危险性评价和冲击地压防治的理论基础。由于煤岩体的破坏首先是煤岩体的强度问题，因此，在冲击地压发生机理的研究中，人们首先注意到强度问题，并逐步发展形成了各种冲击地压强度理论。然而，冲击地压是煤岩体的突然破坏，它是一种动力现象，它和一般的静态破坏形式有所区别。除了煤岩的破坏特性之外，还表现为煤岩体具有一定的动能而向采掘空间抛射出来，同时还伴随有震动、声响、冲击波等。因而，它不仅是一个强度问题，由此，人们在寻找煤岩突然破坏的原因和规律时又提出了冲击地压的能量理论、刚度理论和冲击倾向性理论等。之后，国内学者通过一系列的研究，又先后提出了“三准则”理论、失稳理论、“三因素”机理以及突变理论，并把分叉理论、混沌学、动力学及分形理论引入到冲击地压机理的研究中。尽管近些年来世界各国对冲击地压进行了大量的研究工作，由于冲击地压发生机理的复杂性，故目前尚未对冲击地压发生机理形成统一的认识，但是，国内外学者对冲击地压的主要影响因素的认识基本一致，认为高度的应力集中是冲击地压发生的必要条件，这为煤岩冲击地压发生机理提供了有利条件。

1.4 冲击地压随开采深度与顺序发生的规律特点

冲击地压随开采深度与顺序发生的规律特点表现在如下几个方面:

（1）需要达到一定的开采深度。一般情况下随开采深度增加，冲击地压的频率和强度随之增加，其原因是在自重力作用下原始应力增高。全国各大煤矿首次发生冲击地压的深度在200~600m之间。

（2）煤岩物理与力学性质。由于发生冲击地压主要是煤岩体中的弹性能释放，因此，冲击地压的发生与煤的物理与力学特性密切相关。煤质中硬岩弹性、脆性较大，光泽较强的煤易发生小型冲击地压；煤质中硬致密、裂隙、层节理较不发育的煤易发生较大强度的冲击地压；硬度很高的不易发生冲击地压。

（3）煤层地质构造带的分布特性。在较大断层、褶曲、向背斜等地质构造带，在其附近的巷道及工作面易发生冲击地压。顶板坚硬致密、脆性大，顶板断裂失稳活动剧烈的岩层条件下易发生冲击地压。

（4）回采工作面冲击地压多发生在超前支撑压力影响范围内

的顺槽中，临近采空区的巷道发生最多；在煤体内布置的巷道发生次之，工作面回采空间内发生最少。

（5）一般从工作面开切眼开始，随着采空面积的增加，冲击地压发生的次数发生变化，采空面积达 11.3% 时开始发生，以后冲击地压次数上升到 30% ~50% 时最多，随之又逐渐下降，当采空面积达到 70% 以后冲击地压较少发生。

（6）孤岛采煤或回收煤柱，在四周为采空区的地点采煤或回收煤柱时，当应力集中时，易发生冲击地压；在四面采空或三面采空的高应力煤柱中进行采掘活动或巷道套修时，易发生冲击地压；特厚煤层开采时，冲击地压多发生在第一分层，而第一分层下面各分层则明显减少。

随着矿井采深的加大，冲击地压的灾害程度逐渐严重。以下是冲击地压深部动力现象的主要特征：

（1）震级加大，破坏性增强，而且动力现象的发生具有区域性。随着目前煤层开采深度的加大，地压越来越大，冲击地压的危害也越来越明显。

（2）一般各个煤矿发生煤炮等动力现象有一个临界深度，这个深度已普遍达到了 500m 左右。

（3）随着采深的增加，顶板岩层有逐渐变碎和强度降低的趋势；同一层位岩层在深部的粒度逐渐变细，强度有所降低，粗砂岩的厚度有变薄的趋势；深部岩层逐渐变碎。

（4）随着采深的增加垂直应力向两帮转移，水平应力向顶底板转移；垂直应力的影响主要显现于两帮，而水平应力的影响则主要显现于顶底板岩层；而且深部构造应力很大，水平应力有方向性。

（5）深部开采时巷道两帮变形量大，表现出很强的流变特性，可以归纳为工程软岩。

（6）地温升高，作业环境恶化。以往的低瓦斯矿井随着开采进入深部开始出现高瓦斯区域。

（7）深部冲击地压危害加大，大多数情况下表现为煤层的整体突出。

（8）煤炮是软岩冲击地压显现的主要形式。深井软岩具有发生较严重型冲击地压事故的可能，但频率少，难发现。

（9）由于深井高应力围岩较为松散，容易产生黏塑性变形而使其内部积聚的弹性变形能缓慢耗散，因此，突然释放形成冲击地压的概率小于硬岩矿区。

1.5 抚顺矿区矿震活动概况

据资料记载，抚顺矿区胜利煤矿 1933 年在地下 250～300m 深度时就发生了冲击地压。在抚顺矿区，现在每年发生矿震（地震台能记录到的矿震）次数在 4500 次以上，目前最大震级为 M_L3.7。随着开采的不断增加，矿震频度和能量均显著增加。抚顺及周围地区地震活动在空间上受浑河断裂带控制，地震多发生在浑河断裂带两侧附近和抚顺至沈阳之间。地震震级不大，但因为震源深度较浅，其影响范围一般小于 10km，所以，有时有震感，频率一般每年约 4～6 次左右。

从 1975 年建立地震台以来，可以监测到矿震活动特性，1977 年曾监测到 $M_L \geqslant 1.0$ 的矿震有 594 次之多。随着开采深度的不断加大，矿震震级和频次也呈上升趋势；市区有震感范围已从矿区及周围的榆林、南北台扩展到河东小区及新华地区。表 1-1 为 1988～1995 年的矿震活动情况。

表 1-1　矿震活动频次

年份	矿震/次数			总频次
	$M_L \leqslant 1.0$	$M_L \geqslant 1.0$	$M_L \geqslant 2.0$	
1988	1202	93	18	1295
1989	1895	159	16	2054
1990	1640	594	17	2234
1991	1392	277	3	1669
1992	2099	431	7	2530
1993	3222	486	12	3708
1994	2728	490	25	3218
1995	3849	692	40	4541

该时间段内记录到的最大震级为 M_L3.3。所有矿震记录中 $M_L \geqslant 1.0$ 的约占总数的 17%，$M_L \geqslant 2.0$ 的矿震占 $M_L \geqslant 1.0$ 以上矿震总数的 4%，绝大多数矿震小于 1.0 级。每年 2～3 月及 9～11 月是矿震相对高发期。

图 1-1 是 1988 年 1 月～1995 年 6 月的全部 $M_L \geqslant 1.8$ 矿震震中分布图。由图 1-1 可见 1988～1995 年期间矿震多分布于老虎台煤田范围内，龙凤矿相对较少。矿震大部分位于矿区中北部地区；随着开采的向北推进，震中也逐年向北迁移，1994 年震中多发生在靠近浑河的河东小区一带。据地震台所记载的有感矿震记录，有感范围在矿区周围及榆林、劳动公园、河东小区、南台、北台、新华、东洲等地区，与理论分析的矿震震中位置大致相吻合。

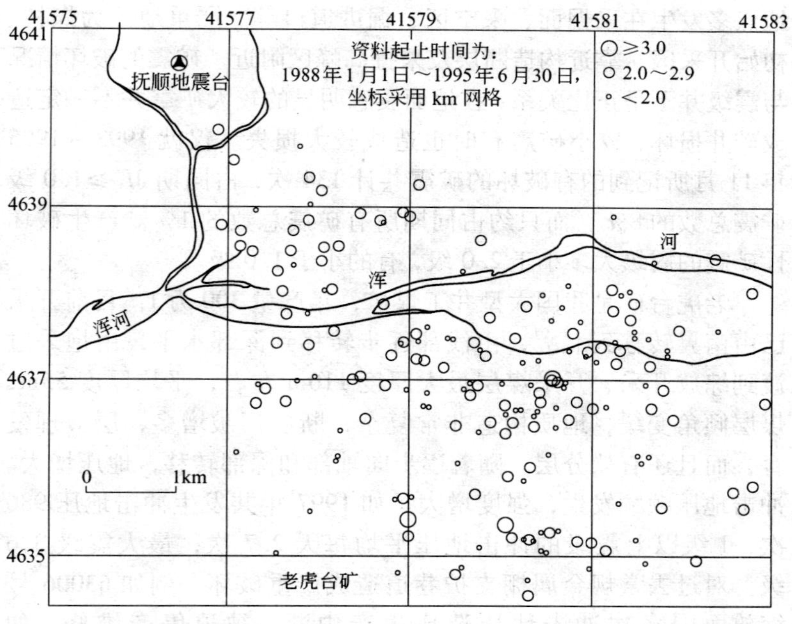

图 1-1 抚顺老虎台矿及周围地区矿震震中分布（$M_L \geqslant 1.8$）

矿震震相特征。矿震震相与天然地震及人工爆破的震相有明显的不同，主要震相有 P 波、S 波，其周期较大，一般 P 波大于 0. 3s，S 波为 0. 5 ~ 0. 7s。由于震源较浅，矿震振波通过疏松岩层时其能量和高频成分很快被吸收，所以，振幅衰减较快，波形中高频成分较少，曲线较光滑。人工爆破多由振波初动方向可确定其位置不在矿区。天然地震震源较深，一般在 10 ~ 20km 的地下，振波通过致密坚硬岩层迅速传播，能量及高频成分损耗少，因此振动持续时间较长，振幅衰减较慢，高频成分也较多。一般矿震及地震的发震时间都是随机无规律的，而人工爆破的时间规律性很强。另外，爆破是膨胀源，它的明显特点是垂直向记录初动向上（见图 1-2）。

从老虎台煤矿矿震特征来看，矿震破坏特征反映出矿震破坏不仅仅是塌方、冒顶，也有片帮、底板上凸等。矿震发生破坏的地点多发生在采掘面、采空区、掘进道口等。严重地区为煤柱、初始开采区、靠近构造断层及采掘高峰区附近。矿震的破坏情况与震级并不呈正比关系，在地面震感明显的较大矿震并不一定造成矿井损坏，较小矿震有时也造成较大损失。仅就 1993 ~ 1995 年 11 月所记到的有破坏的矿震共计 134 次，占同期 $M_L \geqslant 1.0$ 级矿震总数的 8%，而只约占同期所有矿震总数的 1%。产生破坏性矿震的震级大多小于 2. 0 级，有的小于 1. 0 级。

老虎台矿是我国大型井工煤矿，年产量 300 万 t，目前开采已由南翼转移到北翼，由浅部逐步转移到深部水平，由炮采过渡到综放开采、开采煤层最大厚度 110m 左右，平均厚度 55m，煤层倾角变缓，地质构造非常复杂，断层褶皱增多，层节理发育，而且还有软分层。随着逐步向轴部和深部转移，地压增大。冲击地压频频发生，强度增大。如 1997 年共发生冲击地压 986 次，1 级以上震级的冲击地压平均每天 2. 7 次，最大震级 3. 6 级。对过去常规金属棚支护巷道造成严重破坏。例如 63006 号综放面因多次冲击地压造成生产中断，被迫停产维修。如 –630m水平副巷直径 200mm 圆木，500mm 棚距，支护完好的巷

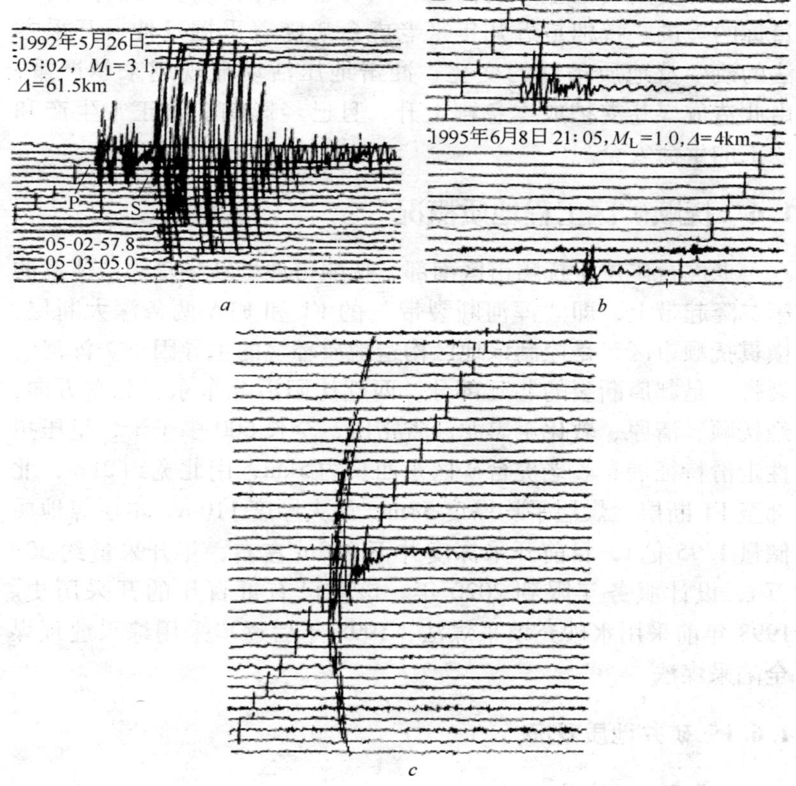

图1-2　矿震、地震、人工爆破震相对比

a—木奇地震台接收的老虎台矿震；*b*—造成损害较大的老虎台矿矿震；
c—公路施工爆破（800kg）$\Delta=2\text{km}$（由初动方向判断地点在台站的东北方向）

道因 1997 年 3 月 12 日发生 2.5 级冲击地压造成 40 多米巷道严重破坏，一次死亡 3 人的恶性事故，使工作面停产 7 天，投入大量人力、物力维修，少出煤 1.7 万 t；78001 号北顺道 1997 年 12 月 20 日发生 2.5 级冲击地压。造成梯铁支护的巷道破坏 80 多米；使通风系统中断，死亡 1 人，该工作面反复维修，造成 78001 号采区推迟投产 1 个多月。事实证明，常规金属棚支护已不适应目前其安全生产的需要，同时也制约着该矿向高产高效目标的迈进。特别是近几年来老虎台矿随着采掘延伸、开采方法的改变及地质条件的变化，冲击地压活动显现越来越严重，由此造成煤巷支护成本急剧上升，且已经影响矿井正常生产和职工的生命安全。

1.6 抚顺矿区工程地质概况

老虎台矿位于抚顺市区南部，抚顺市地处新华夏构造体系的第二隆起带上，即“浑河断裂带”的 F1 和 F1A 两条深大断层，横贯抚顺市区，是控制该地区构造地质环境的主导因子。浑河断裂带，是郯庐断裂的北延部分，西起沈阳沿北东东、北东方向，经抚顺、清原、敦化至黑龙江省密山，全长 600 多千米，呈压扭性走滑特征展布。老虎台矿区东西长约 5km，南北宽约 2km，北部至 F1 断层。煤层平均厚度 58m，最大厚度 110m。本层煤地质储量 1.95 亿 t，目前开采深度井下 900m 左右，年开采量约 300 万 t，设计服务年限到 2020 年。该矿已有近百年的开采历史。1998 年前采用水砂充填采煤法，1998 年后逐步采用综采放顶煤全陷采煤法。

1.6.1 矿井地质概况

1.6.1.1 地层

井田地层划分自下而上分为：太古界鞍山群，中生界下白垩系新生界、下第三系抚顺群和第四系。

A 太古鞍山群（Anz）

该地层出露在浑河河谷之南、北两侧丘陵地带及市内南台等地区。井田内为 723、724、732、746、751、722、731、757、79-3、81-6、83-5 等号钻孔，井下 -430m、-580m、-730m 水平的水仓均设在该层中。鞍山群的岩石为浅红、灰绿、灰白色的花岗片麻岩，斜长角闪片麻岩及含铁石英岩等，该层构成抚顺煤田之基底。

B　中生界下白垩系

本系地层出露在南台和东公园等地区，井田内有老 56-25 号、749 号、725 号孔等 38 个钻孔所见，厚度为 47. 25 ~ 991m，平均 519. 12m 南翼缺失。下白垩系地层自下而上又分两层：

（1）岩层（K1L4）：灰白，灰绿色薄层砾岩，成分为花岗片麻岩，角内片麻岩、玄武岩、安山岩，凝灰碎屑岩，紫色砂质页岩。老 56-25 号孔见该层为灰绿色砂砾岩，砾石直径一般在 10 ~ 30cm。分选性差，滚圆度较好，泥质胶结松散。34-6 号孔见该层为泥炭含粉砂质，呈灰黑、灰绿色。角砾状结构，夹黑色，黑绿色玄武岩，上部为灰绿色砂岩。

（2）杂色砂页岩层（K1L5）：本层以绿色、灰绿色砂岩石为主，含火山灰成分，夹黑褐色泥岩。

C　下第三系抚顺群

抚顺群分 6 个组，8 个分层，自下而上为：

（1）老虎台组（E_1^1L）自下而上为：橄榄玄武岩层（E_1^1L1）：该层以灰绿色和微紫色橄榄玄武岩为主。常出现杏仁构造，夹黑褐色页岩。层厚 5 ~ 52m，平均 28. 50m。

橄榄玄武岩层夹有 3 层煤即 B 组煤层（E_1^1L2）：该层以灰绿色橄榄玄武岩为主，中间夹有煤层，煤层凸镜体，有时相变为炭质页岩或页岩，含孢粉。该层厚 4 ~ 136m，平均 70m。

橄榄玄武岩夹凝灰岩层（E_1^1L3）：该层为灰绿色橄榄玄武岩，主要成分为辉石、斜长石和少量橄榄石，有时出现杏仁状态构造。凝灰岩常为灰绿色凝灰质砂岩，杂色火山集块岩，火山碎屑岩，夹有矽化木。层厚 17 ~ 148m，平均 82. 50m。

（2）栗子沟组（E_1^2L）：该组为杂色凝灰岩、砂岩层，有灰白色、灰色凝灰岩。夹灰绿色凝灰质砂岩。含矽化木和植物化石碎片。夹有第二层煤即 A 组煤。但不发育，在井田东翼存在薄层，大部被褐色泥岩所取代，厚 8 ~ 51. 5 m，平均 29. 75 m。

（3）古城子组（E_2^1g）：该组为特厚的一层煤（即本层煤），它是复合煤层，由 2 ~ 38 个分层组成。夹有炭质页岩，灰褐色泥岩，灰白色泥质粉砂岩和烛煤。煤层中含有大量琥珀，琥珀中含植物孢粉和昆虫，如美丽中国小茧蜂。层厚：8.57～110.5m，平均59.58m。

(4) 计军屯组（E_2^2J）：该组为特厚的褐色油母页岩层，该层为含油的有机质泥岩组成，致密、坚硬，层理发育，含植物孢粉、鱼、鱼鳞和昆虫等化石。如抚顺湖毛蚊，该层厚25.81～362.35m，平均194.08m。

(5) 西露天组（E_2^3X）：该组为绿色泥岩层，该层以绿色块状泥岩为主，夹薄层褐色泥质页岩、砂岩、中层浅绿色泥灰岩，韵律清楚。在褐色页岩中含有大量介形虫、螺、叶肢介，有少量植物化石、碎片及大量孢粉。如抚顺湖浪介（新种）。卵形抚顺雕叶肢介。该层厚358.63～484.5m，平均421.56m。

(6) 耿家街组（E_2^4g）：该组为褐色页岩层，该层以褐色页岩为主，夹薄层褐色细砂岩、页岩和绿色泥岩，层理发育，含植物化石碎片。层厚111.37～338.05m，平均224.71m。

D 第四系（Q）

该层主要为冲积层，上部为砂质黏土，细至粗砂，底部为卵石。该层厚4～24.3m，平均14.15m。

1.6.1.2 构造

抚顺煤田位于新华夏构造体系的第二隆起带上，为纬向构造体系与新华夏式构造体系的复合部位。抚顺煤田构造从区域应力场作用方向和构造展布特征分析，主要由不同高序次的结构面组合而成。燕山运动所派生的低序次分支构造及第三系地层的沉积，创造了边界条件和动力条件。喜马拉雅运动，在北东东一南西西向区域力场作用控制下，沿F1裂面发生北盘向西，南盘向东的左旋扭动。导生出新的局部构造应力场，随着左旋扭动的加剧，派生出低序次的分支构造，构成了与人字型构造相当的构造体系。

A 褶曲

老虎台井田在局部构造应力场南北向水平挤压力作用下，

形成南北两翼不对称的，走向东西不完整的向斜褶曲。由于后期改造，井田东翼为南缓北陡的不对称向斜构造，南翼倾角15°~31°，北翼30°~60°，F7-1以东，北翼被F18切割、大部已被剥蚀，东翼煤层最大埋藏深度830m，井田西翼由于F25、F26的后期改造，为走向东西—北东东的不完整向斜，北部由F1控制，南翼倾角20°~33°。煤层最大埋藏深度1250m（见图1-3）。

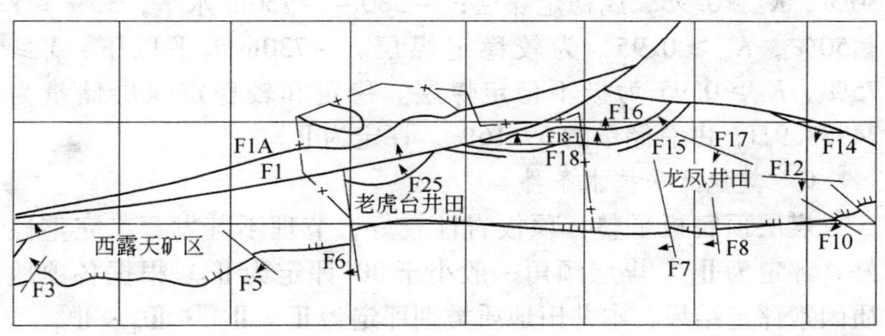

图1-3 老虎台井田地质构造分布

B 断裂

抚顺煤田在喜马拉雅运动所产生的南北对扭作用下，由于主干断裂F1的存在和扭动，派生出低序次的分支构造，其特征是分支构造压性断裂F18、F18-1走向近于东西，与主干断裂F1呈20°~30°锐角相交，锐角指向东西。与其相应的有北西向压扭结构面F7-1，北东向张扭性结构面F26-1，南北向张性断裂F6、F7、F28，次一级张性走向断裂F16、F25、F26。本井田内共有大型断裂14条。

1.6.1.3 *矿井地质类别的确定*

A 按地质结构复杂程度的评定

a 断层

-580m煤层底板等高线。北至F1、F18断层，影响采区合理划分的大中断层共7条，每平方千米约1.3条。

b　褶皱

本勘探区内有一条褶皱，经后期改造分为两段。

c　岩浆岩侵入对煤层的影响

主煤层内无岩浆侵入。根据断层和褶皱评定：断层为$Ⅱ_a$。褶皱为$Ⅱ_b$。

B　煤层稳定性的评定

根据《矿井地质规程》规定，-430～-580m水平，$Y\leq 30\%$，$K_m\geq 0.95$，属稳定煤层；-580～-730m水平，$30\%\leq Y\leq 50\%$，$K_m\geq 0.95$，为较稳定煤层。-730m水平以下，$Y\geq 75\%$，$K_m\geq 0.95$为极不稳定煤层。稳定和较稳定煤层储量为24938.91t，占总储量的69.16%，评定为$Ⅱ_d$。

C　其他开采技术条件

煤层顶底板平整，顶板岩性较好，节理不甚发育，完整性好，评定为$Ⅱ_e$。煤层倾角一般小于30°评定为$Ⅱ_f$。根据各项地质因素评定结果，本井田地质类别评定为$Ⅱ = Ⅱ_{ab}\cdot Ⅱ_d\cdot Ⅱ_{ef}$。

1.6.2　煤层

老虎台井田共有两层煤，即一层煤（也称为本层煤）、三层煤（也称为B层煤）、二层煤（也称为A层煤）缺失。一层煤为现时开采的主要煤层，三层煤曾在-159m、-225m、-280m和-330m等水平进行试采，由于岩浆侵入的严重破坏，煤层常被玄武岩吞食或相变为页岩，该煤层极不稳定，因此目前尚未开采。

1.6.2.1　一层煤（本层煤）

一层煤是由2～38个分层组成的复合煤层，煤层中夹炭质页岩、泥质页岩、泥质粉砂岩、砂岩和蚀煤。其夹矸厚度在0.05～11.65之间。根据夹矸厚度及特征，将复合煤层自上而下分为二、三、四、五分层，共4个分层。五分层底板为泥岩；四分层底板由泥质粉砂岩、炭质页岩和薄煤互层组成，其中有时夹有一层烛煤；四分层第一层矸石以上1.7m有一层泥质页岩，灰黑色，油脂光泽，致密，厚0.3m，该层可作标志层；三分层底板为泥质粉砂岩，其上2m有一层泥质页岩与炭质页岩互层，常呈鳞片状，此层和底板砂岩一起可作标志层；二分层底板为褐色泥质页岩夹煤线，连同其上0.3～0.6m一层泥质页岩或泥质粉砂岩，统称为二分层底板，并可作标志层；第一层煤层度0.6～110.5m，平均厚55～75m，煤层厚度的变化规律是：沿走向从西往东自厚变薄，煤分层层数增多。沿倾向自南向北煤层逐渐变厚，浅部薄，中部有一个厚煤带，到F26以下则显著变薄。煤层变薄类型属原始沉积变化，由于地壳不均衡沉降而从底板逐渐变薄与尖灭，缺失底部分层。

1.6.2.2 三层煤（B层煤）

本井田三层煤有4个独立煤层，自上而下为B1、B2、B3、B4。其中B2、B3极不稳定，常被玄武岩吞食，有时被泥岩取代。B1、B4比较稳定，现分述如下：

（1）B1层煤：该层煤是由1～3个自然分层组成的复合煤层，煤层中夹矸多为岩质页岩，该层多分布在井田的中部和东部，可采厚度0.6～17.5m。经758、759、726和754等孔验证，且－730m水平开拓工程未见可采煤层。因此，B1层煤储量计算范围应当缩小，－630m水平以下将失去开采价值。

（2）B2层煤：本层除井田东翼的东部较稳定外，其他均不稳定，厚度0.6～6.4m。

（3）B3层煤：极不稳定，仅在井田中部有所发现，本层厚度0.6～6.84m。

（4）B4层煤：煤层结构复杂，是由2～8自然分成组成的复合煤层，夹灰质页岩，有玄武岩侵入。可采厚度0.6～6.87m，一般2.5m。主要分布在井田的中部和西部。762号孔见煤5.16m，759孔见煤6.70m。这说明对井田中部所提出的储量是可以利用的。西部以166孔为中心的部位中，750孔未遇到B4层煤，故圈定范围还应缩小。

1.6.3 水文地质

1.6.3.1 井田水文地质基本概况

在一层煤上部的上覆岩层，由下至上为油母页岩、绿色页岩以及覆于基岩剥蚀面上的第四纪冲积层，层厚为 0 ~ 14.46m，该层单位涌水量为 4.12 ~ 0.841$dm^3/(s \cdot m)$，渗透系数 92.8 ~ 10.27m/d，是本井田主要含水层。另外还有第三纪泥灰岩、凝灰岩，以及白垩纪砂砾岩 3 个含水层，其含水量甚微，各层渗透系数分别为 0.065m/d，1.178 ~ 0.228m/d，0.00784 ~ 0.0004623m/d，是微含水层，对矿井涌水量影响不大。

井田南部丘陵地带，由凝灰岩、玄武岩及太古界前震旦系的花岗片麻等组成，其中最高山峰为老虎台山，海拔 230.7m，西侧是老西山，海拔 179.2m，东侧万新山，海拔 189.8m，由于长期风化冲刷形成了老虎台、万新、新屯三处沟谷，分别为井田南部的主要受雨面积的径流水来源，住宅区居民生活污水及矿井生产废水等均经地面东、西两个主干排水沟渠引出井田，最后汇集到浑河。

1.6.3.2 地表水

A 主要河流

浑河位于井田北部边缘，为矿区水系的主干流，该河发源于辽宁省新宾县滚马岭，全长 364km，由东向西流至辽河汇流入海，该河上游由大伙房库蓄洪控制，枯水期限流量较小，当大雨或上游水库泄洪时，则水位急剧上涨，最高洪水位为 82.70m，1950 年据大伙房水文观测站的查证，浑河历史上最高洪峰水位在 1888 年 6 月为 98.8m，1985 年汛期浑河最大洪峰流量为 1960m^3/s，1986 年要求河道最大行洪峰能力达到 4000m^3/s。

为预防浑河一旦决堤，造成洪水淹没东部矿区，于 1979 年始在井田地北部沉区内，由西向东修筑一条全长 4.4km，顶高标高为 +84m 的防洪大堤，到 1988 年竣工。

B　地表水体

受井下采动影响，井田地表不断沉降，北部沉区业已形成积水盆地 10 余处，经实测，总积水量达 128.4 万 m^3。

1.6.3.3　地下水与隔水层

井田主要有 4 个含水层，从上至下为，冲积层砂及砾石强含水层，第三纪泥灰岩水层，第三纪凝灰岩含水层，白垩系砂砾岩含水层，各含水层分述如下。

A　第四纪冲积砂及砾石强含水层

该地层分布全区，位于基岩剥蚀面之上，厚度为 0 ~ 14.46m，由粗细不同的砂与卵石所组成，底部为卵石，有时可见漂石，在含水层上部一般均为黄色亚黏土及砂土覆盖，含水层局部呈承压状态。101 勘探队打钻抽水试验，其单位涌水量为 0.841 ~4.12dm^3/s，渗水系数为 10.27 ~92.8m/d，井田地南部该层在枯水期无水。井田南部大气降水经露头处玄武岩、凝灰岩裂隙渗入地下。

该层以大气降水为主要补给来源，其流向由东南流向西北，区内有一天然分水岭，呈东西向。其北侧流向浑河，南侧流入沉降区或原东露天大坑内。并在区内有一汇水点，以 705 号钻孔为中心积水，据水质分析表明属淡水。

B　第三纪泥灰岩含水层

该层全区发育，垂厚 600m 以内，属泥灰岩绿色页岩系，为微绿灰色含钙质页岩及微绿灰色石灰岩互层，据 112 号孔抽水试验，其单位涌水量为 0.07dm^3/s，渗透系数为 0.065m/d。

该层节理、裂隙较发育，故冲积层潜水沿裂隙渗透补给，为微承压水，属弱矿化淡水。

C　第三纪凝灰岩含水层

该层在本井田分布不普遍，厚度变化较大，垂厚在 100m 以内，主要是绿灰色、绿黑色及灰白色的火山灰和火山碎屑物碎块，在干燥状态下较坚硬，吸水性较强，至深部逐渐变弱，据 142 号孔与老 56-21 号孔抽水试验，单位涌水量为 0.516 ~

0.0000015dm³/s，渗透系数为1.178～0.228m/d。该层在露头处直接受大气降水和第四纪层渗透补给。

D　白垩系砂砾岩含水层

该层为不同岩石的角砾，不同的胶结物所构成，分布于F1与F1A之间以及北部向斜区内，其垂厚约为450m，主要岩石成分为花岗片麻岩、石英及玄武岩所组成，经56-25号孔及734号孔抽水试验，其单位涌水量为0.00247～0.00189dm³/s，渗透系数补给为主，水质仍为淡水。

E　断层水

井田内主要断层有11条，本井田断层虽多，但多为泥质碎屑物，方解石所充填，多呈闭合断层，经老56-25号孔，老55-6号孔1号断层，1号A断层与砂砾岩的混合抽水，了解其含水性较弱，单位涌水量为0.00247～0.000012dm³/s，在北部1号大断层裂隙带上，与地表水和地下水也可能形成水力联系。但据井下实践，断层之含水性均为微弱型。

F　隔水层

本井田主要隔水层是油母页岩，其厚度为48～172m，位于主煤层之上，分布全区，为褐色及暗褐色，部分地区为黑褐色，层理发育，结构致密，是较好的隔水层。

1.6.3.4　水文地质特征及矿井充水因素

老虎台井田南部为伏丘陵，北部是冲积平原，矿区水文地质条件按其区域水文地质特征，并根据水文地质规程划分，属第一类型，含水岩层以松散或半胶结岩层为主，井田内除第四纪冲积层为主要含水层以外，其他均为微含水层隔水层，因此，就其原始自然水文地质条件而言，还是简单的。由于老虎台矿是一个具有80余年开采历史的老矿井，井田区域内已经形成新老斜，竖井数十条，浅部旧巷纵横交错，遍布全区，经东岗下盘等处小煤窑复采揭示，这些浅层旧井巷大部未经充填处理，而且多与现生产大井直接或间接连通。加之现开采煤层属特厚煤层，又采用V形长壁水砂充填采煤法回采，充填物是粒度较大的废油母页岩，这就更加大了井田地表的下沉幅度。据抚顺矿务局岩石移动观测资料记述，岩层最大沉降值为煤厚的15%左右，而且由于受地表移动的影响，井田北部地表不断出现下沉地堑沟，目前北部地表已经形成10余处积水盆地，总积水量达128.4万m^3。特别是1956年东露天矿开采油母页岩以来，由于受爆破震动及地表沉降影响，使油母页岩隔水性能降低，由于煤层不断开采，致使老虎台矿本来较简单的水文地质条件变得复杂化了，从而在1962年东露天矿下马之前，大气降水，地下潜水均构成矿井涌水量的主要补给来源，因此，当1960年抚顺地区出现了百年一遇的降水强度时，当时矿井正在开采的-330m水平以上总涌水量也相应达到历史最高峰值25.126m^3/min，可见，井下涌水是受大气降水和渗透条件的制约的，此后，完善了地面防排水系统，并在大坑四道盘实施了排泥拾黄土垫底等回填密封岩石裂隙等防渗措施后，井下涌水量相应地减少了。近年来，井下涌水量随着矿井的不断开拓延深出现逐渐下降之趋势。

1.6.3.5 *矿井延深水平涌水量*

经整理近20年来积累的矿井实测涌水量数据对-430m、-330m等已采水平东西两翼共8个有代表性的石门，即单位采区涌水资料进行了综合分析，确认了现采用回采工作面布局形式的前提下，一单位采区（石门）由生产准备到回采结束，由始至终，涌水动态变化是随采区开采幅度的高低过程，而涌水量出现高峰低值的动态趋势，即在回采过程中涌水量的最大平均值达1.812m^3/min，而当采区结束后逐渐减少，直到降至0.2~0.1m^3/min左右（见表1-2），趋于稳定。

表1-2 单位采区涌水量变化规律

项 目	采动之前			回采过程中			回采结束后		
名 称	最大	最小	平均	最大	最小	平均	最大	最小	平均
采区涌水量 /$m^3 \cdot min^{-1}$	0.068	0.024	0.036	1.812	0.342	1.069	0.301	0.089	0.193

2 特厚煤层冲击地压发生的机理及老虎台矿冲击地压诱发因素

2.1 冲击地压的分类

冲击地压如何进行分类，将直接关系到冲击地压的预测、预防和治理。不同的诱发因素，产生不同的冲击地压类型，相应的防治对策也不同：然而，矿井冲击地压的分类方法很多，目前常用分类方法归纳起来有以下几种：

（1）按冲击释放的地震能大小分类（表2-1）。

表2-1 按冲击时释放的地震能大小分类

冲击地压级别	地震能 J	震中的地震烈度/级
微冲击（射落、微震）	<10	<1
弱冲击	$10\sim10^2$	$1\sim2$
中等冲击	$10^2\sim10^4$	$2\sim3.5$
强烈冲击	$10^4\sim10^7$	$3.5\sim5$
灾害性冲击	$>10^7$	>5

1）微冲击。微冲击表现为小范围的岩石抛出和矿体微震动，包括射落和微震。射落是表面的局部破坏，表现为单个煤（岩）块弹出，并伴有射击的声响。微震是母体深部不产生粉碎和抛出的局部破坏，常伴有声响和岩体微震动。

2）弱冲击。弱冲击表现为少量煤（岩）抛出的局部破坏，伴有明显的声响和地震效应，但不造成严重的破坏。

3）中等冲击。急剧的脆性破坏，抛出大量的煤（岩）体，形成气浪，造成几米长的巷道支架损坏和垮落、推移或损坏机电设备。

4）强烈冲击。强烈冲击使长达几十米的巷道支架破坏和垮落，损坏机电设备，需要做大量的修复工作。

5）灾害性冲击。灾害冲击使整个采区或一个水平内的巷道发生垮落。个别情况下波及全矿，造成整个矿井报废。

（2）依据参与冲击的岩体类别分类。

1）煤层冲击。煤层冲击产生于煤体—围岩力学系统中的冲击地压，是煤矿冲击地压的主要显现形式。

2）岩层冲击。岩层冲击是高强度脆性岩石瞬间释放弹性能，岩块从母体急剧、猛烈地抛出。对于煤体，是顶底板岩层内弹性能的突然释放，又称为围岩冲击。按冲击位置又分为顶板冲击和底板冲击。

（3）根据冲击力源分类。

1）重力型。重力型主要是受重力作用引发的冲击地压，其中不包含或只含有少量构造力的影响。

2）构造型。主要是由构造力引起的冲击地压。

3）综合型。综合型是重力和构造力共同作用引发的冲击地压。

（4）按统计方法分类。原煤炭工业部于1983年9月颁布的《冲击地压煤层安全开采暂行规定》中公布了我国煤矿冲击地压统计分类方法。该分类法采用了国际流行的，在我国也得到普遍应用的两类分类指标。即：

1）根据冲击地压破坏的结果进行分类。

①一般冲击地压。一般冲击地压对煤矿生产的破坏后果轻微，不需要进行修复。此类冲击地压包括地震台记录到但未能定位的各种冲击、震动现象。由矿井冲击地压防治组填写Ⅱ类记录卡。

②破坏性冲击地压。破坏性冲击地压对生产造成一定的破坏，需要进行修复工作。此类冲击地压包括井下实际发生并已观测到的、达到各矿自定破坏性标准的冲击地压。由矿井冲击地压防治组负责进行现场调查，填写Ⅰ类记录卡。

③冲击地压事故。冲击地压事故指由于冲击地压及其伴随现象（冒顶、瓦斯突出等）造成的人员伤亡事故，或由于井巷或采场被

破坏造成中断工作 8h 以上的冲击地压。此类冲击地压由矿井总工程师负责组织现场调查，填报工类记录卡，写出事故调查报告。

2）按显现强度分类。根据地震仪或微震监测系统观测记录确定的冲击地压显现强度，按里氏地震计分为 6 级，见表 2-2。

表 2-2　按显现强度分级

等　级	1	2	3	4	5	6
里氏地震级	0.5～1.0	1.1～1.5	1.6～2.0	2.1～2.5	2.6～3.0	≥3.0

3）按工作空间分。按工作空间冲击地压分为两类：掘进发生的冲击地压与工作面推采发生的冲击地压；其亚分类又包括受构造应力影响与重力影响，与重力有关的冲击又分为原始应力型与采动应力型两类。

2.2　冲击地压发生机理

2.2.1　岩石类材料压缩破坏机制

矿山采动影响下发生的煤岩体变形过程是很缓慢的，可以视为准静态过程。在冲击地压发生前的煤岩体可以视为处于准静态平衡。典型的岩石类材料全程应力应变曲线如图2-1所示，曲线一般可分为 4 个区段，*OA* 区由于岩石原生裂纹压密，曲线向上稍凹。在 *AB* 为弹性变形阶段，随着岩石载荷增加，在原有裂纹压密的同时，岩石不断产生新的裂纹，两者基本相当，使该段呈现线弹性性质。一般在峰值强度的 2/3处，开始了 *BC* 段。在此阶段内，若对岩石进行

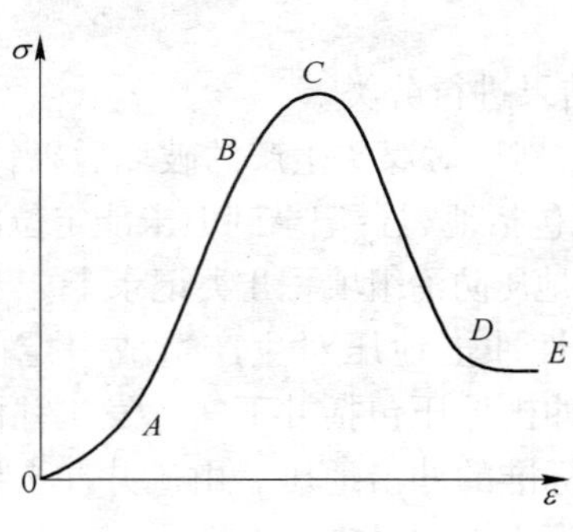

图 2-1　典型岩石类材料压缩全程应力应变曲线

卸载至零，则残存永久变形，即此阶段材料已进入塑性变形阶段，一般情况下该阶段较短。到达峰值强度后，岩石承载能力随变形增加而降低。如果在普通实验机上，由于刚度不足，因此在刚达到峰值强度或稍过峰值强度就会发生突然破坏，类似冲击地压发生，而在刚性实验机上，停止加载则变形停止。承载能力随变形增加而降低，要使岩石试件继续变形还需继续做功。由此可知，在未达到峰值强度前的弹性阶段和应变硬化阶段，岩石承载能力随变形增加而增加，属于稳定阶段。在超过峰值强度后，岩石产生应变软化，承载能力随变形增加而降低。根据塑性力学中稳定材料的 Drucker 准则，此时岩石已变成非稳定材料。

采矿活动而形成的地下煤岩结构，其材料由煤和岩石组成，与一般机械和土木工程结构不同，这些煤岩结构中一部分材料不可避免地要在超过峰值强度的变形区工作。

在载荷作用下，煤岩由变形发展到破坏的过程，具有明显的阶段性，即煤岩的应力—应变全过程曲线可分为峰前阶段和峰后阶段，裂隙压密阶段，在初始阶段其基本特点是在加载初期，$\frac{\mathrm{d}\sigma}{\mathrm{d}\varepsilon}$（切线弹模）逐渐增大，就好象是煤岩随应力增加（做功）而硬化一样。线弹性阶段（线性变形阶段）：其基本特点是随着载荷的增加，$\frac{\mathrm{d}\sigma}{\mathrm{d}\varepsilon}=$常数（切线弹介模）。微观—宏观破坏阶段：其基本特点是应力—应变曲线逐渐偏离线性向下弯曲，即$\frac{\mathrm{d}\sigma}{\mathrm{d}\varepsilon}$逐渐减小，意味着在这个阶段岩石微裂隙逐渐增多，声发射明显增多，并最终由于新裂隙相互贯穿而导致宏观裂纹形成，即所谓的岩石弱化现象，即软化阶段。过了峰值载荷后，岩石便进入岩石破坏的后期阶段。这一阶段，贯穿裂隙继续发展，声发射激增，局部破损并沿着弱面形成滑动面。这个阶段岩石力学行为具有明显的非线性行为。岩石的破坏方式主要有两种情况：第一种情况，弹性模量和强度逐渐下降，即岩石表现出渐进弱化的行为；

第二种情况是弹性模量和强度突然急剧下降，即岩石表现出显著的脆性破坏行为。

根据理论观点，只要材料所受到的荷载或由此而产生的应力达到极限承载力，则材料就开始破坏。井下煤岩体是一种非常复杂的力学系统，因而冲击地压的强度理论可以表述为在产生冲击地压时，煤岩体力学系统应达到其力学极限平衡条件。煤岩力学系统的强度包括煤体强度、岩体强度和煤岩层接合处的强度。而且煤岩体处于复杂受力状态，因此上述强度一般应该是三轴强度。在某一无限小压力增值的条件下煤岩体就会发生破坏的垂直于层面的极限压力。破裂面可能是煤层中的接触面或压力裂隙面、煤岩交界面，或者也可能是岩体中的裂隙面。从力学角度来看，煤岩发生破坏，煤岩力学系统达到极限平衡条件有两种途径：（1）最大主应力变大；（2）最小主应力变小。显然，在上方煤柱影响区，或在地质构造残余应力区所发生的冲击地压是第一种途径；而在高应力区进行采掘活动、特别是爆破作业所引起的冲击地压是第二种途径。在力学系统中，开采引起的附加应力，瓦斯和水以及温度等因素引起的应力，顶底对煤层的夹持作用等。在采煤工作面煤壁或巷道周边附近，应力超过强度极限，这部分煤岩材料变成了应变软化的非稳定材料，而深部受采动影响较小的区域仍处于硬化或弹性阶段。所以煤岩结构一般可分为两个区域，深部区域是稳定材料，靠近边界的区域是非稳定材料，而这两部分区域的大小是随着煤岩结构所受载荷大小或随着采掘进行而变化的。随着开采范围扩大，煤岩体进入峰值强度后变形的区域加大，应变软化程度加深，使得煤岩结构由稳定的平衡区向非稳定平衡区过渡。

如果煤岩体本身具有积蓄大量弹性能并在破坏时突然释放弹性势能的能力，则在某种能量释放条件下，煤岩就会产生冲击式破坏；相反如果煤层和岩层积蓄弹性能的能力较弱，则无论在何种能量释放条件下，破坏过程必然是稳定的，缓慢而平静的。这一点已由煤岩冲击倾向特性的研究结果所证实。具有冲击倾向的煤岩体，在荷载达到其极限承载力时，是否产生冲击式破坏形式，还要受能量释放条件的制约。能量释放条件包括煤岩系统组成类型及边界条件，加载途径、加载方式和加载速度等，这些条件构成了煤岩体积蓄大量弹性能并在破坏时突然释放弹性能的外部条件。描述能量释放动态过程的两个要素是能量的释放速度和能量释放梯度。如果煤岩力学系统处于极限平衡状态，从时间上看，释放能量速率大于消耗能量速率，则系统的破坏是不稳定的；各空间点的能量释放量构成了空间释放梯度。在总释放量相同的条件下，如果能量释放的空间分布是不均匀的，或者说是集中在某一点或某几点上，则在这些点上所释放的能量就有可能克服周围煤岩体的阻力，从而形成冲击地压。将以上几方面加以综合，就得到煤岩体产生突然破坏这种形式的原因：有冲击倾向的煤岩体，在某种生产地质环境中，能量释放过程在时间上满足非稳定性条件，在空间上满足非均匀性条件。

当成为非稳定平衡时，引起煤岩破坏的荷载可能是静载、动载或两者综合作用。对冲击地压而言，静载是最重要的，否则深度的影响就会不明显。动载是由于爆破岩层突然折断或错位等原因引起冲击、振动或脉冲荷载。由于岩体内潜在破坏面上的摩擦阻力在震动作用下突然降低，所以岩体震动的影响不仅与增加荷载有关，而且还与岩体的承载能力降低有关，最后系统的原有平衡状态失稳而发生冲击地压。

2.2.2 冲击地压发生的原因及实现的条件

强度比较大的煤（岩）层，受构造运动和采场推进影响而形成的高度应力集中和高能级的弹性变形能的储存，是冲击地压发生的根本原因。不采取释放应力和能量的措施，在有高度应力集中和高能级弹性能释放的部位进行采掘工作面，构成了冲击地压发生的条件。影响冲击地压发生的主要因素有如下两点：

（1）自然地质条件：

1）煤层性质：煤体的强度、冲击倾向性、弹脆性等力学性质；煤的厚度、埋深、含水率、孔隙度、煤层结构等物理性质。

2）煤层顶底板岩层性质：坚硬岩层的厚度、强度、冲击倾向性等。

3）地质构造：褶曲构造、断裂构造展部形态，局部地应力异常，煤层厚度和倾角突变等。

（2）生产技术因素。生产技术因素主要包括以下两方面：

1）人为造成高应力集中区，为冲击地压的发生提供能量条件。

2）人工作业造成应力状态的突变和煤层约束条件的改变。

2.3 应力状态与煤岩体的扩容破坏机制

2.3.1 岩石的扩容特性

潘立友、李洪等学者在研究冲击地压的预测预报时提出了“冲击地压扩容理论”的分析方法。认为扩容突变阶段是冲击地压预测预报的前兆，该阶段前兆信息的变异性与规律性是冲击地压前兆信息识别的基础。

2.3.1.1 单轴应力状态下的扩容特性

图 2-2 所示是砂岩在单轴应力状态下的 σ_1-ε 关系曲线。

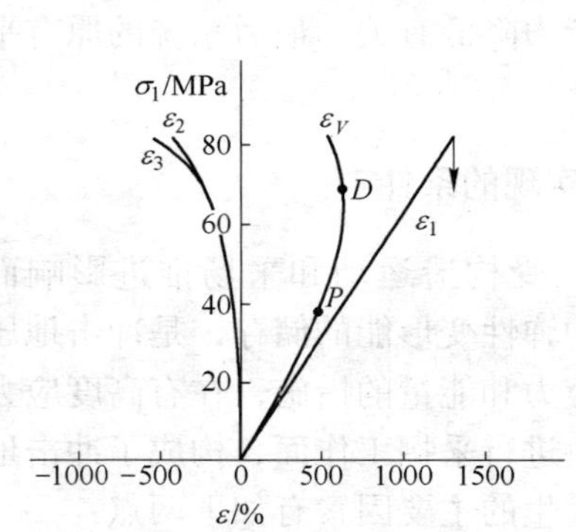

图 2-2 砂岩在单轴应力状态下的扩容性

体应变 ε_V，曲线由压缩向膨胀转变，产生了扩容。两个横向应变几乎相等，表明介质是均匀的，两个横向上的扩容分量也几乎相等。在 σ_1-ε_V 曲线上有两个特征点，一是直线段终点 P，它可能相当于微破裂起始点；二是扩容起始点 D，即体应变由压缩转变为膨胀的起点。

2.3.1.2 三轴应力状态下的扩容特性

A 拉伸应力状态下的扩容特性

图 2-3 所示是 $\sigma_1=\sigma_2>\sigma_3$ 的拉应力状态下的扩容特性的试验结果。变形有两个特点：一是 ε_1 和 ε_2 均为压缩，但数量上有所差别，可能是由于砂岩介质的各向异性或尺寸效应所致；二是 ε_3 始终是拉伸方向的，扩容主要产生在 σ_3 方向上，且 ε_3 的绝对值也较大，这表明岩石在三轴拉伸应力状态下，由于偏差应力等于 $(\sigma_1-\sigma_3)+(\sigma_2-\sigma_3)=2(\sigma_1-\sigma_3)$，其扩容量较其他状态下大。

B 普通三轴应力状态下的扩容特性

图 2-4 所示是粉砂岩在普通三轴应力状态（$\sigma_1>\sigma_2=\sigma_3=60\text{MPa}$）下的变形特性曲线。有一个明显的特征是 $\varepsilon_2\approx\varepsilon_3$，即体应变 ε_V 在 σ_2 和 σ_3 方向上所反映的程度近似相等，表明较均质的岩石在轴对称应力状态下引起扩容的两个横向应变是对称的，也就是说扩容的方向性与应力状态的对称与否有密切关系。

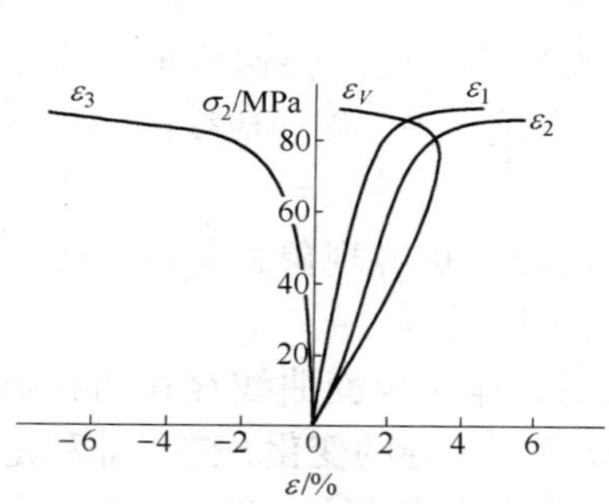

图 2-3 砂岩在三轴拉应力状态下的扩容特性

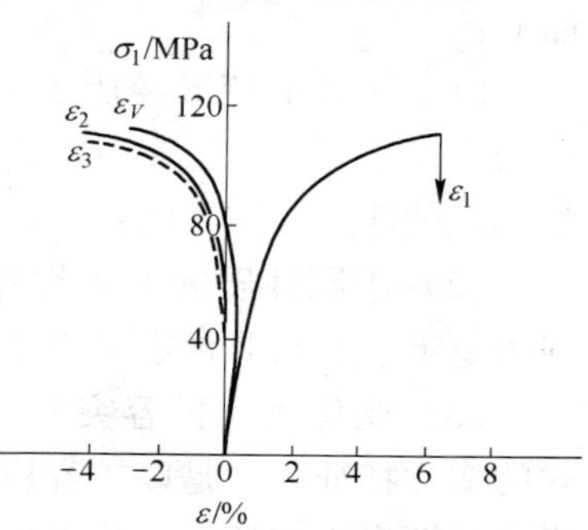

图 2-4 粉砂岩在普通三轴应力状态下的扩容特性

C 真三轴应力状态下的扩容特性

图 2-5 所示是 $\sigma_1>\sigma_2>\sigma_3$ 的真三轴应力状态下的扩容特性试验结果。在主应力方向上的变形有两个特点：一是 ε_3 远大于 ε_2；二是从偏差应力作用的初始阶段起 ε_V 就是膨胀性体应变，即产生了扩容。可见，真三轴应力状态下，岩石的扩容具有显著

的不对称性。

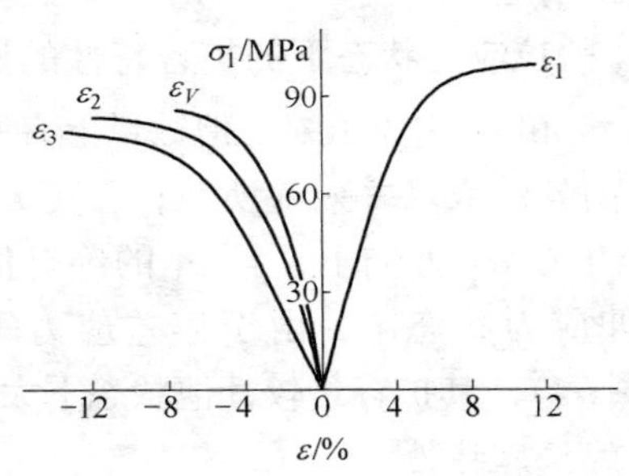

图 2-5　粉砂岩在真三轴应力状态下的扩容特性

2.3.2　煤体的扩容特性

在实验室对不同冲击倾向性的煤体进行了破坏过程的试验，冲击倾向性较低的煤体在不同的加载条件下，出现体积扩容现象。具有强烈的冲击倾向性煤体，其破坏过程在较慢的加载条件下出现体积扩容现象。加载速度超过某值后，出现弹性后的突然破坏阶段。

由不同强度煤体的破坏过程试验，得到煤体的扩容特征如下：

（1）试件的变形经历了由垂直压缩、侧向快速变形、体积应变进入稳定突变与非稳定突变的变化过程，侧向应变的快速增加，是试件进入扩容的标志。

（2）不同性质的冲击性煤体均出现扩容现象，破坏过程呈现为稳定变形与非稳定突变变形两个阶段。

（3）煤体进入扩容突变阶段后，体积应变曲线存在两种形式的变化特征。一是以扩容稳定突变为主导的变化，进入非稳定突变后即出现破坏；二是以扩容非稳定突变为主，进入扩容突变阶段后立即发生破坏。

2.3.3　扩容模式的实测特性

图 2-6 所示是在单轴加压下的岩石破裂实验的应力应变曲线。其中 *AB* 段为弹性应变阶段，*BC* 段为体积膨胀阶段，*CF* 段为体积膨胀的加速阶段。由图 2-6*a* 可知，非弹性变形阶段的岩石体积膨胀是岩石中微破裂增长的结果。图 2-6*b* 给出了非弹性

阶段中体积膨胀和微破裂频率 N 随应力变化曲线，两者的同步变化是揭示岩石体积膨胀机制的基本科学依据。

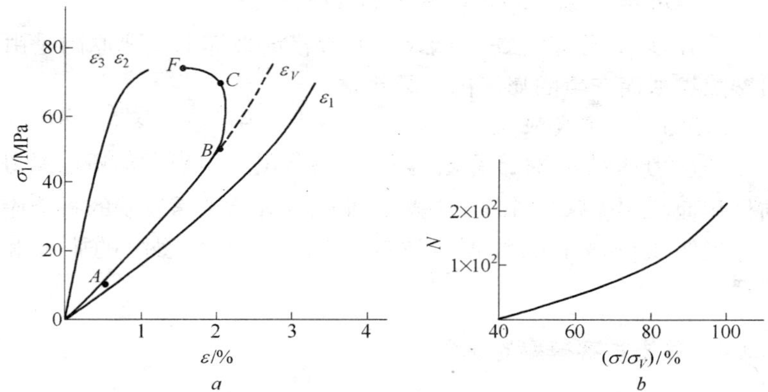

图 2-6　单轴压缩破裂试验结果

a—岩体破裂与体积膨胀关系；*b*—微破裂频率 N 与应力变化曲线

煤岩体破坏过程的分析根据对煤岩样常规加载试验获得的单轴加载力学特性曲线，对煤岩压缩破坏强度 R_c 前的渐进破坏过程采用 3 个特征应力参量来描述，即煤岩体的应力—轴向应变、横向应变、体积应变关系如图 2-6 所示。

2.3.3.1　扩容应力 σ_K

体积变形 ε_V 随 σ_1 增加的线性变化范围，扩容规律是岩石内部微破裂面所致，σ_K 之前，微破裂面闭合而呈弹性变形，呈现为体积线性压缩。

2.3.3.2　临界应力

当应力达到 σ_l 时，有 $\partial\cdot\left(\dfrac{\varepsilon_V}{\sigma_l}\right)=0$，称 σ_l 为临界应力，σ_l 具有明确的物理意义，体积膨胀开始急剧加快（此时卸载横向变形出现明显残余值），在 μ-σ 曲线上，当 $\sigma<\sigma_K$ 时，μ-σ 呈线性，当 $\sigma>\sigma_l$ 时，泊松比 μ 随 σ 的增大快速发展几乎是在应力达到 σ_l 后同时发生的。体积应变为：

$$\Delta\varepsilon_V = \Delta\varepsilon_V^T + \Delta\varepsilon_V^f \tag{2-1}$$

式中　$\Delta\varepsilon_V^T$——岩石介质的体积压缩；

$\Delta\varepsilon_V^f$——微裂隙扩展产生的体积膨胀。

在 $\sigma > \sigma_l$ 以后，$\Delta\varepsilon_V^f > \Delta\varepsilon_V^T$，试件横向破坏的主要原因是由微裂隙扩展而产生的膨胀占主导地位。

2.3.3.3　真实强度

当应力达到 σ_V 时，有 $\varepsilon_V = 0$。也就是试件体积开始超过受力前体积而破裂膨胀的强度，是岩石非蠕变开始迅速发展的临界应力。说明低侧压下脆性煤岩体的破坏实质是微裂隙的张开和传播。

2.3.4　冲击扩容模型的建立

井下煤岩体是一种应力介质，当其受力变形破坏时，将伴随着能量的释放过程，冲击地压显现就是这种释放过程的物理效应之一。煤岩体失稳过程伴随着煤岩体的扩容现象，煤岩体在不利的应力状态下产生扩容。冲击地压是煤岩体在达到极限应力平衡状态后的一种突然破坏现象，而参与冲击的煤岩体通常是在某些部位首先达到极限平衡状态，产生局部破裂，与之相应，冲击能量显现明显，出现一定强度和一定数量的冲击显现。根据试验结果与现场冲击地压实例的分析，冲击煤岩体的破坏过程是渐进破坏过程，加载破坏经历了由稳定到失稳的过程。其中，微破裂扩展、贯通引起的体积扩容是冲击破坏前的主要显现，由此可建立扩容模型。

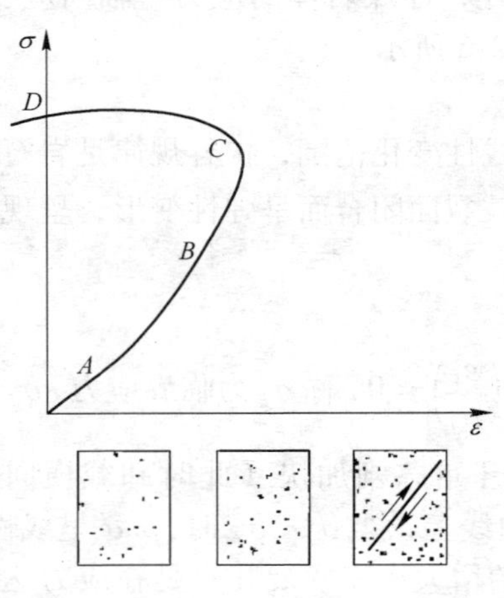

图 2-7　扩容模型示意图

图 2-7 是扩容模型示意

图，模型说明了冲击煤岩体孕育破坏的过程进入高应力阶段后由于裂隙发育和发展所导致的体积膨胀及膨胀过程中煤岩体失稳的现象。模型将冲击地压的孕育过程分为 3 个阶段。

2.3.4.1　弹性变形（*AB*）

应力—应变是线性关系，表现为体积压缩，该阶段积聚较大的弹性变形能，属于稳定的受力状态。

2.3.4.2　非线性变形（*BC*）

孕育过程进入非弹性变形阶段之后，煤岩体裂隙继续破裂和发展，产生体积膨胀等现象。

2.3.4.3　突变阶段（*CD*）

变形出现加速，体积膨胀迅速加大，剪切破裂发生，直至主破裂发生。上述煤岩体的变形经历了非线性—线性—非线性；破坏过程表现为由胀性微破裂—剪切破裂过程。

2.3.5　扩容模型的理论分析

2.3.5.1　破坏过程的分析

回采工作面推进发生冲击地压。工作面推进部位煤层中聚集有足够产生冲击性破坏的压缩弹性能，采动形成的高应力随采场推进不断加大，且煤体由弹性体变为塑性体，并形成一个缓冲带，当缓冲带不足以阻止冲击地压发生时，随支撑压力增大，高应力区的煤体由弹性阶段发展到扩容阶段，最终发生压缩扩容形式的弹性能释放破坏，如图 2-8 所示。

单一自重应力场中掘进诱发的冲击地压，巷道围岩冲击破坏将以两帮煤岩体的瞬时破坏为特征。巷道两帮煤体的破坏过程见图 2-9，高应力区煤体由弹性阶段发展为扩容突变阶段，发生在高应力区的冲击引起两帮煤体的压出。

2.3.5.2　破裂机制

由于煤岩体是裂隙介质，其受力破坏机制可用断裂力学进行分析。视煤体内的裂隙为张开型。在压应力作用下，裂纹逐渐扩展，张开裂隙出现开裂并发展为贯通，同时出现新的裂

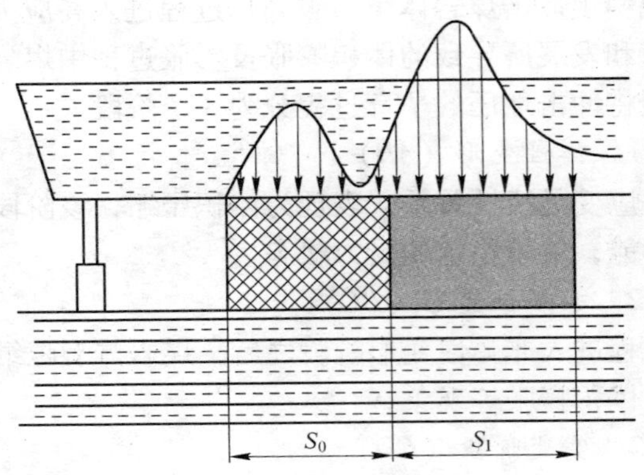

图 2-8　工作面冲击地压的形成

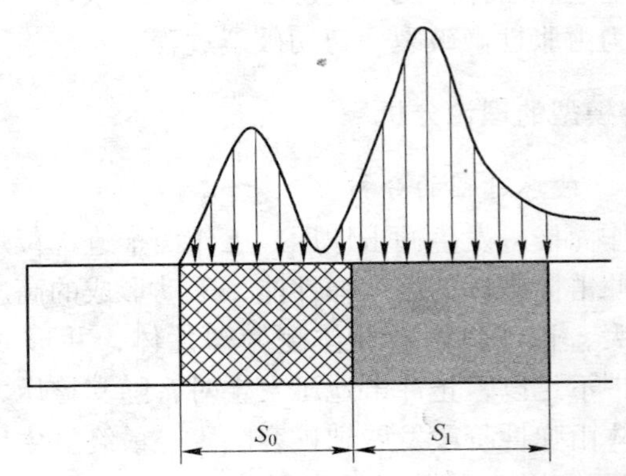

图 2-9　巷道冲击地压形成

隙，裂隙的张开，引起煤岩体的体积扩容，由压缩变形发展为膨胀变形。分析中将裂隙进行简化和等效处理。裂隙扩展起始与扩容变形中非线性阶段的起始相对应，大量原始裂隙的张开、贯通与新的裂隙产生相对应于临界应力时刻，体积变形开始出现扩容突变，并最终发展为破坏。煤体的扩容应力状态对应于其内部微裂纹的启裂，大量研究表明，张性裂纹的状态受侧压的影响，即：

（1）侧向压力较高时，在扩展到一定的裂纹长度时停止扩展，裂纹扩展趋于稳定，煤岩体呈压实状态。

（2）侧向压力较小时，在轴向压力作用下，裂纹将沿轴压方向扩展，以致导通，煤岩体以轴向劈裂形式破坏。

（3）侧向压力达到一定值时，煤岩体将发生位错或剪切失稳，裂纹扩展失去稳定，煤岩体发生剪切破坏。

考虑到煤矿采场围岩的侧向压力远小于自重压力，采场煤岩体的破坏大多呈现上述的第（2）、第（3）类方式，即与裂纹起裂、扩展和贯通密切相关的。

如果将裂纹的扩展视为平面问题，设单元体内有若干裂纹，在压应力作用下，产生张性裂纹，且其扩展受Ⅰ型应力强度因子控制，裂纹尖端起裂后，次生裂纹很快转向最大压应力方向扩展，并随应力增加，裂纹沿最大压应力方向不断扩展，当扩展到另一裂隙面时与原裂隙面相互贯通。假设当岩桥破裂面的Ⅰ型应力强度因子 K_I 达到断裂韧度 K_{IC}时，岩桥裂纹沿偏向最大压应力方向扩展，如图 2-10 所示。

将裂纹拐折情况简化为图2-11，在单轴压缩条件下，初始裂纹面上的有效剪力为：

$$F = \tau - f|\sigma_n| \qquad (2\text{-}2)$$

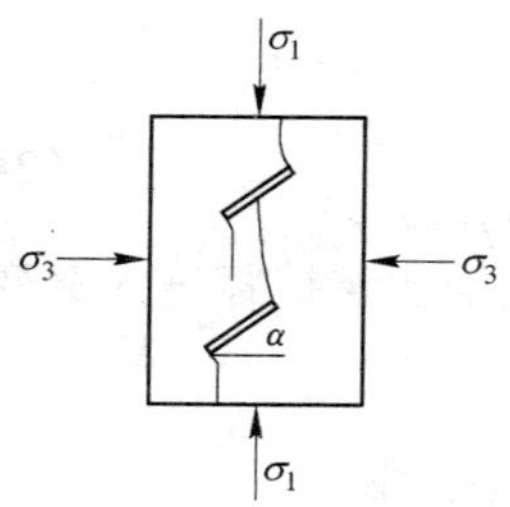

图 2-10　纹扩展型

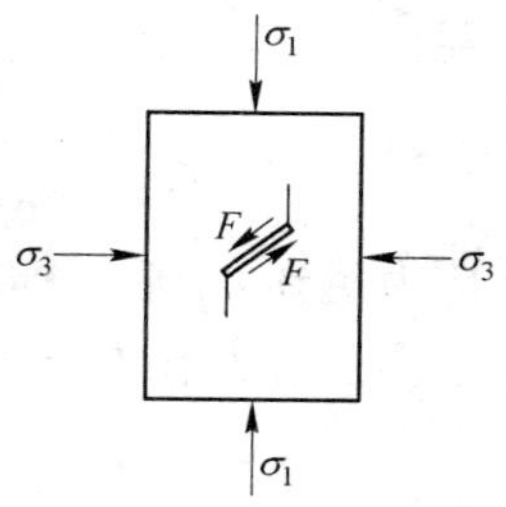

图 2-11　裂纹化型

轴向压缩斜截面上的应力：

$$\tau = \sigma_K \sin\alpha\cos\alpha$$

$$\sigma_n = \sigma_K \cos^2\alpha \tag{2-3}$$

$$F = \sigma_K (\sin\alpha\cos\alpha - f\cos^2\alpha)$$

式中 α——裂纹面与 X 轴的夹角；

f——裂纹面上的摩擦系数；

σ_K——扩容应力。

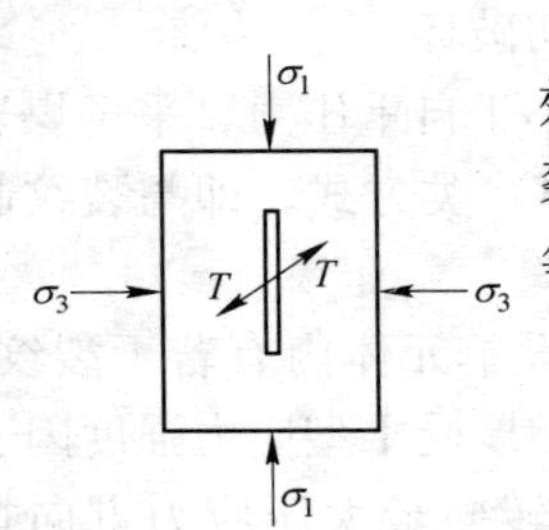

图 2-12 裂纹型

按照等效裂纹概念，将拐折裂纹等效成一直线裂纹，如图 2-12 所示。等效裂纹的长度考虑应力强度因子的等效，等效直线裂纹的 I 型应力强度因子为：

$$K_I = \frac{T\cos\alpha}{\sqrt{\pi L^*}}$$

$$T = 2\alpha F \tag{2-4}$$

$$L^* = L + L_I$$

式中 K_I——等效直线裂纹的 I 型应力强度因子；

L^*——等效次生裂纹的长度；

L_I——初始裂纹的等效长度。

如果裂纹扩展，则必须满足：

$$K_I = K_{IC} \tag{2-5}$$

求解式 2-4、式 2-5 并考虑煤岩裂纹非直线扩展的影响因子。即：

$$\sigma_K = \frac{K_{IC}\sqrt{\pi L^*}}{2\alpha\beta\cos(\sin\alpha\cos\alpha - f\cos^2\alpha)} \tag{2-6}$$

应力达到 σ_K 后，横向变形开始快速增加，扩容进入突变阶段。根据主应力和主应变之间的关系：

$$\varepsilon_1 = \frac{1}{E}[\sigma_1 - \mu(\sigma_2 + \sigma_3)]$$

$$\varepsilon_2 = \frac{1}{E}[\sigma_2 - \mu(\sigma_1 + \sigma_3)] \tag{2-7}$$

$$\varepsilon_3 = \frac{1}{E}[\sigma_3 - \mu(\sigma_1 + \sigma_2)]$$

则体应变与正应力之间的关系：

$$\varepsilon_V = \varepsilon_x + \varepsilon_y + \varepsilon_z = \frac{1-2\mu}{E}\sigma_V = \frac{1}{3K}\sigma_V \tag{2-8}$$

煤岩体三向受力，发生的变形为体积变形。一般以体积变形模量 K 表征其变形特征。在弹性变形时，物体的体积会产生一定的改变，体积改变量 ΔV 与原体积 V 的比值 ε_V 称为体应变。体应变与 3 个主应变（$\varepsilon_1,\varepsilon_2,\varepsilon_3$）或主应力（$\sigma_1,\sigma_2,\sigma_3$）之间的关系为：

$$\varepsilon_V = \frac{\Delta V}{V} = \varepsilon_1 + \varepsilon_2 + \varepsilon_3 = \frac{1-2\mu}{E}(\sigma_1 + \sigma_2 + \sigma_3) \tag{2-9}$$

假设地下煤岩体处于静水压力状态，煤层埋深 H，岩石容重平均为 γ，则以 $\sigma_1 = \sigma_2 = \sigma_3 = \gamma H$ 代入式 2-9，有：

$$\begin{aligned} \varepsilon_V &= \frac{\Delta V}{V} = \frac{1-2\mu}{E}\cdot 3\gamma H = \frac{\gamma H}{K} \\ K &= \frac{E}{3(1-2\mu)} \end{aligned} \tag{2-10}$$

式中　K——体积变形模量。

显然，K 可由弹性模量 E 和泊松比 μ 求得。

平面应力状态下的胡克定律与剪切变形可表示为：

$$\begin{aligned} \varepsilon_x &= \frac{1}{E}[\sigma_x - \mu\sigma_y] \\ \varepsilon_y &= \frac{1}{E}[\sigma_y - \mu\sigma_x] \\ \gamma_{xy} &= \frac{2(1+\mu)}{E}\tau_{xy} \end{aligned} \tag{2-11}$$

剪切变形简写为：

$$\gamma = \frac{2(1+\mu)}{E}\tau \tag{2-12}$$

对于煤岩体，在应力达到强度极限之前，E 可视为常数，μ 是 σ 的函数，$\mu = f(\sigma)$。

由 $K = \frac{E}{3(1-2\mu)}$ 和 $\gamma = \frac{2(1+\mu)}{E}\tau$ 可知，μ 的急剧增加，意

味着 K、γ 的突变，K 与 γ 出现急剧增大。K 与 γ 急剧增大的准则（判别式）为：

$$\frac{\partial \mu}{\partial \sigma} = K(\sigma_1) \tag{2-13}$$

扩容现象是煤岩体内部微裂隙启裂并扩展所致，位移的突变，象征整个试件出现体积快速增大，显然，当裂纹胀破裂搭接实现时，客观上共线剪切裂纹产生贯通时，是体积变化突变点。密实核形成后，没有侧压作用时，出现整体剪切破坏，即：$\tau = [\tau]$ 时，试件失稳。考虑侧压的影响，当密实核形成后，其破坏准则为：密实核边界达到剪切强度 $[\tau]$，密实核克服 σ_3 作用下的摩擦力。为简化计算，视密实核为长方形，高度为 a，长度为 $2a$，图 2-13 与实际情况的差距用系数 K' 表示。则有：

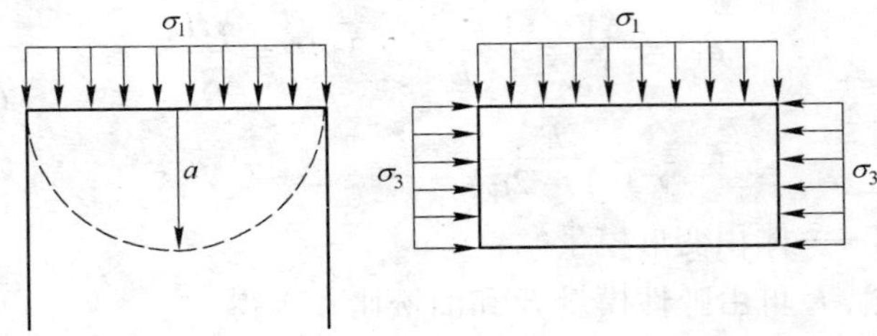

图 2-13　剪切破坏模型

即：

$$\begin{aligned} [\tau]\pi a + \sigma_3 \cdot 2aK &= 2a\sigma_1 \\ \sigma_1 &= \sigma_3 \cdot K + \frac{[\tau]\pi}{2} \end{aligned} \tag{2-14}$$

扩容是煤岩体内部微裂纹启裂并扩展所致，故 Griffith 准则作为扩容开始的判别式：

$$\begin{aligned} &\sigma_1 + 3\sigma_2 > 0 \\ &\sigma_1 = \frac{\sqrt{1+f^2}+f}{\sqrt{1+f^2}-f} \cdot \sigma_3 + R_C \\ &f = \frac{1}{\tan 2\theta} \end{aligned} \tag{2-15}$$

将上述方程整理后得到：

$$\sigma_l = \frac{\sqrt{1+f^2}+f}{\sqrt{1+f^2}-f} \cdot (\sigma_K - R_C) \cdot K + \frac{[\tau]\pi}{2} \tag{2-16}$$

由式2-16可知，σ_l 与 σ_K 成线性关系，其物理意义在于扩容应力增大时，其突变应力线性增加，说明不同侧压（不同位置）处的煤岩体进入非线性阶段，由扩容点到破坏存在应力的增长阶段，该阶段出现冲击地压前兆信息的突变。

2.3.5.3 扩容与冲击地压孕育关系

由上述分析可知，煤体在压缩变形阶段，以垂直变形为主，侧向变形较小，此阶段为体积压缩阶段。应力—应变关系为直线，煤岩体积聚弹性能，该阶段煤岩体未发生破坏，不能释放能量，处于冲击地压的能量孕育阶段。由于煤岩体内有弱面，因此，在煤岩体内将产生声发射，声发射呈现为低能量无分布规律状态。

应力大于 σ_l，意味着煤岩体裂纹扩展，存在于煤岩体内的原生裂隙启裂并扩展，应力—应变为非线性关系，煤岩体呈现为能量积聚状态，但该阶段声发射稳定增加，是裂隙扩展与新裂纹产生造成的，该过程以煤岩体压缩为主。应力大于 σ_K，体积膨胀开始急速增长，是扩容突变阶段，该阶段微裂隙的扩展占据主导，出现裂隙扩展、贯通和交叉，声发射次数出现突变增长，声发射能量释放出现跃升，该阶段包括稳定扩容突变与非稳定扩容突变，稳定扩容突变是前兆信息异常的冲击信息，非稳定扩容突变意味着冲击地压的发生。

2.4 冲击地压发生的理论

2.4.1 强度理论

早期的强度理论认为，冲击地压是煤岩体局部应力超过强度而发生的，并对煤岩体形成应力集中的原因提出了各种假说，如压力拱理论和悬臂梁理论等，这一理论称为冲击地压的强度理论。强度理论进一步发展为近代强度理论，以“矿体—围岩”系统为研究对象，考虑了系统的极限平衡，认为冲击地压发生的应力条件是：

$$\sigma \geqslant \sigma^{*} \tag{2-17}$$

式中 σ^{*} ——最大强度。

20 世纪 70 年代强度理论得到进一步的发展，提出了煤岩的夹持理论，认为煤体处于顶底板“夹持”之中，夹持特性决定了煤岩体系统的力学特性。该理论较好地揭示了煤体—围岩力学系统的极限平衡条件。强度理论解释了冲击地压的一些现象，具有简单、直观和便于应用的特点，但对冲击地压动力学特征的描述不够，特别是对于采场周围煤岩体经常出现局部应力超过其强度极限的现象，但并没有都发生冲击地压，这说明强度理论提出的判据不够充分。

2.4.2 刚度理论

刚度理论是由 Cook 等人在 20 世纪 60 年代根据刚性压力机理论而得到的。认为试件的刚度大于试验机构的刚度时，破坏是不稳定的，煤岩体呈现突然的脆性破坏。20 世纪 70 年代，Black 认为矿山结构的刚度大于矿山负荷系统的刚度是产生冲击地压的必要条件。这一理论简单、直观，但矿山负荷系统的划分、刚度的概念及如何确定矿山结构的刚度是否达到峰值强度后的刚度是一难题。该理论没有考虑到矿山结构与矿山负荷系统本身可以储存和释放能量。

2.4.3 能量理论

能量理论是从能量转化方面解释冲击地压的成因。该理论认为矿体—围岩系统在其力平衡状态失稳所释放的能量大于所消耗的能量时发生冲击地压。能量理论可以解释一些现象，但它把煤岩体看成纯弹性的，不符合冲击地压是煤岩体破坏的事实。该理论没有说明平衡状态的性状及其破坏条件，特别是围岩能量释放的条件，缺乏必要的判据和条件。

2.4.4 冲击倾向性理论

冲击倾向性理论是指煤岩体发生冲击破坏的固有能力或属性。煤岩体冲击倾向性是发生冲击地压的必要条件。冲击倾向性理论是波兰和前苏联学者提出的，我国学者在这方面做了大量的工作，提出用煤样的动态破坏时间（D_t）、弹性能指数（W_{ET}）及冲击能量指数（K_E）三项指标综合判别煤的冲击倾向的实验方法。提出了两个冲击倾向性指标，弹性能指数 W_{ZT}、冲击能量指数 K_E。弹性能指数计算方法是对煤层进行单轴压缩试验，达到峰值的80% ~90%时再卸载，弹性能量为 ϕ_{SP}，损失能量为 ϕ_{ST}，则弹性能指数如下：

$$W_{ET} = \frac{\phi_{SP}}{\phi_{ST}} \tag{2-18}$$

冲击能量指数是利用煤的全过程应力—应变曲线，假设峰值之前的面积为 S_S，峰值后的面积为 S_X，则冲击能量指数为：

$$K_E = S_S/S_X \tag{2-19}$$

认为当这两个冲击倾向性指标大于某个值时，就会发生冲击地压，这一理论称为冲击倾向性理论。至今煤炭部门还在沿用这一指标，并制定了标准，见表2-3。

表2-3　按显现强度分级

冲击危险性	无冲击危险	弱冲击危险	强冲击危险
弹性能指数	$W_{ET} < 2$	$2 \leqslant W_{ET} < 5$	$W_{ET} \geqslant 5$
冲击能量指数	$K_E < 1.5$	$1.5 \leqslant K_E < 5$	$K_E \geqslant 5$

显然，用一组冲击倾向性理论指标评价煤岩体本身的冲击危险具有实际的意义，并已得到了广泛的应用。然而，冲击地压的发生与采掘和地质环境有关，煤岩体的物理力学性质随地质开采条件的不同而有很大的差异，实验室测定的结果往往不能完全代表各种环境下的煤岩体性质，这也给冲击倾向性理论的应用带来

了局限性。

大量的现场调查表明，具有相同冲击倾向性的煤层，甚至同一煤层，只有少数区域发生冲击地压，大多数区域不发生冲击地压。而且许多属于强冲击倾向性的煤层并不发生冲击地压，而某些冲击倾向性很弱或无冲击倾向性的煤层却发生了冲击地压，可见冲击倾向性理论的不足。

2.4.5 三准则理论

在研究强度理论、能量理论和冲击倾向性理论所提出的冲击地压的判据基础上，我国学者李玉生等人把强度准则视为煤岩体的破坏准则，作为冲击地压发生的必要条件；把能量准则和冲击倾向性准则视为煤岩突然破坏的准则，作为冲击地压发生的充分条件。认为当3个准则同时满足时，才是判定冲击地压发生的充要条件。该理论没有给出3个准则的具体形式，且需要确定的参数太多，使用不方便。

2.4.6 失稳理论

章梦涛教授等人提出冲击地压是煤岩体的一种材料失稳破坏现象，认为煤岩体受采动而在采场周围形成应力集中，煤岩变成软化材料，当处于不稳定状态时，在外界扰动下，发生冲击地压，提出了冲击地压是材料失稳的思想，但没有对冲击地压发生的条件进行具体分析。

2.4.7 其他理论

20世纪70年代末，林天键将Thom创立的突变论引入岩石力学，其后，潘岳、谭云亮、尹光志、潘一山等学者建立了岩体结构失稳的突变模型，对围岩压力、刚度和煤岩体损伤扩展耗散能量进行分析，定性地解释了发生冲击地压的机理。

近年来，现代数学中的分叉理论（Bifurcation Theory）和混沌动力学（Chaotic Dynamics）应用于冲击地压的研究。冲击破坏可视为煤岩体内部微观裂纹扩展、分叉和失稳扩展的动态演化过程，裂纹分叉与失稳是紧密相关的，裂纹经过多次的分叉便导致整个系统的失稳，这种失稳可比拟为一类非线性微分方程的倍周期分叉而出现的混沌运动现象。可见，利用非线性分叉理论和混沌动力学来研究煤岩体发生冲击地压应成为今后的一个研究方向，也是预测预报冲击地压的一个新的途径。

谢和平院士提出了冲击地压的分形特征，将分形几何引入冲击地压的研究。这一理论的主要成果是使用分形的数目与半径的关系来分析微震事件的空间分布，发现微震事件具有集聚分形结构。当冲击地压发生前，微震事件的集聚程度明显增加，并出现分形维数的减少。最低的分形维数通常出现在一个主冲击地压临近发生时。分形理论对冲击地压的发生，更多的是从现象的角度给予定性描述，在定量描述冲击地压发生的原因和破坏过程方面还需要做大量的研究工作。

齐庆新等学者在研究冲击地压的发生与煤岩体摩擦滑动破坏的关系时提出了“三因素”理论。该理论将煤岩体内在因素、力源因素和结构因素作为导致冲击地压发生的最主要因素。认为煤岩体破坏是滑动破坏，其滑动形式分为稳定性滑动和黏性滑动两种。煤岩层受力过程中的瞬时黏滑过程，是煤岩层满足剪切强度准则的突然滑动并在滑动过程中伴有变形能释放的动力过程。

2.5 抚顺老虎台煤矿冲击地压的诱发机制

老虎台矿原开采方法以倾斜分层上行 V 形水砂充填法采煤为主，现在以综放采煤法为主，主要开采 -730m 水平以下的煤层。煤层平均厚度 50m，平均倾角 27.5°，煤质属于黏性良好的气煤及长焰煤。井田覆岩类型为软岩，随着开采深度的增大，冲击地压次数和强度增大，对安全生产构成严重威胁。

2.5.1 自重压力影响

一般情况下，随着开采深度增加自重压力增大、应力陡变区

（断层 30m 的范围内）是冲击地压发生的主要影响因素之一。而放炮落煤及第一幅开采是冲击地压的重要诱发因素。老虎台矿覆岩为软岩，不易积聚能量，属于“弱冲击地压较多、强冲击地压较少”的冲击类型。一般随着开采深度增加，在重力作用下，煤体应力将随之增高。当达到一定深度时，煤体应力达到临界破坏程度的条件，冲击地压就可能发生。这个深度（临界深度）因煤层性质及煤（井）田条件的差异而不同。抚顺煤田临界冲击深度自西向东为胜利矿 250～300m、老虎台矿 530～580m、龙凤矿 540～670m。临界深度以下，冲击地压发生的次数随开采深度的增加而增高（见图 2-14）。

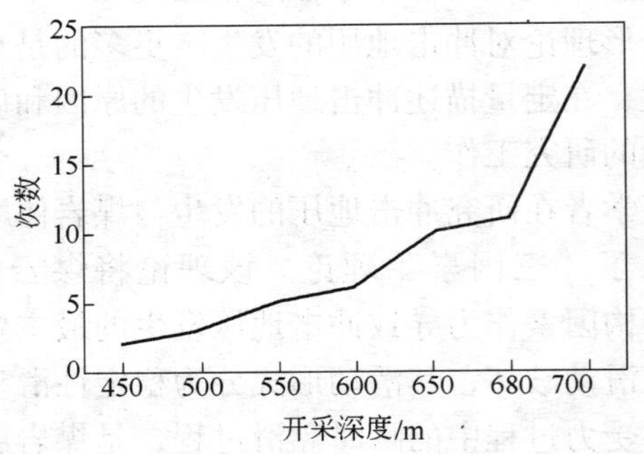

图 2-14　胜利矿冲击矿压发生次数与开采深度关系

正是由于开采深度的增加导致冲击地压发生的频率增多、冲击强度增大。尤其在抚顺煤层进入 －680m 以下开采以后，冲击地压防治难度系数 D_f（指工程深度 H 与冲击临界深度 H_{cr} 的比值）为 700～1000/300＝2.3～3.3，由此表明开采深度已经处于超深（2.0～3.0）和极深（3.0）的状态；从发生冲击地压险度指数 D_c（指工程深度 H 与所处的工程岩体强度 δ_c 的比值）来看，老虎台矿的 D_c＝700～1000/10＝70～100m/MPa，大大超过 20m/MPa，具有很高的冲击危险程度。图 2-15 所示是老虎台矿距地表不同深度发生冲击地压频率的单个采区（－580m 水平的 54002 号、－730m 水平的 68001 号东、－780m 水平 78001 号等）

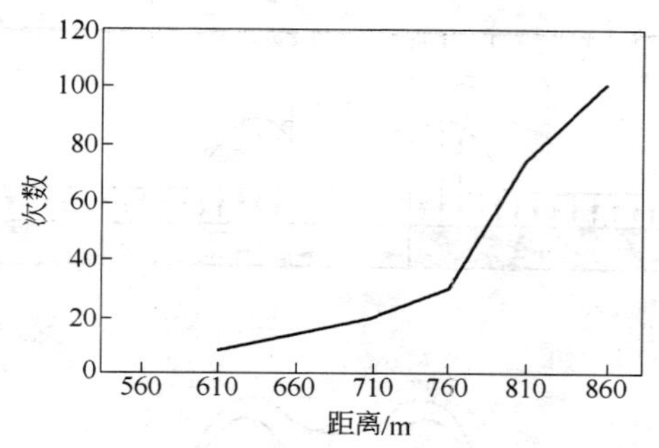

图 2-15　老虎台矿冲击矿压次数（大于 1 级）
随距地表变化曲线

发生大于 1 级冲击次数的变化曲线。可明显看出，冲击地压随开采深度的增加而愈加频繁、严重。

支撑压力高是冲击地压发生的重要条件。当煤体被采动掘出巷道后，其原始应力受到破坏而失去平衡状态，在巷道周围出现升高应力区和降低应力区，支撑压力就是升高应力区的矿山压力。显然，支撑压力大于该地区的原始应力。

在巷道掘进前方煤岩体中发生应力集中而形成的支撑压力，随工作面的推进而向前移动；如若两条巷道相向掘进，在相距一定距离时（一般为 30 ~ 50m），会造成集中应力叠加（见图 2-16）而导致冲击动力现象的发生。

在工作面煤壁和围岩中发生的应力集中所形成的支撑压力，特别是工作面前方煤壁是承受更高载荷的敏感地带，因此也是发生冲击的密集区域。据观测统计资料，抚顺各矿破坏性的冲击现象主要发生在巷道两侧和工作面前方煤层的支撑压力带中，支撑压力的影响范围为 30 ~ 40m，而显著影响范围为 15 ~ 20m，峰值位置距工作面煤壁为 3 ~ 7m，峰值压力带宽度为 2 ~ 3m，应力集中系数为 2 ~ 3，其中三角点附近由于支撑压力叠加，集中系数可达 3 以上。

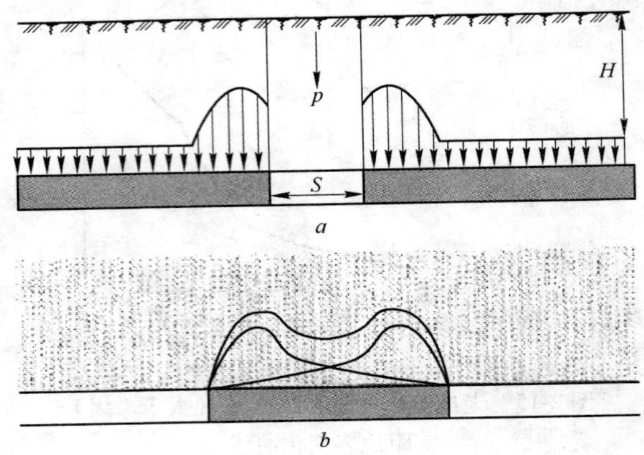

图 2-16　巷道支撑压力示意图

a—巷道两侧支撑压力分布；*b*—相向掘进巷道支撑压力分布

2.5.2　井下放炮对冲击地压的影响

根据统计结果，老虎台煤矿 1 天中各时段的冲击地压显现规律如图 2-17 所示。

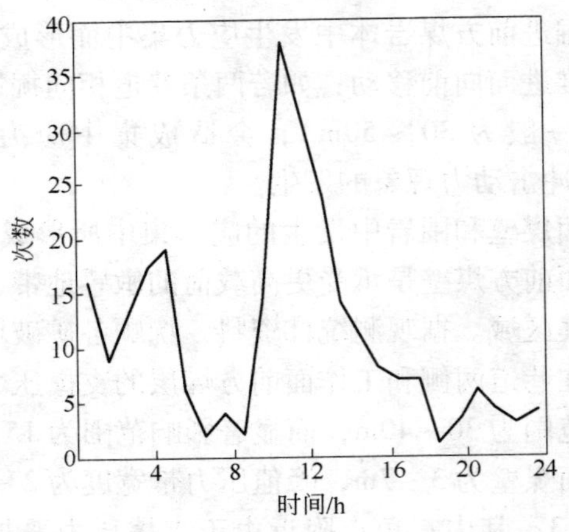

图 2-17　一天中各时段的冲击地压

根据统计结果，冲击地压在 0 ~ 1 点发生 16 次，3 ~ 5 点发生 17 ~ 19 次，在 10 ~ 13 点发生 38 次。在 10 ~ 13 点时间段发生冲击地压次数出现一个高峰。经调查，该时段刚好为井下放炮落煤之后，说明放炮是诱发冲击地压的重要因素之一。相比较而言，在支护时间，特别是采空区注砂时间（18 ~ 19 点）发生的冲击地压事故较少。

统计结果表明，冲击地压发生的次数呈逐年增多的趋势，由此说明，随开采深度的增加，冲击地压发生的频率加大。

2.5.3 采幅与冲击地压次数的关系

将大厚度煤层分为 i 个小分层，依次开采，则称第 i 个分层为第 i 幅，统计冲击地压次数与采幅的关系见表 2-4。由表 2-4 可见，开采第 1 幅时冲击地压发生 256 次（总数为 263 次），占总数的 97.3%；开采第 2 幅时发生 5 次，占总次数的 1.9%，以后各幅开采时发生冲击地压次数明显减少。第 2 ~ 第 5 幅开采时发生冲击地压的次数共 7 次，仅占 263 次的 2.7%。

表 2-4　冲击地压次数与采幅的关系

采 幅	1	2	3	4	5
冲击次数	256	5	1	0	1
比例/%	97.3	1.9	0.4	0	0.4

由统计分析表明，抚顺矿区冲击地压发生的频率及强度随开采深度增加而增加，其主要原因是在重力作用下，原始应力增高。对于重力型冲击地压而言，其临界深度一般不超过 400m。而抚顺矿区各矿井冲击地压临界深度是胜利矿大于 250m，老虎台矿大于 530m，龙凤矿大于 560m。

近年来随采深增加冲击地压次数明显增多，特别是 1 级以上冲击地压次数大幅度上升，从 1993 年的 483 次增加到 2001 年的 2024 次，由此说明上覆岩体的自重力是产生冲击地压的主要因素之一。

2.5.4 冲击地压次数与断层的关系

老虎台煤矿冲击地压发生次数最多的是704采区，占同时间发生次数的43%。经过综合分析，表明冲击地压发生的位置与断层有密切关系如图2-18所示。

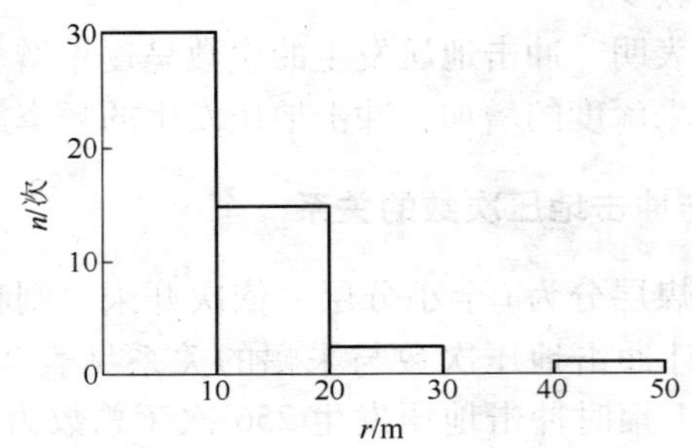

图2-18 冲击地压次数与断层位置的关系

冲击地压多发生于断层影响区，断层影响范围约在30m。位于影响范围r为30m之内，冲击地压发生次数占90%。离断层越近的位置，发生冲击地压的概率越大。在0～10m范围占60%，10～20m范围占29%，20～30m范围占9%。统计还表明，冲击地压发生的位置在断层的上盘与下盘表现不一样。如704区断层上盘发生冲击地压28次，而下盘发生冲击地压14次。即上盘与下盘相比，上盘发生冲击地压的概率大。由此说明冲击地压多发生于断层近处。

2.5.5 地质构造对老虎台煤矿冲击地压的影响

构造应力场是地壳构造运动和断裂活动的动力因素，又是地层中区域应力状态的重要组成部分。在构造应力场的作用下，一方面形成新的断裂组合，同时对井下开采过程中的各种动力现象的发生起着至关重要的决定作用，构造应力是孕育冲击地压的主要动力环境因素之一。

冲击地压发生位置与活动断层的存在有密切关系如图2-18

所示，冲击地压多发生于活动断层影响区。位于断层影响范围 r 为 30m 之内，冲击地压发生次数占 90％。与断层越近的位置，发生冲击地压的概率越大。应用有限元数值模拟分析表明，断层处表现为地应力陡变区，说明冲击地压与地应力的变化密切相关。针对这种情况，对老虎台井田进行了地质动力区划的研究，以便不同区域采取不同的技术防护措施。

为了完善断块结构，将断块边界同研究区域的地质图、地震分布图、卫星摄影照片做了对比分析，再通过井上下的地质构造分布的对比，然后逐级使用地形图，逐级划分断裂以及对各断裂的考察，惠乃玲等学者将研究范围缩小到老虎台井田。查明的该井田各级断裂如图 2-19 所示。

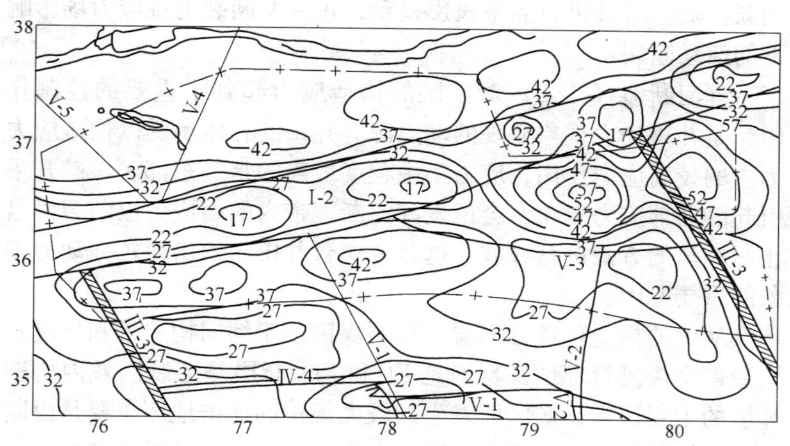

图 2-19　老虎台井田Ⅰ～Ⅴ级断裂及 630 水平
最大主应力等值线

Ⅰ-2 为敦密断裂西段—浑河断裂。观测表明，其两侧差异性抬升速率为 0.07mm/a，走向滑移速率为 0.1～1mm/a。在西露天矿北帮揭露断裂一片盘上显示，该断裂产状为：走向 75°、倾向 NW、倾角 58°；断层最新擦痕侧伏角 $r=5°\sim10°$。说明该断裂在现应力场中扭动方向为右旋。在1∶10万地形图上抚顺矿区被几条北西向、北北西向的断裂分割开。Ⅲ-1 断裂可通过井下的 F7 和 F7-1 最新擦痕得以验证，Ⅲ-3 断裂在地形要素中可从栗子沟附近山脊错动及井下煤层错动得以验证，它们均表现为左旋扭动特征。老虎台位于Ⅲ-1 和Ⅲ-3 断裂之间 $H=232\text{m}$ 的一个断块中。

Ⅳ～Ⅴ断裂是在地质趋势面分析的基础上，利用地形图上的沟谷特征和断裂玫瑰图来划分的。在 1∶5 万地形图上Ⅰ-Ⅳ、1-Ⅳ、2-Ⅵ、3-Ⅳ、4 断裂以及在 1∶1 万地形图上Ⅴ-1、Ⅴ-2、Ⅴ-3、Ⅴ-4、Ⅴ-5、Ⅴ-6 断裂的地貌表现为坡角线、沟谷、等高线轮廓。

断裂处的河流处在相对上升条件下，在矿区井上下断层中见到新擦痕，对其进行赤平投影显示，Ⅳ～Ⅴ断裂为现应力场影响下的活动断裂。

浑河断裂（Ⅰ-2）对矿区的构造应力起到了重要的控制作用，是井田动力现象显现的动力源。井田的岩体承受以构造应力为主的较高应力作用，应力集中程度最高的是其东部。煤矿开采引起的局部应力变化，会诱发浑河断裂带内的高应力以断裂两盘相对蠕滑的方式进行释放。这是老虎台井田频繁出现较强动力现象的重要原因。

从大的构造环境方面看，抚顺煤田位于纬向构造带和华夏式构造带交接复合部位，特别是 F1 和 F1a 断层是控制区域内构造环境的主要因素，矿区所发生的较大规模的冲击地压主要是由断层和构造的特征、空间位置以及它们之间的相互关系所控制。

从矿区内的断裂分布来看，抚顺煤田位于浑河断裂的下盘。浑河断裂位于辽东地区六大断裂的Ⅰ-2 敦密断裂的西段，是一条以走滑方式为主的活动断裂。整个煤田被Ⅰ级断裂Ⅰ-2、Ⅱ级断裂Ⅱ-1、Ⅲ级断裂Ⅲ-6 所包围，又被三条Ⅲ级断裂Ⅲ-1、Ⅲ-3、Ⅲ-4 所切割（见图 2-20）；龙凤矿、老虎台矿、胜利矿（西露天矿深部）分别处在不同的块段中，其中老虎台矿位于Ⅲ-1、Ⅲ-3 断裂之间标高为“232”的一个块段中，其中Ⅲ-3 断裂显现出左旋错动的特征，Ⅲ-1 断裂通过井下 F7、F7-1 及附近小断层而表现为左旋扭动。因此，老虎台矿处在Ⅰ级断裂和Ⅲ级断裂交界处的构造应力区，进行开采活动时，构造应力成为发生冲击地压动力现象的内在因素和先决条件。

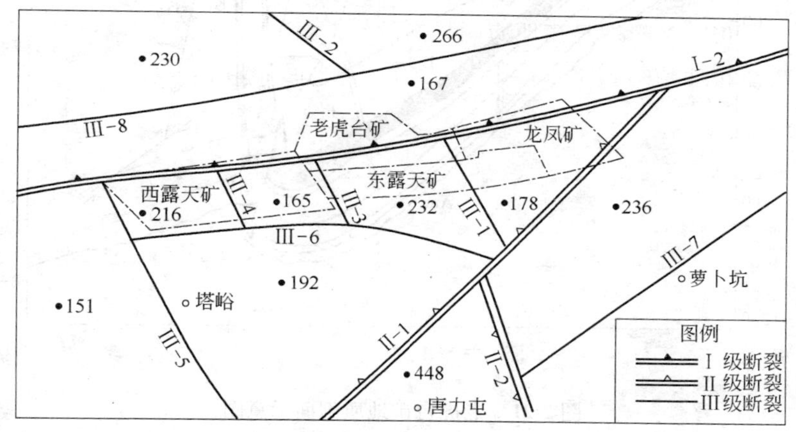

图 2-20　抚顺矿区断裂块段示意图

其次，从井田地质构造来看：抚顺煤田地质构造是一个近似东西方向的向斜盆地，根据构造形迹分析和地应力测量证实，向斜轴部存在的构造应力场的最大主应力约为自重应力的两倍左右。在盆地形成过程中由于地质构造运动的作用，盆地形态变得异常复杂（见图 2-21、图 2-22）。煤田内断层、褶曲等地质构造十分发育（见图 2-19），落差大于 30m 的断层有 30 条，中小型构造的分布是：西部 1. 57 条/万 m^2、中部 5. 522 条/万 m^2、东部 10. 754 条/万 m^2。

复杂地质构造表明该区域存在着较大的构造应力，在采掘活动过程中，由于构造应力和采动应力的叠加，导致了冲击地压的剧烈发生。如龙凤矿冲击地压大多发生在 601、602 采区靠近断层带和向斜轴升起部位；胜利矿 509 采区开采接近褶曲地带曾多次发生强烈冲击现象；老虎台矿中央主副巷位于中部隆起及向斜

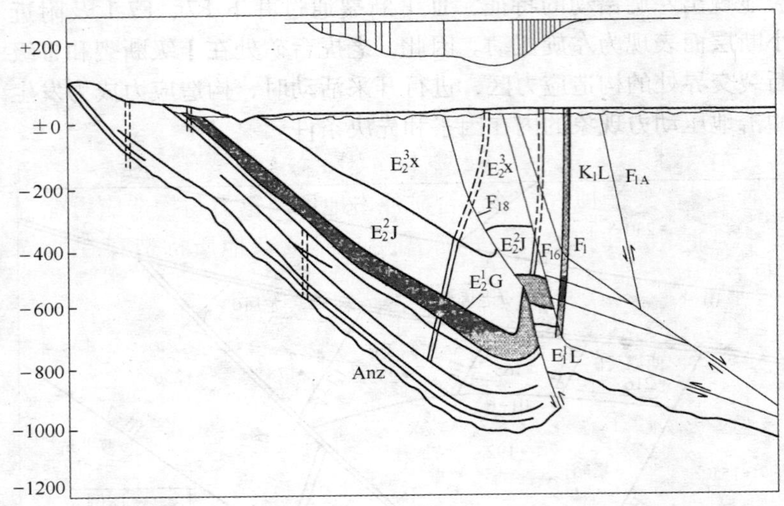

图 2-21 老虎台矿地质剖面示意图

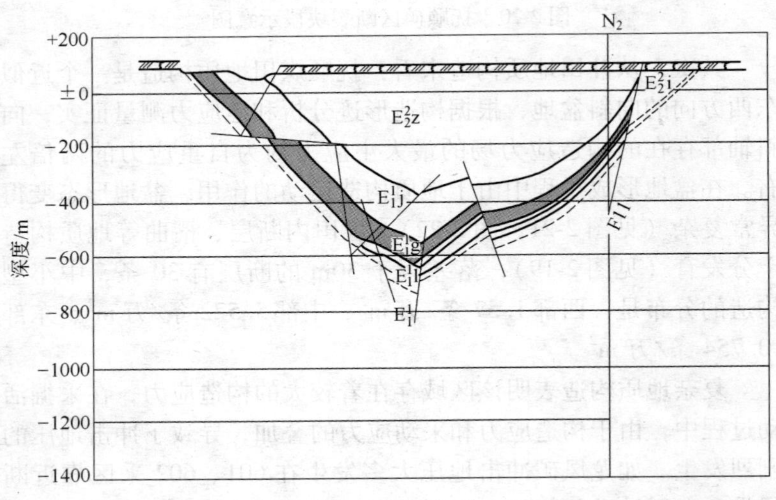

图 2-22 龙凤矿地质剖面示意图

轴部位 1 级以上冲击地压发生 40 多次；东部区的 78001 号工作面发生 1 级以上冲击现象近 100 多次，最严重的一次造成近 300m 巷道几乎全部顶底板合拢。从老虎台井田内部小的环境看，14 条大断层及周围形成的向背斜构造和次一级的断裂构造，是诱发冲击地压的主要原因之一，也是冲击地压发生次数最密集、特别是大震级的地方。老虎台矿冲击地压属重力与构造应力综合型冲击地压，其频繁发生的原因主要是复杂地质构造存在所导致，由此说明构造应力是主导作用因素之一，是诱发冲击地压的主要动力源。

2.5.6 开采方式对冲击地压的影响

采掘活动可以从两个方面诱发冲击地压的发生，一是人为地形成应力集中，如煤柱等，增加发生冲击地压的危险性；二是改变区域应力状态，如开采程序不合理和放炮产生的震动诱发冲击地压。

2.5.6.1 炮采与冲击地压关系

老虎台矿以往采用炮采方法开采时，是分组开采。一是开采过程中每个阶段 50m 段高形成 11 个区间煤柱和 12 个段间煤柱；同时每个阶段东西翼遗留一个孤岛煤柱采区，这些煤柱都是高应力集中区，在此进行采掘活动，极易引发冲击地压。

二是炮采时存在跨阶段、跨水平开采，单位采区范围小（走向 300 ~ 350m），开采强度大，受此影响，井田区域内应力状态变化较大，采区间动压互相影响，为冲击地压的发生提供了条件。

三是炮采采用木支护管理顶板，水砂充填管理采空区，木支护属刚性支护，强度低，无可缩性，充填河砂及页岩使顶板不能自然垮落，不利于释放顶板积聚的大量弹性能。

四是炮采工作面采用爆破落煤，放炮震动极易引发冲击地压。因此，炮采水运水砂充填采煤法开采时，不但一分层发生冲击地压，而且二三分层也发生冲击地压，所以，炮采水砂充填采煤法不适合冲击地压煤层开采。

2.5.6.2 综放开采与冲击地压的关系

综放开采是目前特厚煤层比较先进的采煤方法，采用高强度液压支架管理工作面顶板，采煤机割煤，自然垮落法管理采空区，采用先进的锚网U形棚复合支护巷道。其主要优点表现在：

一是可以布置长距离大工作面，采区个数减少，使得矿井生产布局及开采程序更加合理。

二是采区间煤柱减少，区内条带间实现无煤柱开采，采空区内不残留煤柱及支柱，高应力区大幅度减少，采区内部也不会形成新的应力集中区。

三是工作面液压支架强度高，具有可缩性，采空区采用自然垮落法管理顶板有利于释放顶板内积聚的大量弹性能。

四是巷道采用锚网U形棚（或O形棚）复合支护，支撑强度高，具有可缩性，有利于释放巷道周围积聚的大量弹性能。综放开采适合于有冲击地压煤层的开采。由此可以说综放开采是目前有冲击危险特厚煤层的较好的采煤方法，目前老虎台矿的综放开采方法，有利于防治冲击地压的发生。

3 冲击地压危险性预测与抚顺矿区冲击地压的识别技术

3.1 冲击地压危险性划分与评价

3.1.1 冲击地压危险性等级划分原则

根据冲击地压发生的原因，对冲击地压的预测预报、危险性评价及冲击地压的治理研究非常重要。目前，将冲击地压的危险程度按评定其等级的综合指数法定量化分为五级（见表3-1)。下面进行简要介绍。

A 无冲击危险

冲击地压危险状态综合指数 $W_t < 0.3$。所有的采矿工作可按作业规程进行。

B 弱冲击危险

冲击地压危险状态综合指数 $W_t = 0.3 \sim 0.5$。

（1）所有的采矿工作可按作业规程进行。

（2）作业中加强冲击地压危险状态的观察。

C 中等冲击危险

冲击地压危险状态综合指数 $W_t = 0.5 \sim 0.75$。

下一步的采矿工作应与该危险状态下的冲击地压防治措施一起进行，且通过预测预报确定冲击地压危险程度不再上升。

D 强冲击危险

冲击地压危险状态综合指数 $W_t = 0.75 \sim 0.95$。

（1）应当停止采矿作业，不必要的人员撤离危险地点。

（2）矿主管领导确定控制冲击地压危险的方法及措施，以及控制措施的检查方法，确定参加防治措施的人员。

E　不安全

冲击地压危险状态等级评定综合指数 $W_t > 0.95$。

应根据专家的意见采取综合治理措施及方法。采取措施后，须通过专家鉴定，方可进行下一步的作业。如冲击地压的危险程度没有降低，则停止进行采矿作业，该区域禁止人员通行。

表 3-1　冲击地压危险状态的分级

冲击地压危险等级	冲击地压危险状态	冲击地压危险指数
A	无冲击危险	<0.3
B	弱冲击危险	0.3 ~0.5
C	中等冲击危险	0.5 ~0.75
D	强冲击危险	0.75 ~0.95
E	不安全冲击危险	>0.95

3.1.2　冲击危险性评价方法

目前对冲击危险性评价主要有煤岩层冲击倾向性实验室研究、现场实测及计算机数值模拟与相似材料模拟等方法。

3.1.2.1　*煤岩层冲击倾向性实验室研究*

煤岩层冲击倾向性实验室研究主要是判断煤岩层是否具有积聚大量能量并在破坏时瞬间释放的基本属性，煤岩层的冲击倾向是其产生的必要条件。评价煤岩层的冲击倾向的指标主要有弹性能量指数、冲击能量指数、煤的动态破坏时间、弯曲能量指数等，具体分类指标见表 3-2、表 3-3。

表 3-2　煤层冲击倾向性分类

分类指标	无冲击倾向	弱	强
煤的动态破坏时间 DT/ms	$DT > 500$	$50 < DT \leqslant 5000$	$DT \leqslant 50$
弹性能量指数 W_{ET}	$W_{ET} < 2$	$2 \leqslant W_{ET} < 5$	$W_{ET} \geqslant 5$
冲击能量指数 K_E	$K_E < 1.5$	$1.5 \leqslant K_E < 5$	$K_E \geqslant 5$

表 3-3　顶板冲击倾向分类

分类指标	1　类	2　类	3　类
	无冲击倾向	弱冲击倾向	强冲击倾向
弯曲能量指数 U_{WQ}	$U_{WQ} \leqslant 10$	$10 < U_{WQ} \leqslant 100$	$U_{WQ} \geqslant 100$

3.1.2.2 现场实测数据分析评价法

现场实测数据分析评价煤岩层冲击性主要有钻屑法、地音与微震监测法以及常规矿压观测法。

（1）钻屑法又称为钻屑定量法，是通过在煤体中钻小直径钻孔（$\phi42 \sim \phi50$），根据钻孔时在不同深度排出的煤粉量以及有关动力现象，确定相应的煤体应力状态。集中应力是产生的重要原因，测定煤层钻粉量可以了解煤层应力分布状态，从而分析确定煤层是否存在冲击危险以及冲击危险程度。利用钻屑法评价煤层冲击危险性，其指标由三部分组成，即煤粉量指标、距离指标和动力效应。

（2）地音与微震监测法，煤岩体受力产生变形或破坏时，伴随能量的释放，地音和微震是这种释放过程的物理效应之一。地音和微震的强度与频率在一定程度上反映了煤岩体的应力状态和释放变形能的速率。参与冲击的煤岩体通常在某些部位首先达到极限平衡状态，产生局部破裂，与之相应，地音活动出现活跃期，并出现一定强度和一定数量的微震活动；此外，与煤岩体蓄能量过程相对应，地音与微震活动出现平静状态，以此判断煤层或岩体发生冲击的倾向性。

（3）常规矿压观测法，通过对工作面支架压力、立柱收缩量的观测，判断工作面顶板来压规律，同时对巷道的变形及其围岩应力分布进行观测。在此基础上，研究工作面发生机理，预测发生的危险性及其区域。

3.1.2.3 数值模拟与相似材料模拟评价方法

岩体本构模型考虑到弹塑性、各向同性亚弹性、各向异性亚弹性。大量文献将冲击地压过程作为动力稳定性问题进行数值计算，基于弹性、塑性理论和稳定性理论，用数值方法给出了冲击地压发生准则。Zubelewicz 等人最早把冲击地压视为动态过程，采用有限元法，通过把煤岩体的一些特别单元突然移动确定其动态解，研究求解区域中动能的增加这一变化，来研究结构的动力不稳定性。其不足之处是把冲击地压当作弹性问题，破坏是通过人为移去单元的方法，显然存在问题。Baradet 采用各向同性和各向异性亚弹性固体的本构模型，用劈裂试验评估了应用有限元法对表面弯曲不稳定性计算的适用性。Muller 对两种不同数值方法（ANSYS 有限元程序和有限差分程序 FLAC）用于冲击地压数值计算进行比较分析，认为动力学有限差分法是最适宜的。同时认为要对冲击地压做到准确的计算还应考虑剪切破坏准则、三轴模拟、煤岩层的失效后结构以及煤岩层接触面性质，全面应用各种参数进行数值计算。Park 等人用一个典型的二维有限单元网格布局来模拟房柱式采矿系统，该系统包括两个入口开采截面、两煤柱和一未采煤体，分别计算了底板稳定或失效时顶板岩梁垂直应力分布和拉应力分布等情况，进而对 Mary Lee1 号煤矿的薄层顶板、坚固煤柱和软弱底板条件下房柱式开采进行了稳定性研究。Altmatov 等人用直接边界元法计算岩体的冲击倾向性。岩石破坏过程分析软件（RFPA）能模拟脆性岩石的破坏过程，较好地分析冲击地压的孕育过程。冲击地压的发生是一种极其复杂的动力过程，在目前的数值模拟计算中都对其行为进行了一定的假设或简化，应用的力学模型尚存在一定的局限性，这对冲击地压的数值模拟计算来说是一极大的障碍，冲击地压理论及其数值计算方法有待于进一步发展和完善。

对工作面或巷道采掘活动进行数值模拟，根据模拟工作面或巷道等采掘空间的变形及应力分布情况，判断实际工作面或巷道变形破坏及应力分布特点与应力集中情况，确定采掘空间发生的危险性。

相似材料模拟可以为制定合理的采煤方法及预测发生危险性区域提供依据，但由于模型大小及其实验成本限制，一般应用很少。

3.1.2.4 地质动力区划分析

地质动力区划分析的主要原理在于地质结构体的结构与构造的任何信息均反映了地壳活动的过去，反映了地层岩体的应力状态。地质动力区划的主要过程就是利用地表、地形地貌、矿井地质构造及地应力测量等一系列地球物理信息分析、确定区域内不同历史阶段的结构造块的应力状态及受力形式，以此判断矿井是否会发生高度应力集中及冲击等动力现象。

3.1.2.5　综合测定方法

综合测定方法，能更准确地判断出发生的地点和时间，这种方法就是同时采取上述两种以上的方法，根据多因素的变化，综合加以确定。

地质动力区划分析、煤层倾向性测定和计算机数值模拟与相似材料试验等可用于评价未开采煤层发生的危险性；而钻屑法、地音与微震监测法主要用于已开掘的煤层，通过现场实测了解煤层应力分布状况，确定发生的危险性区域。目前钻屑法、地音与微震监测法及综合测定法在国内运用较多。

3.2　冲击地压危险性预测技术

3.2.1　冲击地压危险预测的基本原则

冲击地压预测是防治工作的重要部分。准确的预测对及时采取区域性防范措施和局部性解危措施十分重要。冲击地压的预测包括时间、地点和规模。它包括在实验室对煤层的力学性质和冲击倾向鉴别及在采掘过程中对冲击危险程度的鉴别。所谓冲击危险是指发生冲击地压的可能性。冲击危险程度是指发生冲击地压的规模。

先查明矿区各矿井有冲击危险的煤层，然后制定合理的矿区规划和矿井设计，采用正确的开拓开采方式，从根本上消除或减缓冲击地压危害。在有冲击地压危险的矿井进行采掘过程中的预测，指导危险区采取治理措施，以便避免冲击地压危害。因此，冲击地压预测工作可以分阶段进行，在煤田地质勘探阶段，利用钻孔岩芯进行力学试验，测定煤岩的冲击倾向性。利用详查和精查勘探中的资料评价影响冲击地压的主要地质因素，包括埋藏深度、地质构造、顶底板岩性，尤其是老顶的岩性及厚度、煤岩强度及变形特性等；在矿井建设阶段，利用井巷揭露出的煤层和岩层进行进一步的力学试验，评价煤岩层的冲击倾向和分析新获得地质资料，选择合理的开采方法和相应的防范措施；对于生产矿井，开采到一定深度后，应按照《冲击地压煤层安全开采暂行规定》进行管理。由于冲击地压一般发生在采掘工作面及其附近地段，因此，要在生产过程中经常性地对冲击危险性进行预测，以便及时地采取解危措施，保证安全生产。

冲击地压的预测是基于对冲击地压发生机理的认识。目前冲击地压的预测都是围绕冲击地压发生的强度条件和能量条件进行。通过对煤岩体的应力水平和分布状态以及能量积蓄和释放等变化进行监测，在时空上判断煤岩体破坏形式、规模和释放能量的大小，并以此来进行冲击地压的预测。一般情况下，冲击地压发生在采掘工作面的应力集中区。应力集中产生于开采深度大（自重应力）、岩体中存在地质构造应力、采掘空间周围应力集中、残留煤柱边缘区、断层和相邻采掘空间的附加应力等。它的峰值越大、峰值位置距离煤壁越近，发生冲击地压的危险性越大。上部地层的压力使煤层受到压缩，顶底板发生闭合变形。一般冲击地压发生前煤岩变形停滞，顶底板移动速度变缓，煤由工作面压出（煤层侧向变形）也变缓。受到压缩的煤层和发生变形的顶底板以弹性变形的方式承受高压，并积聚大量变形能。通过监测变形能变化诱发岩体的声发射和微震活动，就可推断冲击危险程度。积聚能量多，冲击危险性就大。如果是经多次释放，则释放的规模小。如果是一次集中释放，则冲击强烈。这种煤层（矿层）及其围岩的应力、应变和变形能的变化与冲击地压的关系，就是预测冲击危险的基础。

冲击倾向性鉴别及煤岩力学性质的测定工作，应遵照原煤炭部颁发的《煤和岩石物理力学性质测定方法》和《冲击地压煤层安全开采暂行规定》进行。

如同冲击倾向鉴别一样，判别冲击危险程度也需一些具体的判别条件。各种预测方法的冲击危险判据的建立，必须针对具体地质条件，采取理论联系实际，实验室试验与现场试验相结合的方法具体确定。

冲击地压的预测方法，除了以往的经验类比法外，大致可以分为两类。一类是以钻屑法为主的局部探测法，包括煤岩体变形观测法（顶板动态、围岩变形）、煤岩体应力测量法（相对应力测量，绝对应力测量）、流动地音检测法、岩饼法等，主要用于探测采掘局部区段的冲击危险程度。这类方法简便易行，直观可靠，已经得到广泛应用。其缺点是预测工作在时间上和空间上不连续，费工费时；第二类是系统监测法，包括地音系统监测法和微震系统监测法，以及其他地球物理方法（地温、地电、地磁等）。根据连续记录煤岩体内出现的动力现象预测冲击地压危险状态。所依据的基本条件是岩体结构的危险破坏过程，是以超前出现的一系列物理现象为信息的。这些物理现象的出现被视为动力破坏的前兆。通常是在井上、下设置测点，建立冲击危险区的监测网，把连续收集记录的地音和微震信号传输到监测站，利用电子计算机自动进行数据整理、加工分析，预测监测区的冲击危险。这类方法可以实现在空间上和时间上的连续监测。但维护管理较困难，分析数据和判定煤岩体的力学状态难度较大，需要经过长期试验，积累大量经验数据，方可准确预测。根据初步统计，我国煤矿已经试验或实施的预测方法和使用情况见表3--4。

表3-4　常用的冲击地压预测方法

预 测 方 法	试验实施的矿井
经验类比法	冲击地压矿井大都采用
钻屑法	门头沟、龙凤、陶庄、天池、唐山、房山等
围岩变形观测法	陶庄、龙凤、唐山、天池、门头沟、房山、八一、柴里等
流动地音法	陶庄、龙凤、唐山、天池、门头沟、房山、柴里等
煤体应力测量	陶庄、龙凤、唐山、门头沟等
地应力测量	龙凤、天池、门头沟、房山、台吉、五龙等

续表 3-4

预 测 方 法	试验实施的矿井
超声波测量	天池、房山等
锤击波速法	陶庄
水分法	龙凤
支架压力（阻力）测定法（包括光弹应力计）	门头沟、天池等
地音监测系统	门头沟、房山、龙凤、陶庄、五龙等
微震监测系统	门头沟、房山、龙凤、陶庄、五龙等
微震仪、地电仪监测法	龙凤、陶庄、台吉、门头沟、房山、大台
地表岩移观测	大台、台吉、陶庄、老虎台、门头沟等

3.2.2 钻屑法

3.2.2.1 钻屑法基本原理

该方法的基本理论和最初试验始于20世纪60年代，其理论基础是钻出煤粉量与煤体应力状态具有一定的关系，即其他条件相同的煤体，当应力状态不同时，其钻孔的煤粉量也不同。当单位长度的排粉率增大或超过标定值时，或在钻孔过程上出现动力效应时，即可判别应力集中程度和冲击危险性的程度。对于一定条件下的煤体，在正常应力作用下，不同钻孔深度的煤体的应力状态是不同的，此时钻孔的煤粉量也不相同。当煤层的应力集中程度增加或应力状态异常时，钻孔的煤粉量将发生改变。根据煤粉量的变化，即可预测煤体的受力状态，并进一步预测冲击危险性。

在受压煤层中钻小直径钻孔，当钻孔进入煤体高应力区时，钻进过程呈现动态特征，孔壁煤体部分可能突然挤入孔内，并伴有震动、声响或微冲击等现象，单位长度排出的煤粉量大于正常量，钻屑粒度增大，可能出现卡钻现象。为了客观地评价采掘地点的冲击危险程度，必须适时确定支撑压力带峰值大小和位置。但是直接测定煤层应力相当困难，尚没有可靠方法。一般采用相对评价的方法，对处于极限应力状态的边缘区进行钻进，研究钻进过程中的动态效应与煤体应力之间的关系，从而判定冲击危险。

3.2.2.2 钻屑量与应力之间的关系

冯恩杰等许多学者对钻屑量与煤体应力之间的定量关系进行了研究，一般都假设钻孔前煤体为均质、各向同性的弹性体，视为具有圆孔的无限大平面应变问题进行处理。并采用摩尔—库仑准则为钻孔后出现非弹性变形的屈服准则，把载荷视为静水压力状态下的轴对称问题。但都没有考虑煤在非弹性变形区所出现的应变软化性质。为了更符合实际，考虑煤的应变软化性质和非弹性变形区的扩容，来建立煤体应力和钻屑量之间的函数关系。考虑应变软化的扩容影响，钻屑量 G 与煤体应力 p 之间的关系式为：

$$G = \gamma(\pi\alpha^2 + 2\pi RU_R) + (n - 1/2)\gamma(R^2 - a^2) \tag{3-1}$$

$$U_R = [(1 + \mu)/2E]R[\sigma_C + (q - 1)/(q + 1)(2p - \sigma_C)] \tag{3-2}$$

式中 γ——煤的容重；

R——非弹性区半径；

U_R——非弹性区和弹性区交界处的径向位移；

n——考虑扩容而产生的影响，一般取 1.1～1.2；

a——成孔后半径；

q——系数，$q = (1 + \sin\phi)/(1 - \sin\phi)$；

ϕ——煤的内摩擦角；

μ——泊松比；

σ_C——煤的单轴抗压强度。

实践表明，采用相同钻头钻孔，成孔后的孔径随煤体应力的增加而增大。在特殊情况下，还能出现孔壁破损失稳现象，钻屑量将数十倍地增加。关于这种情况，库克提出其发生条件为：

$$R/a - 1 \geqslant E/(1 + \mu)B \tag{3-3}$$

式中 B——煤体非弹性区的应力—应变曲线的斜率，近似为常数；

E——煤的弹性系数。

采用 ϕ44mm 钻头钻孔，孔径一般为 48～60mm。但如前述，煤体应力大，孔径增大，钻屑量增多。如果能在实验室测得煤的力学参数，在现场测得钻屑量和平均孔径，那么就可按式 3-1 和式 3-2 采用逐步逼近法求出相应的应力。把它和实验室测得的煤的强度值进行比较，就可用以判定冲击地压危险程度，或与钻屑法试验结果相验证，确定钻屑指标。

一般情况下，煤体处于非对称载荷下，而式 3-1 和式 3-2 是在对称载荷下求得的煤体应力和钻屑量间的关系式。采用有限元法对非对称载荷下圆孔非弹性变形位移求解，按所求值计算由于非弹性变形引起的相应钻屑量，再把它与对称载荷下（$\lambda=1$）由非弹性变形引起的钻屑量进行比较，当 $\lambda=0.25$ 时，其误差不到 5%，所以式 3-1 和式 3-2 在不同侧压比情况下均适用，并且精度能够满足工程的要求。

3.2.2.3 冲击地压危险指标的确定

冲击地压危险指标的确定，是应用钻屑法预测冲击地压的关键。钻屑法作为预测手段，首要任务是建立钻屑量和煤体应力之间的关系，通过钻屑量了解煤体应力状态，确定可能发生冲击地压时的最大钻屑量；其次是了解最大集中应力的位置，即出现最大钻屑量的位置到煤壁距离；第三是分析钻屑的粒度组成、钻进难易程度、卡钻、震动和微冲击等动力现象与冲击地压发生的可能联系。按照上述 3 个条件建立冲击危险检测指标，判定冲击地压危险等级。

A 钻屑量指标

在《冲击地压煤层安全开采暂行规定》中规定，用钻粉率指数判别工作地点冲击危险性指标，可参照表 3-5 确定，结合实际情况进行分析。在表中所列的钻孔测量深度内，实际钻粉量达到相应指标或出现钻杆卡死现象，可判别为所测地点有冲击危险。

表 3-5 判别冲击地压危险性的钻粉率指标

钻孔深度/煤层开采厚度	1.5	1.5～3	3
钻粉率指数	≥1.5	2～3	≥4

注：钻粉率指数＝每米实际钻粉量/每米正常钻粉量。

钻粉率指数应折算成容易测量的指标，一般以测量煤粉的体积比较方便。正常钻粉量是在支撑压力带影响范围以外测得的煤粉量，选择不受采动影响的煤体中的巷道，测定5个孔并取各孔煤粉量的平均值作为正常煤粉量。正常钻粉量通过现场测试和理论计算方法确定。

目前，根据一些矿山的大量钻屑检测结果，可把煤层冲击危险登记划分为三级：

Ⅰ级：无冲击地压直接危险；

Ⅱ级：有中等冲击地压危险；

Ⅲ级：有严重冲击地压危险。

具体鉴别按表3-6综合判定。

表 3-6 钻屑量检测指标

级 别	最大钻屑量/$kg \cdot m^{-1}$			动力现象
	$L<4$	$L=4\sim6$	$L>6$	
Ⅰ	<4.5	<5.5	<6.5	无
Ⅱ	4.5～5.5	5.5～6.5	>6.5	声响、卡钻
Ⅲ	>5.5	6.5～10.0	>10.0	卡钻、冲击声

注：L 为钻屑峰值点至孔口距离，m。

B 距离指标

为了客观地评价冲击地压危险程度，必须确定最大支撑压力区中的峰值大小，以及峰值位置至煤壁的距离。煤岩的三轴强度试验表明，当围压达到一定程度后，煤样“塑化”，几乎失去冲击倾向。当达到一定深度后，即使在该处形成冲击，由于该区至煤壁之间煤体构成的阻力大，冲击部分的煤体也不能抛向采掘空间。这种深部冲击的动力效应只是产生震动和响声，危害有限。

C 动力效应分析

动力效应指钻进过程中伴随出现的冲击响声、钻杆跳动、卡钻甚至钻杆卡死等现象。由于钻孔过程中孔壁周围煤体突然破裂，挤入孔内，伴有冲击响声，并造成钻杆跳动。严重时能造成钻杆卡住，甚至把钻杆卡死。钻杆卡死是钻孔周围煤体应力高度集中或突然变化的标志。因此，把钻杆被卡死作为鉴别冲击危险的一个指标。但是必须注意，钻杆被卡死除与煤体压力有关外，还受施工钻具、施工方法和施工经验的影响，因此，要由专职人员采取正确的施工方法和凭借经验确认和鉴别冲击危险。其他动力效应，如推进力变化、纯钻进时间变化、钻孔冲击等，也可作为鉴别冲击危险的参考指标。

D 钻屑法实施技术

（1）钻屑法实施过程：

1）通过对受采掘影响小的同一煤层或相近区段检测标准煤粉量。

2）在具有冲击危险区域钻孔，检测相应参数及记录钻孔过程中的动力现象，根据已确定的标准煤粉量和理论计算确定极限煤粉量和危险煤粉量。

3）根据标准煤粉量和极限煤粉量、危险煤粉量，判断各个钻孔的煤粉量是否达到或超过危险煤粉量，在此基础上进行冲击危险性预测。

然后需根据冲击显现的特点，确定潜在冲击危险的区域。通过经验类别及支撑压力叠加应力计算等方法确定工作面上有冲击危险的区域，然后在对确定了潜在有冲击危险的地段应用钻屑法进行重点检测。打钻孔，并收集钻出的煤屑，用容器称量煤粉的体积，并用专用表格记录打眼地点、时间、钻屑排出量，以及打眼过程中出现的钻杆跳动、卡钻、劈裂声和微冲击等动力现象。

（2）支撑压力评价。由于钻屑法能够评估煤岩体应力的大小和分布，因而可以用于估测采掘工作面的支撑压力的大小和分布规律。支撑压力的峰值大小、峰值位置至煤壁的距离以及支撑压力作用范围是主要特征参数。钻屑量的多少与煤体压力有关，实测钻屑量的分布曲线反映了支撑压力带的特征。

（3）冲击危险性的鉴别。防治冲击地压危害需要及时检测冲击危险及其危险程度。只有鉴别出冲击危险，才能采取相应的解危措施，并尽早实施解危措施，以防在实施过程中发生冲击地压。显然，采取措施的前提是要判定冲击危险确实存在。只要在检测深度上出现超过规定指标的数值，则被认为具有冲击危险，应采取解危措施。但是，用钻屑法鉴别冲击危险是带有经验性的，而且不能依据个别钻孔提供的数据，应通过多个钻孔的测试结果，鉴别冲击危险的变化特点，所以需要施工较多的钻孔，根据这些钻孔提供的数据综合判定冲击危险程度。

（4）检查解危措施的效果。经检测确认有发生冲击地压危险的区段，必须采取解危措施。实施解危措施后，还要求检查解危效果。目前评价卸载效果主要依据卸载后的直接效应，如钻屑量的变化、声响效应等。卸压钻孔、卸压爆破和高压注水等卸载措施实施后，还应进行卸载效果的检查。在检测出具有冲击危险后进行了卸压爆破，之后对卸压效果进行了检测，钻屑法检测结果表明卸压效果显著。

（5）注意事项。钻屑法检测时不能简单以一个孔的指标超标就确定为该区为危险区域，危险区域应有一个连续的长度。

1）钻屑法检测煤粉指标并不很高，但在钻进过程中有冲击、煤炮、卡钻杆等情况可以判定为有冲击危险。

2）检测出有冲击危险倾向的区域，要尽快采取解危措施，防止冲击危险程度积聚，发生冲击地压事故。

3）钻屑法具有简单易行，直观和适应性强的特点，已成为公认的一种预测冲击地压危险的主要方法。但是，钻屑法具有一系列优点的同时其缺点也是很明显的。钻屑法是通过钻屑量大小估算煤壁附近应力情况，从而根据最大应力大小和位置，即最大钻屑量大小和位置估计冲击危险，显然这是建立在冲击地压强度理论基础上的。根据目前已知冲击地压发生机理，冲击地压发生时，煤体应力超过强度，但是应力超过强度，煤岩破坏即最大钻屑量超过极限值不一定发生冲击地压。另外，在钻屑法检测时，并未发生异常，即没达到或超过强度现象，但由于煤层具有流变性质，产生静疲劳现象，使得煤体极限强度降低，应力不再增加，也将发生失稳破坏过程即产生冲击地压，这种情况虽较少见，但是在实际中确有发生。钻屑法必须由现场施工人员掌握，工作量大，占用人员多，速度慢，对正常的其他生产活动影响较大。而且钻屑法数据可靠性完全依赖操作者本人技术熟练程度及责任心，人为因素所占比重较大。

3.2.3 抚顺老虎台矿“钻屑法”实测结果分析与危险性判别

3.2.3.1 测试方法

测试地点选在老虎台矿区域预测有冲击地压危险区域的煤层掘进工作面。每次测定2个孔，孔深10m，钻头直径42mm，利用布袋和弹簧秤，测定1～2m、3～4m、5～6m、7～8m、9～10m的每米钻屑质量。

3.2.3.2 数据分析及临界值的确定

根据测得的几万组钻屑量数据中选择了几组有代表性的数据，进行分析、整理列表并绘图（见表3-7、图3-1）。

表3-7 73001准备巷道掘进工作面钻屑量数据对比 (kg)

系列 \ 标准钻屑量/kg·m^{-1}		钻孔深度/m					备 注
		1～2	3～4	5～6	7～8	9～10	
1		1.8	1.9	2.9	3.4	3.6	无冲击地压
2	37m处	2.1	3.9	4.5	5.9	6.9	发生1.9级冲击
3	49m处	2.2	3.8	4.8	5	5.2	无冲击地压
4	57m处	2.3	2.6	3.6	4.9	4.9	无冲击地压
5	112m处	1.9	4.7	6.1	6.5	7.5	发生1.8级冲击

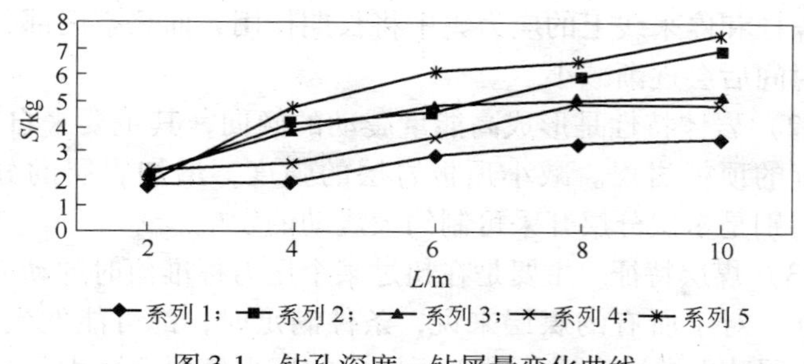

图 3-1　钻孔深度—钻屑量变化曲线

表 3-7 和图 3-1 中列出了 73001 准备巷道掘进工作面的 4 次实测钻屑量和矿井标准钻屑量，其中第一行为矿井标准钻屑量；第二行和第五行为发生冲击地压前的数据；第三行和第四行为没有发生冲击地压的钻屑量。由此可以看出，在有冲击地压危险时，3 ~ 4m 区段的钻屑量明显高，在测试的 5 组数据中，最大值是标准钻屑量的 2. 5 倍；在第三行和第四行中，钻屑量分别在 10m 和 8m 处达到 5. 2kg/m 和 4. 9kg/m，但没有发生冲击地压。通过对五组钻屑量数据的统计分析，将钻屑量的临界值确定为 5kg/m，即 $S \geqslant 5$ kg/m有冲击地压危险，$S < 5$kg/m 时无冲击地压危险。

3. 2. 4　综合指数法

综合指数法就是在分析各种采矿地质影响冲击地压发生因素的基础上，确定各种因素的影响权重，然后将其综合起来，就可以建立冲击地压危险性预测的综合指数法。

对于具有冲击地压危险性的矿井来说，在进行采区设计、工作面布置、采煤方法选择时，都要对该采区、煤层、水平或工作面进行冲击地压危险性评定工作，以便减少或消除冲击地压威胁。下面介绍综合指数法预测冲击地压危险性。

3. 2. 4. 1　冲击地压危险状态的确定

冲击地压危险状态是随着采矿地质条件的变化而在空间和时间上发生变化的，冲击地压危险状态是由下列因素决定的：

（1）岩体应力是由于采深、构造及开采历史形成的，其中残留煤柱和停采线上的应力集中将长期作用，而采空区部分则在一定时间后会逐渐减小。

（2）岩体特性是形成高能量震动的倾向，其主要来自厚层、高强度的顶板岩层。减小顶板岩层的强度，增加岩层的分层数目，特别是多次分层开采可制约大震动的发生。

（3）煤层特征。主要是在超过某个压力标准值时的动力破坏倾向性。对于所有的煤层来说，条件满足时，都可能发生冲击。但对于弱冲击煤层来说，由于所要求的压力值要远远大于具有冲击倾向性的煤层，因此，通过对煤岩体的自然条件、特征及开采历史的认识，可以近似确定冲击地压的危险状态及危险等级。

3.2.4.2 危险性评定综合指数方法

影响的主要因素有地质方面的因素，如开采深度、煤层的物理力学特性、顶板岩层的结构特征、地质构造等；也有开采技术方面的因素，如上覆煤层的停采线、残采区、采空区、煤柱、老巷、开采区域的大小等。根据这些影响因素的分析，确定采掘工作面周围采矿地质条件的每个因素对应的影响程度，以及确定各个因素对危险状态影响的指数，将其综合起来，就可以形成危险状态等级评定的综合指数法，从而为冲击地压治理打下基础。

A 影响危险状态的地质因素及指数

影响的主要因素有开采深度、顶板坚硬岩层、构造应力集中、煤层冲击倾向性等。表3-8为采掘工作面周围地质条件影响危险状态的因素及指数。

由此可以根据表3-8，应用公式 $W_{t1} = \sum_{i=1}^{n_1} W_i / \sum_{i=1}^{n_1} W_{imax}$ 来确定采掘工作面周围采矿与工程地质条件对危险状态的影响程度以及确定危险状态等级评定的指数 W_{t1}。

式中 W_{t1} ——采矿地质因素确定的冲击地压危险性指数；

W_{imax} ——表3-8中第 i 个地质因素中的最大指数值；

W_i ——采掘工作面周围第 i 个地质因素的实际指数；

n_1 ——地质因素的数目。

表 3-8 工程地质条件对冲击地压危险状态的影响因素及指数

序号	因素	危险状态影响因素	影响因素定义	冲击矿压危险指数
1	W_1	发生过冲击矿压	该煤层未发生过冲击矿压	−2
			该煤层发生过冲击矿压	0
			采用同种作业方式，在该层和煤柱多次发生矿压	3
2	W_2	开采深度/m	<500	0
			500～700	1
			>700	2
3	W_3	顶板中坚硬厚岩层（$R_t \geqslant 60$MPa）距煤层的距离/m	>100	0
			100～50	1
			<50	3
4	W_4	开采区域内的构造应力集中	>10% 正常	1
			>20% 正常	2
			>30% 正常	3
5	W_5	顶板岩层厚度特征参数 L_{st}	<50	0
			≥50	2
6	W_6	煤的抗压强度 R_c/MPa	≤16MPa	0
			>16	2
7	W_7	煤的冲击能量指数 W_{ET}	>2	0
			$2 \leqslant W_{ET} < 5$	2
			$W_{ET} \geqslant 5$	4

B 影响危险状态的开采技术因素及指数

根据开采技术条件、开采历史、煤柱、停采线等这些开采历史和开采技术因素，确定相应的影响危险状态的指数，从而为冲击地压的预测预报和危险性评价、冲击地压的治理提供依据。表3-9为采掘工作面周围的开采技术因素对冲击地压的影响程度及指数。

表3-9　开采技术条件对冲击地压危险状态的影响因素及指数

序号	因素	危险状态影响因素	影响因素定义	冲击矿压危险指数
1	W_1	工作面距残留区及停采线的垂直距离/m	>60	0
			60~30	2
			<30	3
2	W_2	未卸压的厚煤层	留顶煤或底煤的厚度>1.0m	3
3	W_3	未卸压一次采全高的厚煤层厚度/m	<3.0	0
		3~4	1	
		>4	3	
4	W_4	两侧采空、工作面斜长度/m	>300	0
			300~150	2
			<150	4
5	W_5	沿采空区掘进巷道	无煤柱或小于3m的煤柱	0
			3~10m 的煤柱	2
			10~15m 的煤柱	4
6	W_6	接近采空区的距离小于50m	掘进面	2
			回采面	3
		接近煤柱的距离小于50m	掘进面	1
			回采面	3
7	W_7	掘进巷道接近老巷的距离小于50m	老巷已充填	1
			老巷未充填	2
		回采工作面接近老巷的距离小于30m	老巷已充填	1
			老巷未充填	2
		回采工作面接近分叉的距离小于50m	掘进面或回采面	3
8	W_8	回采工作面接近落差大于3m，断层距离小于50m	接近上盘	1
			接近下盘	2

续表 3-9

序号	因素	危险状态影响因素	影响因素定义	冲击矿压危险指数
9	W_9	回采工作面接近煤层倾角剧烈变化皱曲距离小于50m	>15°	2
10	W_{10}	回采工作面接近煤层侵蚀或合层部分	掘进面或回采面	2
11	W_{11}	开采过上或下解放层卸压程度	弱	-2
			中	-4
			好	-8
12	W_{12}	采空区处理方法	充填法	2
			跨落法	0

由此可以根据表 3-9，应用式 3-4 来确定采掘工作面周围开采技术条件对危险状态的影响程度及危险状态等级评定的指数 W_{t2}。

$$n_2 W_{t2} = \frac{\sum_{i=1}^{n_2} W_i}{\sum_{i=1}^{n_2} W_{i\max}} \tag{3-4}$$

式中 W_{t2}——开采技术因素确定的危险指数；

$W_{i\max}$——表 3-9 中第 i 个开采技术因素的危险指数最大值；

W_i——采掘工作面周围第 i 个开采技术因素的实际危险指数；

n_2——开采技术因素数目。

C 冲击地压危险程度的预测预报

给出了采掘工作面周围工程地质因素和采矿技术因素的影响程度及危险状态等级评定的指数 W_{t1} 和 W_{t2} 的表达式，根据这两个指数，用式 3-5 就可以确定出采掘工作面周围危险状态等级评

定的综合指数 W_t。

$$W_t > 0.95 W_t = \max\{W_{t1}, W_{t2}\} \tag{3-5}$$

式中　W_t ——某采掘工作面的危险状态等级评定综合指数，以此可以圈定危险程度。

若 $W_t < 0.3$，为无冲击危险。

$W_t = 0.3 \sim 0.5$，为弱冲击危险。

$W_t = 0.5 \sim 0.75$ ，为中等冲击危险。

$W_t = 0.75 \sim 0.95$ ，为强冲击危险。

$W_t > 0.95$，为不安全。

3.2.5　经验类比法

发生冲击地压的矿山都积累了丰富的资料，对以往实践经验进行归纳和总结，并用于指导矿区或相似条件矿井煤层安全开采。在应用经验类比法时，应着重考虑下列因素：

（1）研究矿井与邻矿的冲击地压现状及发展趋势；

（2）本煤层和邻层、邻区已发生过的冲击地压；

（3）煤层老顶为 5m 以上、单轴抗压强度大于 70MPa 的坚硬岩层；

（4）岛形或半岛形煤柱；

（5）支撑压力影响区；

（6）上部或下部遗留煤柱或回采边界；

（7）煤层厚度或倾角突然变化区；

（8）褶曲或断裂结构带等。

对于抚顺矿区而言，赵本钧教授通过工程地质和开采技术条件的分析，区划出冲击地压可能发生的区域。随着开采的延深，当煤岩体应力满足强度条件时就可能发生冲击地压。始发冲击的深度通常称为临界深度。我国煤矿冲击地压的始发深度一般为 200～500m，抚顺矿区为 250m。自始发深度起，冲击地压就可能在煤柱、煤层凸出部位和邻近煤柱的上下煤层区段发生，并随着开采水平的延深，冲击地压发生地点和范围也随之扩大。所有靠近采掘工作面的区域，煤层厚度和倾角突然变化的区域，以及地质构造带都可能成为发生冲击地压的危险区域。

根据地质条件和生产技术条件的分析，按照冲击地压发生条件和影响因素，首先应该圈定以下区域为冲击地压特别危险区：

（1）断层、褶曲、煤层突然变化区域；

（2）采空区周围；

（3）本层或邻层的开采边界或残留煤柱影响区；

（4）工作面前方回采巷道或其他巷道。

在掘进巷道和进行回采时，冲击危险的客观标志是生产过程（打眼放炮、风镐落煤、采煤机割煤等）中伴随有弹射、微冲击现象。这些现象通常不是个别出现的，而是伴随一定采掘过程而出现的性质相同的一系列现象。例如掘进工作面中的弹射，通常是在每次掏槽爆破之后立即发生。在采煤工作面，每次放炮以后半小时内出现相当强烈的弹射。如果是在有冲击危险的煤层中打眼和割煤就会频繁地发生弹射和微冲击现象。

在北京门头沟矿，曾根据冲击地压发生前，顶板岩层活动加剧，顶板下沉时发出清脆的响声或采空区远处发出的闷雷声，顶板下沉速度加快，原有裂缝加宽，严重时甩碴、顶压显著增大，工作面支柱有明显压缩变形、甚至有折断声，煤壁片帮有煤炮声，电钻打眼卡钻等现象。

在抚顺胜利矿，根据煤样试验结果，邻层邻区开采时的冲击情况，以及采区地质构造等因素，采用经验统计分析的方法，进行冲击危险预测（见表 3-10）。

表中的权系数是各项内容对冲击危险的影响系数，由专家评议得出；权系数的累加为冲击地压指数。当冲击地压指数达到 60 时，认为有冲击地压危险，当冲击地压指数达到 80 时，认为有严重冲击地压危险。

利用上述调查与统计分析的结果，对大范围的冲击地压危险进行预测十分重要。同时也可以通过数值分析的方法，包括有限元法，边界元法等，在开采计划制定阶段，或在开采过程中，对相应的区域进行地压分布计算与分析，从而对大范围的冲击危险预测具有重要的作用，便于在开采设计中提前采取必要的防范措施。

表 3-10　抚顺胜利煤矿冲击地压预测指数

项　目	内　　容	权系数
煤样的抗压强度/MPa	$\sigma_0 < 15$	0
	$15 \leqslant \sigma_0 \leqslant 20$	8
	$20 \leqslant \sigma_0 \leqslant 30$	15
	$\sigma_0 > 30$	20
煤样的破坏特征	煤样呈塑性破坏	0
	煤样呈爆裂破坏	5
	煤样小型冲击	12
	煤样有强烈冲击，碎裂抛出	20
	煤样有强烈冲击，碎裂抛出，极大震动	25
采准掘进时冲击情况	掘进时煤体发出响声	5
	掘进时煤体响声大，有小冲击	10
	掘进时冲击强度大，频率大	15
	掘进时有严重的强烈冲击	20
上段开采时冲击情况	煤体发生过一般响声	2
	开采时冲击频繁，但强度不大	5
	发生过强烈冲击且频繁	8
	冲击地压严重	10
地质构造	岛形或半岛形采区或工作面	15
	背斜构造	12
	向斜	15
	大型断裂构造，断层错动	15
	急倾斜煤层	10
	坡度急变，厚度急变	10
上段采区开采情况	处在孤立煤层下	8
	上段回采不净	8

3.2.6　地音与微震系统监测法

地音与微震监测法是随电子技术的发展，尤其是电子计算机的普及应用而得到发展的冲击地压预测预报方法。早在 20 世纪 30 年代初，美国矿山局工程师 L. Obert 和 W. I. Duvall 在矿井中应用超声波测试受力的矿柱时发现了声发射现象（也称为地音），并在试验室和现场研究中证实了这种现象是岩石材料结构不稳定性的反映，并在 1941 年采用简单的试验仪器监测地音活动的事件数，成功地进行了岩爆的预报。从此，加拿大、南非、波兰、前苏联、瑞典、联邦德国、日本等国家相继开展了地音微震监测方法用于金属矿山的岩爆或煤矿冲击地压的研究工作，并研制出了相应的监测装置。我国 1984 年引进了波兰的 SAK 地音监测系统和 SYLOK 微震监测系统，并在门头沟矿、龙凤矿、陶庄矿等矿井安装使用，促进了冲击地压的预测与防治工作。1991 年开展了国产化的研究工作，1992 年研制出了 MA0104 简易地音监测系统。这些仪器的研制和使用标志着我国冲击地压预测预报工作已经提高到了动态监测的新水平。

地音与微震现象：地音是在矿山条件下，煤岩体在受力变形过程中以较高频率（$f>100\text{Hz}$）应力波形式释放变形能所产生的声学效应。

微震是在矿山条件下，煤岩体在受力变形过程中以较低频率（$f<100\text{Hz}$）震动波形式释放变形能所产生的震动效应。

从上述定义可以看出，两者既有区别又有联系。其相似之处主要表现在：

（1）是受力过程中煤岩体自动产生的；

（2）属于释放变形能的过程；

（3）具有波动的性质；

（4）属于随机瞬态过程，每一个事件都有各自的频谱和波形；

（5）具有不可逆性，即重复加载时若应力不超过以前的最大值，则不会产生，即所谓的凯塞效应。

由于地音与微震现象本质并无明显差别，同时微震现象发生的过程中一定伴随地音现象，有时也把地音和微震统称为声发射或地音。但根据事件的频率和效应不同，把两者区分开来，不仅带来监测系统设计上的方便，而且更符合实用的要求。地音和微震现象的特点对比见表 3-11。

表 3-11　地音波与微震的传播特点对比

项　目	地音波	微震波
频率 f/Hz	$>10^3$	$<5\times10^2$
中心频率 f_0/Hz	$5\times10^2\sim5\times10^3$	$0.1\sim50$
振动延续时间	微秒～毫秒级	秒级
时间能量/J	1.3×10^{-6}	$10^4\sim10^{11}$
传播距离/m	<100	$>10^3$

地音微震现象既可以用空间域、时间域、幅值域及频率域的图形按每个事件加以描述，也可以采用数理统计方法按事件序列加以描述。通常采用以下几个参数对其进行描述。

3.2.6.1　波形图及与波形有关的参数

所谓波形图就是煤岩体内某一质点的振幅与时间的关系曲线，如图 3-2 所示。从波形图可以得到有关波形特征的一些参数，诸如波的初至时刻、波形持续时间、信号的振幅等。

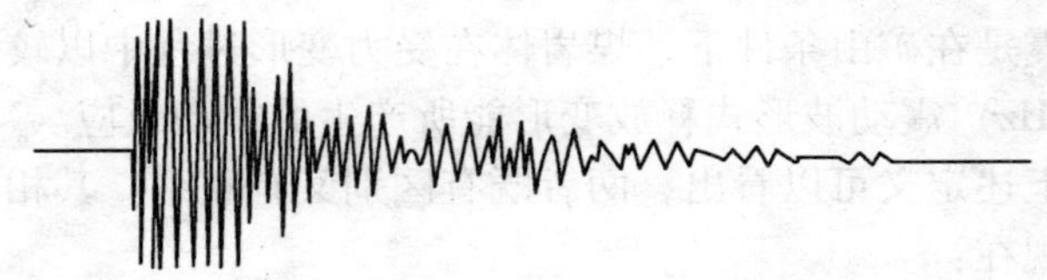

图 3-2　典型地音信号波形

3.2.6.2　事件及事件的频度

事件是指监测装置所接收到一次独立的波动过程，一次地音或一次微震都称为一个事件。一个事件是由一组强弱不等的波组成，通常人为规定一些条件，满足这些条件称为有效事件，否则称为无效事件。有效事件一般又简称事件，对事件进行统计的参量主要有：事件频率即单位时间内的累计事件数，事件的分级频率即按事件振幅大小将事件分级分别统计，相应的频率统计量即为事件分级频率。

3.2.6.3　地音能率

地音事件的能量是以振幅的平方进行简化计算，因为它是一个无单位的量，所以又称之为约定能量或当量能量。单位时间内事件约定能量的累计称为能率。

3.2.6.4 微震能量

微震发生的过程也就是煤岩体中所积累的应变能释放的过程。在微震发生过程中所释放的能量称为微震总能量，它由断裂摩擦及产生岩体破碎消耗额度能量 E_f、塑性变形消耗的能量 E_p、弹性变形能（震动波能量）E_e 以及部分剩余变形能 E_ε 组成。其中 E_ε 可以从微震记录的波形图上得出估计值，所以先计算 E_e，然后乘以一个系数 K 即为微震总能量，计算：

$$\lg E = a + b\lg T \tag{3-6}$$

$$E_c = K \cdot E_e \tag{3-7}$$

但是，这样计算出的能量对实际问题并无太大的意义。在微震监测中所关心的是震动波所携带的能量是多大，即能给采场、巷道和井下构筑物造成多大的危害。所以通常所计算的是震动波的能量。一般矿山微震监测系统的能量如下计算：

$$\lg E = a + b\lg T + C\,(D) \tag{3-8}$$

式中 E——微震事件的能量；

T——震动持续时间；

a，b——待定系数；

$C\,(D)$——待定函数（D 为震源距离）。

公式 3-8 是在长期微震观测中得出的一个重要规律。对同一微震事件，当各个台站及通道放大倍数相对稳定时，各通道所记录的震动持续时间也较稳定。另外，微震的强度（能量）越大，持续时间越长；而强度越小，时间就越短。因为实际上对于矿山微震台网 $C\,(D)$ 的变动很小，所以将其去掉，调整系数 a，公式 3-8 可改写为：

$$\lg E = a + b\lg T \tag{3-9}$$

系数 a、b 可根据若干次微震活动观测得到的 E、T 值，应用数理统计的方法确定。

3.2.7　室内声发射研究成果及地音微震监测原理

3.2.7.1　声发射与微震监测

许多金属和非金属材料在外力作用下，会发射出音频和超音频范围内的弹性波，即声发射现象。在矿山称之为地音。声发射产生的原因与煤岩样在变形和破坏过程中弹性应变能的突然释放有关。对多晶材料或含有裂隙的材料，其内部的应力场和强度是不同的。在外力作用下，整体失稳前，局部就会呈现不稳定的状态，这种不稳定首先出现在原生裂隙的尖端处，随荷载增加，原生裂隙扩张，新的裂隙产生、贯通直至失稳破坏。因此，可以通过对煤岩体加载过程中所产生的声发射信号以及其破坏过程进行监测，就可以寻求煤岩样失稳前的声发射变化规律，从而指导工程实践。下面介绍 3 个室内声发射试验的典型例子。

A　煤岩体的凯塞效应

凯塞效应就是声发射的不可逆性。对试件重复加载过程中，若荷载不超过以前的最大值，则不会产生声发射现象。同时凯塞还发现，当荷载与以前的最大值相差 1% 时，声发射再出现，如图 3-3 所示。

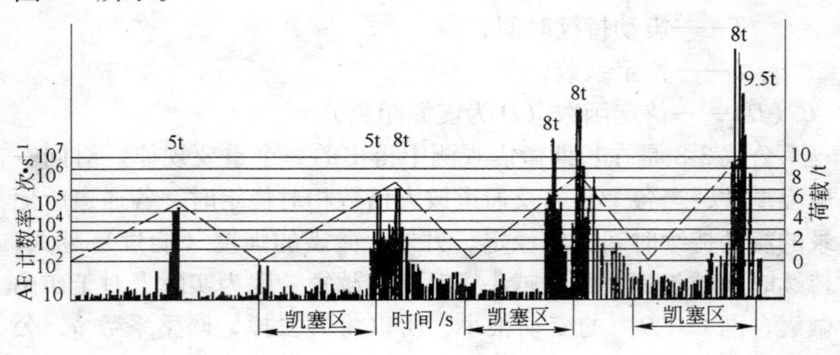

图 3-3　闪长花岗岩凯塞效应试验

凯塞效应是煤岩体本身固有的性质。曾经有人试图利用煤岩体的这一特性来测量地应力。在试验室模拟现场采样点的条件给试样加载，当加载到出现声发射现象时，就认为此时的荷载值就是采样点的原岩应力值。这里忽略了一个重要因素，即岩体在成岩过程中，经历了一个漫长的、复杂的历史过程，历史上曾经受到过的荷载情况并不清楚，按上述思路得出的结果只能是岩体历史上曾受到过的最大荷载或应力。

B 岩样加载过程中声发射特性

图 3-4 是某矿围岩的实验室声发射结果；从图中可见在整个

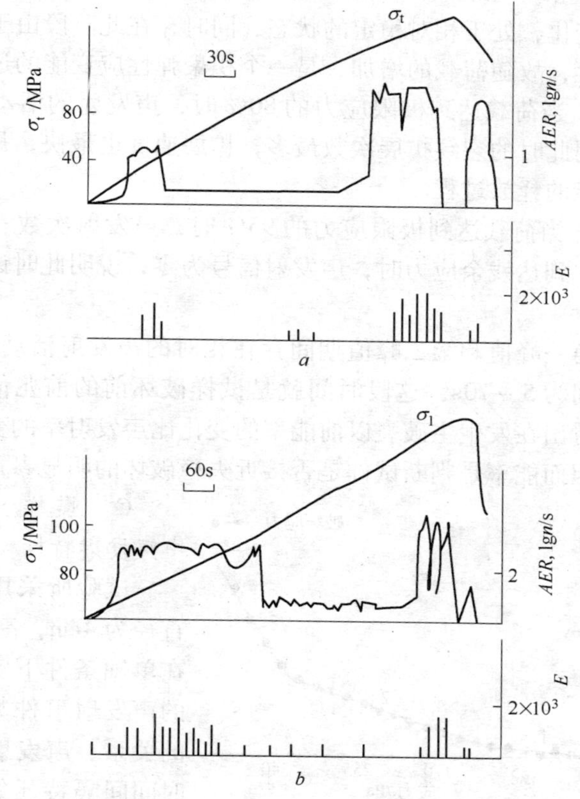

图 3-4 砂岩声发射试验

a—泥砂岩轴向应力（σ_t）、声发射率（*AER*）和能率（*E*）随时间变化图；
b—长石石英砂岩轴向应力（σ_1）、声发射率（*AER*）和能率（*E*）随时间变化图

加载过程中，声发射活动经历了以下几个阶段：

（1）加载初期几乎不出现声发射现象，这表明岩样并无裂隙的开裂与扩展，或者是凯塞效应的影响，所有岩样都有这样一个过程。

（2）当轴向荷载加载到极限应力的20%左右时，出现声发射第一峰值，且试件中微裂隙愈多，第一峰值出现得愈早，延续时间愈长，则声发射的能率较低，说明了试件内原生裂隙受压闭合，发生了微弱的微观水平下的错动。

（3）第一峰值后声发射又降低到较低水平，表明试件中的裂隙无变化，处于相对稳定的状态，同时，在此阶段由于试样主要呈弹性，故随荷载的增加，是一个积聚弹性应变能的过程。

（4）当荷载达到极限应力的80%时，声发射的活动明显增加，说明此时的裂纹扩展次数最多，扩展速度也最快，是前期积聚弹性能的释放过程。

（5）当荷载达到极限应力的95%时，声发射次数和能率迅速减少，到达残余应力时，声发射信号为零，说明此时试样已完全破坏。

在第一峰值和第二峰值期间存在相对的声发射活动平静期。持续时间为5～70s，这段时间就是试样破坏前的前兆信息，同时可以看出在发生主破裂以前能率的变化比声发射率的变化明显得多，因而能率是判断试件是否接近失稳破坏的明显参量。

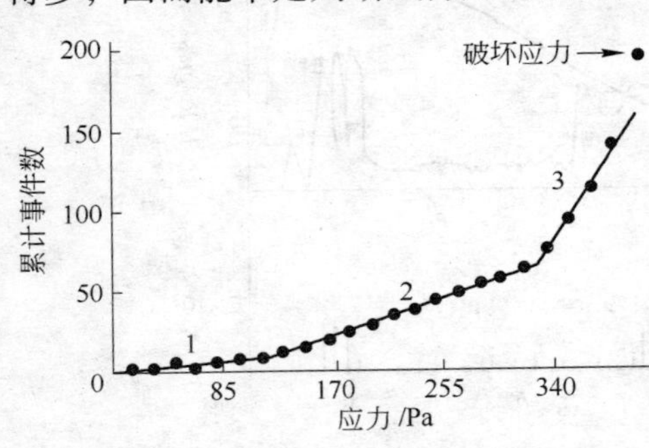

图3-5　应力与累计事件数的关系（据雷蒙特）

C　煤样加载过程中声发射特性

试验所采用的煤样直径为4cm，高为8cm。在单轴条件下实验得到的声发射事件数与应力的关系、声发射频谱及时间间隔特征如图3-5、图3-6所示。

典型的煤样声发射

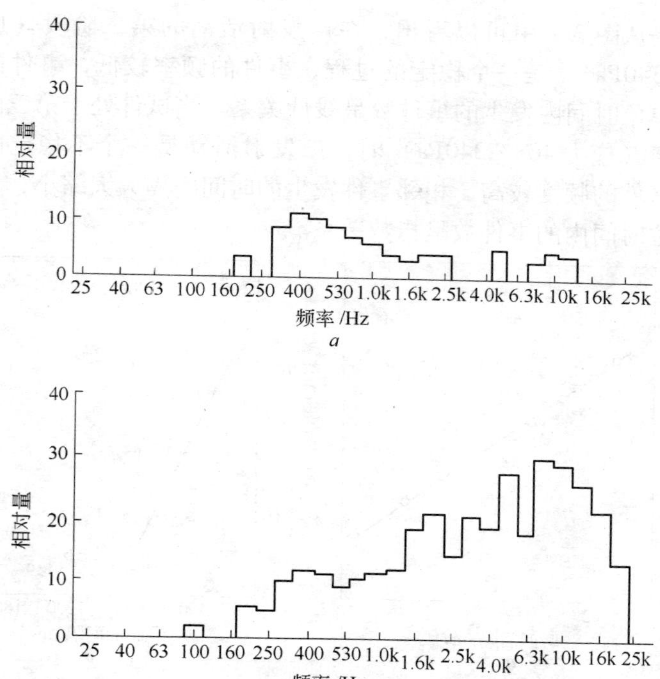

图 3-6　声发射频谱分布（据雷蒙特）

a—荷载为极限压力的 30% 时；*b*—荷载为极限压力的 50% 时

次数与应力的关系曲线分为 3 个阶段。第一阶段为煤样原生裂隙闭合，声发射活动的事件数保持较低的增长率；第二阶段应力达到极限应力的 30% 时，出现了微破裂现象，声发射事件数保持比第一阶段高的增长率；第三阶段从应力达到极限应力的 78% 开始，声发射活动急剧增加，直至试件完全破坏。从频谱分析还可以看出，应力达到极限值的 30% 时，声发射信号以低信号为主，应力达到极限应力的 50% 时，声发射信号则以较高的频率成分信号为主。对连续声发射事件的时间间隔分布的分析表明，声发射事件以单个脉冲信号或以一连串相互间隔很短的连续脉冲出现。从图 3-7 中可以看出，在声发射活动的第二阶段（应力 323 ~ 340Pa)，是一个稳定的过程，事件的频率较低，事件的间隔与单位时间内发生的事件数呈线性关系。当试件处于第三阶段的尾声（应力 408 ~ 340Pa）时，声发射活动是一个不稳定的过程，事件的频度较高，相邻事件发生的时间间隔大大缩小，而且与单位时间内的事件数呈指数关系。

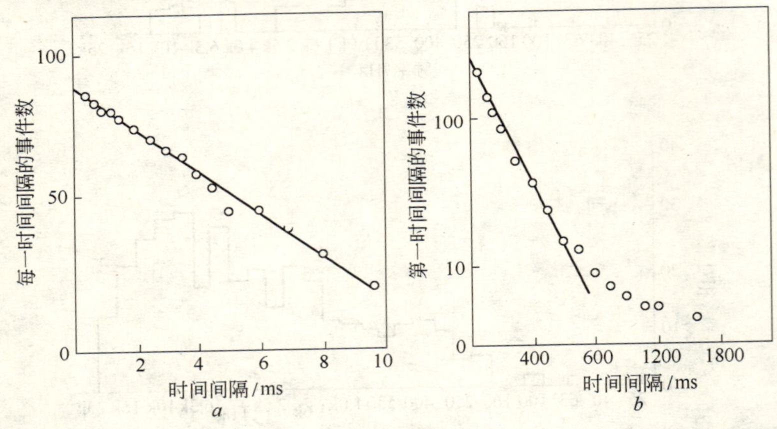

图 3-7　单轴压缩条件下时间间隔与事件数的关系（据雷蒙特）

a—应力为 323Pa 时；*b*—应力为 408Pa 时

赵本钧教授通过对上述煤岩样室内声发射试验的结果的总结得出：煤岩样失稳破坏前存在一个共同的特征，即都有一个相对稳定阶段。因为岩样较煤样致密，原生裂隙相对较少，所以岩样的稳定阶段更为明显。这一特征就是用声发射监测方法评价煤岩体失稳破坏的前兆信息。研究结果表明，煤岩体声发射的前兆信息都是出现在煤岩体破坏的初期。另一个人们感兴趣的问题就是出现煤岩体破坏主要过程中，前兆现象超前时间的长短，它取决于破坏的尺度，即该时间在试样上是很短的，而在大断裂情况下则是很长的。B. T. 布拉德所进行试验证明的出现前兆现象与后来发生裂带长度的关系如图 3-8 所示。可以看出，在矿井中发生的冒顶和冲击地压，

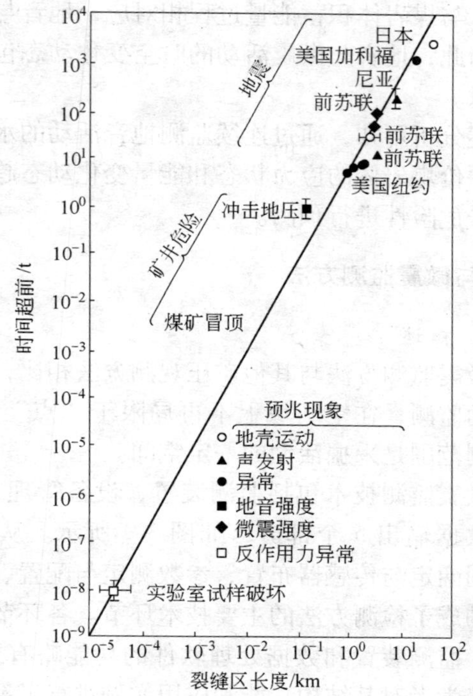

图 3-8 预兆现象的时间超前（据 B. T. 布拉德）

前兆信息超前时间由 7min 到 1d 变化不等，这就足以使我们能够预测预报，以便撤出人员和采取相应的解危措施。地音与微震监测的原理可以概括为：井下煤岩体是一种受应力的介质。当其受力变形破坏时，将伴随着能量的释放过程，地音和微震是这种释放过程的物理效应之一。地音和微震的强度和频度在一定程度上反映了煤岩体的应力状态和释放变形能的速率。更重要的是冲击地压是煤岩体达到极限应力平衡状态后的一种突然破坏现象，而参与冲击的煤岩体通常是在某些部位首先达到极限平衡状态，产生局部破裂，与之相应，地音活动出现活跃期，并出现一定强度和一定数量的微震活动；另外，冲击地压的孕育和发生时煤岩体大量积蓄和急剧释放变形能的过程，大量能量的释放以大量积蓄能量为前提，与煤岩体积蓄能量过程相对应，地音与微震活动出现平静期。因此，地音与微震活动的时空变化动态包含有冲击地压的前兆信息。

根据上述分析可知，通过连续监测地音活动的水平及其变化特点，可以评价煤岩体的应力状态和能量变化动态趋势，从而对煤岩体的冲击危险性进行预测。

3.2.8　地音与微震监测方法

3.2.8.1　概述

地音与微震监测方法与其他矿压观测方法相比，在时间域上实现连续自动监测，在空间域上不再局限于“点”或“线”的监测。其监测范围是采掘活动的一定空间。

地音与微震监测技术包括监测装置、设备管理、信息输入、过程控制、数据输出 5 个部分，如图 3-9 所示。从用户的角度看，监测范围圈定与传感器布置、参数测定与配置、数据整理分析这三部分构成了检测方法的主要技术环节。各环节的具体工作因监测目的、监测装置和数据处理软件的功能略有差异，为此，赵本钧教授等学者对其结构功能和应用实例进行了系统分析。

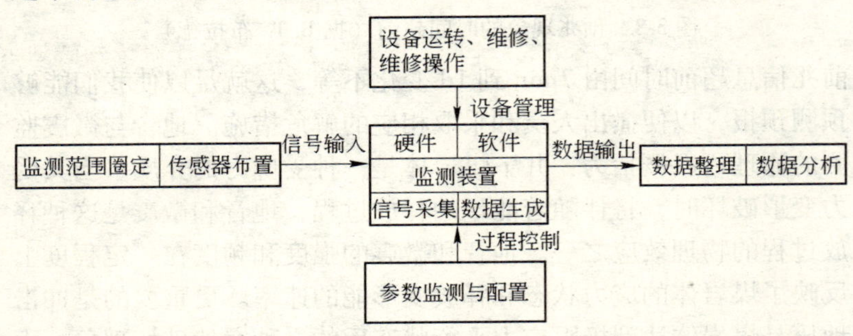

图 3-9　系统监测技术构成

地音监测方法是在监测区内布置地音探头，并根据具体生产地质条件配置事件有效性检验条件和统计控制工作参数，由监测装置连续自动采集地音信号，经实时处理加工成报告、图表。操作人员对数据进行整理分析，并判断监测区域的冲击危险程度。

微震监测方法是在矿山监测区域内布置拾震器，并根据矿井生产地质条件配置事件有效性检验条件和进行微震事件计算所需的工作参数，由装置连续自动采集微震信号，经实时处理加工成报告、图表。操作人员对数据进行整理分析，并作出矿井监测区域的冲击地压发生情况和发展趋势评价。

由于地音现象和微震现象有许多相似之处，所以它们的监测方法也有许多相近的特点。不仅表现在从信息输入到数据输出的全部监测过程的形式相同，而且监测过程的内容也大致相同。其主要特点是：

（1）与生产地质条件关系密切。从传感器布置、参数配置到数据整理分析都必须根据具体条件确定。

（2）易受井下干扰因素影响。必须从干扰背景中提取有用信息，才能达到监测目的。

（3）同属动态监测范畴。由于地音和微震现象只出现在煤岩体内应力状态变化时，所以只有从应力状态变化的初期就对其进行连续的长期的监测，才能了解煤岩体应力状态的变化直至破坏的动态过程，以评价其稳定性。

（4）地音和微震现象的产生和传播很复杂，随采动影响在时空上都会发生剧烈的变化。因此，应用时必须考虑井下条件的特殊性。

（5）地音和微震的强度和频度不同，因此它们的数据处理方式和监测应用范围也有较大区别。地音监测适于采掘地点局部范围，微震监测适于矿井或矿区较大范围。地音监测适于短期预报，微震监测适于长期的趋势预报。

3.2.8.2 地音监测系统及监测技术

下面以 SAK-3 和 MA0104E 地音监测系统为例，说明地音监测系统的组成和主要功能。

SAK-3 地音监测系统由三部分组成，如图 3-10 所示。

（1）信号传输系统。包括井下探头、传输电缆和地面接收

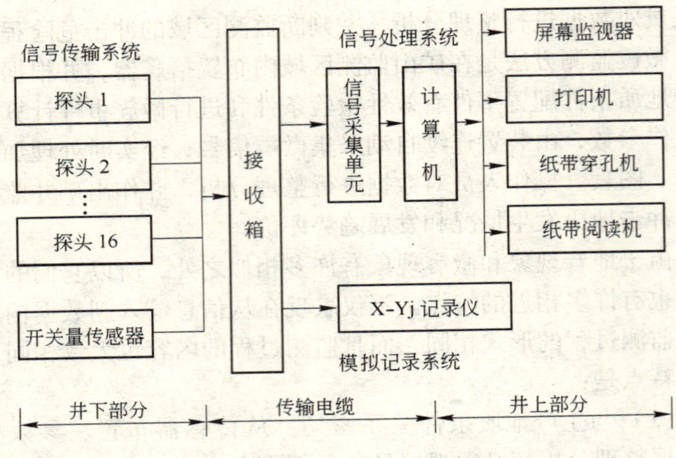

图 3-10　SAK-3 装置硬件组成

箱，可接收并传递 16 路地音信号和 4 路开关量信号，最大传输距离 10km，探头为电动型速度计，频带 200 ~ 2500Hz。

（2）信号处理系统。包括信号采集单元、可编程处理机及其他外设。

（3）模拟记录系统。由 X-Yj 记录仪组成。

监测系统的软件能自动完成地音信号的采集和处理工作。

MA0104E 简易地音监测系统的组成如图 3-11 所示。系统的硬件由通用微机系统和信号采集传输系统组成。通用微机系统放在地面监测站机房，由微型计算机、打印机、模数转换装置组成。信号采集与传输由地音探头、发送器、信号传输电缆、接收仪等组成。其中除接收仪放在地面外，其余装置均置于井下。系统采用积木式结构，可根据用户要求配 1 ~ 4 个接收仪，每个接收仪可接 4 路地音探头，通常每个探头有效接收范围为 20 ~ 100m。

在总体设计上，MA0104E 系统突破了 SAK 框架，采用积木式结构，增加了系统的灵活性、扩充性和适应性，成本也较 SAK-3 降低很多。在系统硬件方面，除了满足地音监测系统所必须具有的功能外，还具有线路状态显示、地音信号显示与监听、

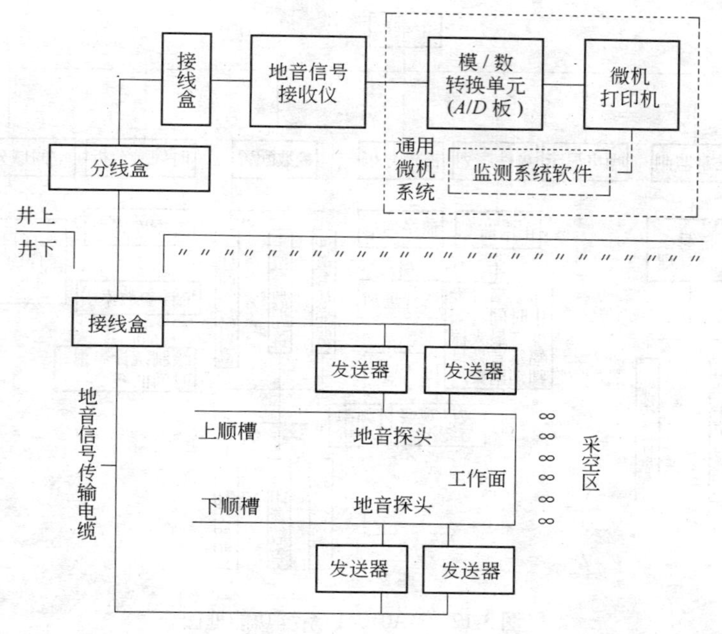

图 3-11　MA0104E 地音监测系统示意图

光电隔离、增益连续调节、输出幅度连续调节、打印机自动启动等功能。在软件方面，系统可以接收通道工作参数、统计控制参数、定位参数、工作面推进度等 4 种工作参数；以 0.2ms 间隔定时采样，采样频率高达 5kHz；采用了事件延时、震噪比、信噪比等完备事件有效性检验条件，最大限度地排除非地音信号的干扰；可以进行波形观察和频谱分析，进行长期存贮大量监测数据和对几天乃至几个月内的监测结果的时间域和空间域分析。另外，该系统软件采用了汉字化全屏幕编辑窗口和较完善的在线求助与操作提示、误操作警告等功能。MA0104E 系统功能如图 3-12所示。

对于选定的地音监测系统，其监测工作主要包括两个方面的内容。一是探头的布置；二是系统工作参数配置与监测数据分析。

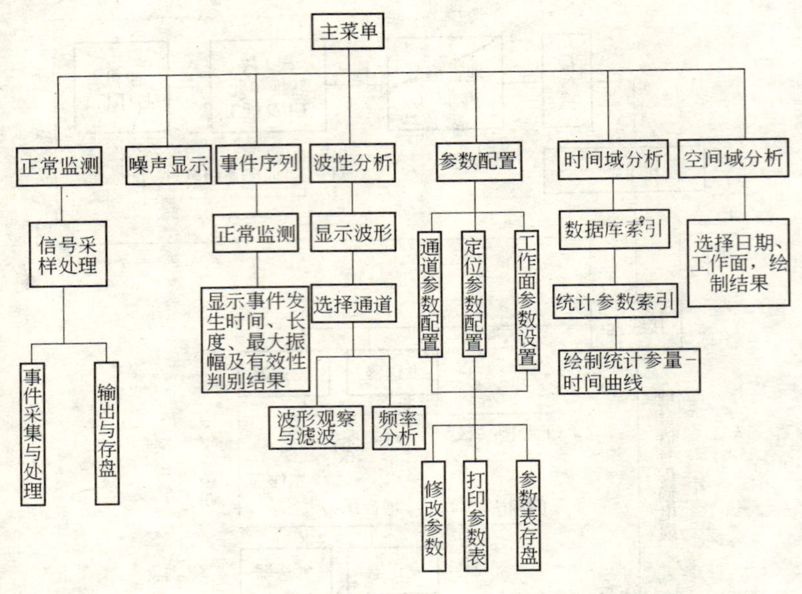

图 3-12　MA0104E 系统功能框图

地音探头一般是直接安设在煤体中，也可根据不同的工作要求安设在顶板、底板上。探头的有效接收范围一般小于 100m，其作用是接收来自煤岩体的地音信号，并将其转换成电信号，经放大后传输至监测系统。地音信号在煤岩体中的传播距离受煤岩体内部摩擦影响以及裂隙、含水等不连续面影响，其衰减与频率有关，衰减系数 A(dB/cm) 与频率 f(Hz) 的关系为

$$DIV_i = \frac{E_i - S_{i-1}}{S_i} \times 100\%$$

$$\lg A = K \cdot \lg f \tag{3-10}$$

式中　K——比例常数。

根据 W. F. 布兰斯和 J. 赫斯等人研究，在煤层中 $K = 10^{-3} \sim 10^{-4}$ dB/(cm · Hz)，因此，几千赫兹的信号传播距离只在十几米范围内，几百赫兹的信号传播距离可在几十米范围内。

探头的安装方式直接影响接收质量。一般常用的探头的结构有三种：套管式、探针式、楔体式，如图 3-13 所示。

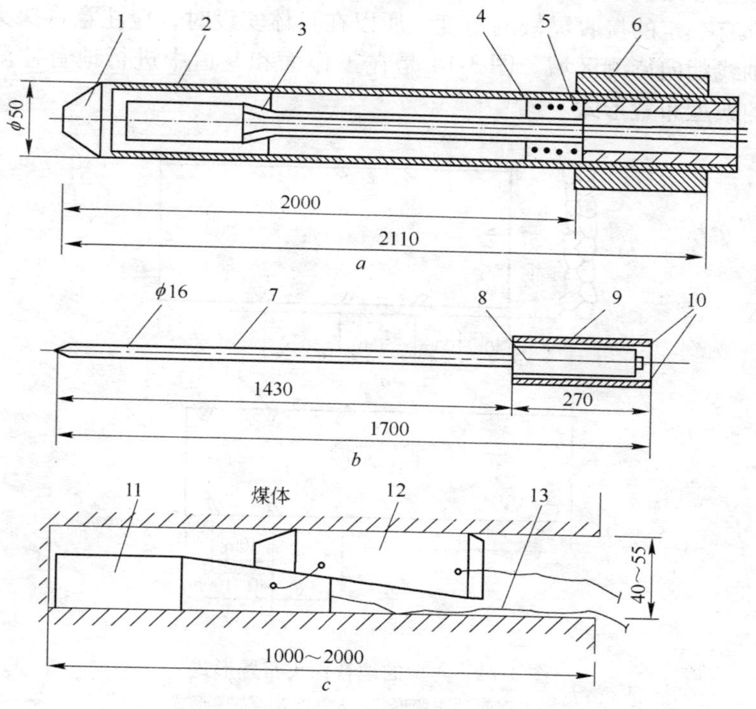

图 3-13　常见的三种地音探头安装方式

a—套管式结构；*b*—探针式结构；*c*—楔体式结构

1—顶尖；2—外套；3—顶针；4—平垫圈；5—弹簧；6—空口套管；7—探针；8—探头；9—保护套管；10—锁定孔；11—探头体；12—楔体；13—信号电缆

套管式和楔体式探头与煤体接触较好，但套管式工艺复杂，楔体式往往由于孔口煤壁坍塌砸坏电缆，而探针式安装工艺简单，但易受外界干扰。探头安装方式可依具体条件而定。

布置地音探头时，应注意待测范围不能超出其有效接收半径，根据不同的生产、地质条件及监测目的来布置探头。如为了对工作面推进过程中的应力变化动态进行监测，探头应布置在工作面前方原始应力区，以避开支撑压力区的影响。布置探头时还应注意远离干扰源及要考虑易于回收等因素。另外，单分向探头都有一定的接收灵敏的角度，所以在具体安设时，应注意将探头轴线朝向待测区域。图 3-14 是在工作面和巷道中进行地音监测的典型布置形式。

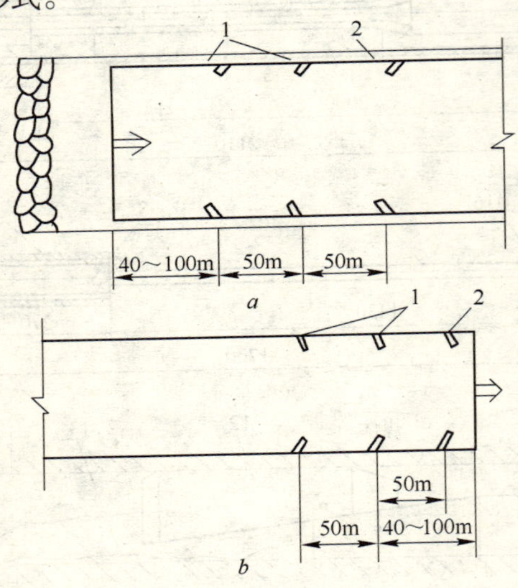

图 3-14　典型的地音探头布置形式

a—工作面的布置形式；*b*—巷道的布置形式

1—已布置探头；2—待布置探头

为了获得有用数据，在开始正常监测工作之前，必须对监测系统进行参数配置，包括初始化参数和工作参数以及数据处理所需的参数（其中主要是事件有效性检测条件参数和滤波参数）。在进行参数配置时应通过参数测定和优化，确定合理的参数值，并按照生产地质条件进行选择。随着监测工作的进展和监测环境的变化，既要保持参数的相对稳定，又要及时修改参数以适应新的情况。

地音监测数据的整理分析，包括对系统指标进行对比、筛选和寻求确定一个或一组能准确反映地音活动的实用指标，以及对实测结果进行统计分析，寻求冲击前地音活动的变化规律，以便预测冲击危险。主要指标有班能率 E 和班平均能率 S，以及派生参量比差 DIV_i。比差 DIV_i 定量地反映了当班能率对应前一段地音水平的变化趋势，计算公式如下：

$$DIV_i = \frac{E_i - S_{i-1}}{S_i} \times 100\% \tag{3-11}$$

3.2.8.3　微震监测系统及监测技术

微震监测系统的主要功能是对全矿范围进行微震监测。根据记录的单独时间参量及序列活动来评价冲击危险发生趋势。系统能自动记录微震活动，实时进行震源定位和微震能量计算，为评价全矿范围内的冲击危险提供依据。其原理是利用井下拾震仪站接收的直达 P 波起始点的时间差，在待定的波速场条件下进行二维或三维定位，以判定破坏地点，同时利用震相持续时间计算所释放能量和震级，并标注采掘工作图和速报显示给生产指挥系统，以及时采取措施。我国目前有 WJD-1 和从波兰引进的 SYLOK 微震监测系统。微震系统由 3 个部分组成，如图 3-15 所示。

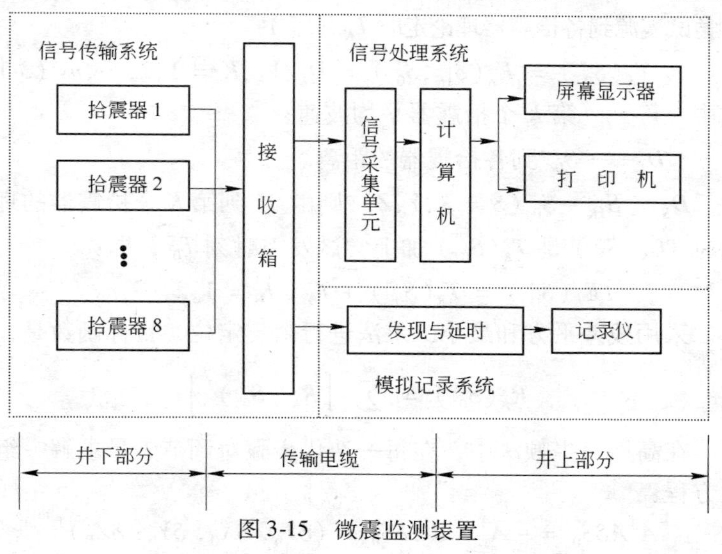

图 3-15　微震监测装置

（1）信号传输系统。包括拾震仪、传输电缆和接收箱。可接收传播 8 路微震信号，微震仪频带宽 0.1 ~ 50Hz，最大传输距离 10km。

（2）信号处理系统。在可编程序支持下，由微机完成全部处理工作，并对全部信息进行存储。可以调出多次震动进行参数计算，机制测定和频谱分析等。

（3）模拟记录系统。实时记录 8 路模拟震相，可以粗略定位和确定震源性质。

震源参数由震源空间坐标和发震时刻来描述。确定震源参数通常称为震源定位，它是微震监测的一个主要工作内容。震源定位的理论基础是“点源模型”，这种简化符合实际要求。微震监测的传感器一般又称之为拾震器或台站。为了满足日常监测的要求，微震定位通常采用一些快速算法，这些方法也都是基于传统的高斯—牛顿法。

用拾震器位置为 $S_{1K} = (X_K, Y_K, Z_K)^{\mathrm{T}}$ 一组观测到时 TE_K 进行微震定位，首先假设一个介质模型，计算位于 S_0^*，$(X_0^*, Y_0^*, Z_0^*)^{\mathrm{T}}$ 的尝试震源到各拾震器理论走时 $T_K(S_0^*)$：

$$T_K(S_0^*) = F_K(S_{1K}, S_0^*) = D_K/V_K, K = 1, 2, \cdots, ns \quad (3\text{-}12)$$

式中 V_K——第 K 个拾震器平均波速；

D_K——S_0^* 到各拾震器的距离。

$D_K = S_{1K} - S_0^* (S = X, Y, Z)$，则由 S_0^* 到第 K 个拾震器的理论到时 $TE_K(S_0^*)$ 是 $T_K(S_0^*)$ 加上尝试发震时刻 T_0^*，即：

$$TE_K(S_0^*) = T_K(S_0^*) + T_0^*, K = 1, 2, \cdots, ns$$

采用残差平方和最小二乘法进行微震定位，目标函数是：

$$R_K(S_0^*) = \sum_{K=1}^{ns} \left[R_K (S_0^*)^2 \right]$$

在高斯—牛顿法中，在每一迭代步骤对调节矢量求解一组线性方程：

$$\boldsymbol{A}^{\mathrm{T}}\boldsymbol{A}\delta S_0 = -\boldsymbol{A}^{\mathrm{T}} \cdot \boldsymbol{R},\ \delta S_0 = (\delta T_0, \delta X_0, \delta Y_0, \delta Z_0)^{\mathrm{T}}$$

$$A = (\partial \boldsymbol{R}_1/\partial S_0,\ \partial \boldsymbol{R}_2/\partial S_0,\ \cdots,\partial \boldsymbol{R}_{ns}/\partial S_0)^{\mathrm{T}}$$

由于上式中系数矩阵 $\boldsymbol{A}$ 与 $\boldsymbol{R}$ 各元素的值取决于震源处的速度和震源与台站的空间位置。台站的空间位置决定了其接收震动的方向和与震源的距离，因此，台站相对于震动的空间分布合理性起着关键性的作用，式中的元素还与观测到的 P 波到时有关，所以 P 波初至确定准确与否直接影响定位误差。

减小微震定位的误差主要技术途径：

（1）建立最佳的矿山微震监测网；

（2）建立适合矿山微震监测特点的波速场模型；

（3）正确确定 P 波到时。

建立最佳的微震监测网包括两个方面内容，拾震器的布置和台网优化。拾震器布置在井下专用硐室中。其布置主要原则：

（1）监测网要在空间上包围监测区域，避免形成直线或二次曲线，有足够而适当的密度；

（2）台站尽可能接近待测区域，避免大断层及破碎带的影响，但要远离机械和电气干扰；

（3）按监测环境与监测要求选择拾震器监测方向；

（4）既要照顾当前开采区域，又要考虑未来一定时期内的开采活动；

（5）尽量利用现有巷道或硐室和矿井风流通风，以减少施工、通风及维修费用，台站硐室要避开开采活动影响范围。

优化布局问题就是用拾震器位置为 $\boldsymbol{S}_{1K} = (X_K, Y_K, Z_K)^{\mathrm{T}}$ 某一台站布局给监测区内假定震源 $\boldsymbol{S}_{0i} = (\boldsymbol{T}_{0i}, X_{0i}, Y_{0i}, Z_{0i})^{\mathrm{T}}(i = 1,2,\cdots,ne)$ 定位，误差最小的布局即为最佳布局。在布局优化时，由于缺少资料，所以 $V_K = V$(常数)，计算第 i 次震源参数 $\boldsymbol{S}_{0i}$ 时，根据最小二乘法误差理论，其协方差矩阵为：

$$\boldsymbol{D} = \sigma\ |\boldsymbol{A}^{\mathrm{T}} \cdot \boldsymbol{A}|^{-1} \tag{3-13}$$

式中 σ——各拾震器到时读数误差的方差，其值为一常量；

$\boldsymbol{A}$——$ns \times m$ 阶矩阵，对某一震动其各元素为各拾震器坐标的函数；

m——震动参数未知量的个数。

方差矩阵 $\boldsymbol{D}$ 为方阵，其最小值等于其逆阵的最大值，故布局优化目标函数可写为：

$$\max \boldsymbol{D} = \sum_{i=1}^{ne} \sigma \left| \boldsymbol{A}^{\mathrm{T}} \cdot \boldsymbol{A} \right| \tag{3-14}$$

对非线性随机模型的函数进行方差分析是很复杂的，所以采用了非线性函数线性化的方法进行未知量的方差分析。将波的走时方程按泰勒函数展开得到：

$$\boldsymbol{T}_K = \boldsymbol{F}_K(\boldsymbol{S}_{1K}, \boldsymbol{S}_{0i}) + (\partial \boldsymbol{F}_K / \partial \boldsymbol{S}_{0i}) \times \delta \boldsymbol{S}_{0i} + \text{高阶项}$$

式中 $\delta \boldsymbol{S}_{0i} = (\delta \boldsymbol{T}_{0i}, \delta X_{0i}, \delta Y_{0i}, \delta Z_{0i})^{\mathrm{T}}$

引入参数 $\boldsymbol{T}_K = \boldsymbol{F}_K(\boldsymbol{S}_{1K}, \boldsymbol{S}_{0i})$；$\boldsymbol{A} = (\partial \boldsymbol{F}_1/\partial \boldsymbol{S}_{0i}, \partial \boldsymbol{F}_2/\partial \boldsymbol{S}_{0i}, \cdots, \partial \boldsymbol{F}_{ns}/\partial \boldsymbol{S}_{0i})^{\mathrm{T}}$，忽略高阶项，则上式可改写为 $\boldsymbol{T}_K - (\boldsymbol{T}_K) = \boldsymbol{A} \cdot \boldsymbol{S}_{0i}$。

为对震源（X_0，Y_0，Z_0）和震中（X_0，Y_0）定位分别进行分析，将震动参数矩阵 $\boldsymbol{S}_0$ 分成两个分块矩阵 $\boldsymbol{S}_0 = |\boldsymbol{S}_{01} \vdots \boldsymbol{S}_{02}|$，相应

$$\boldsymbol{A}_0 = |\boldsymbol{A}_1 \vdots \boldsymbol{A}_2|$$

式中 $\boldsymbol{A}_1$——$\boldsymbol{ns} \times \boldsymbol{j}$ 阶矩阵，$\boldsymbol{j}$ 为要计算协方差值得未知量个数；

$\boldsymbol{A}_2$——$\boldsymbol{ns} \times \boldsymbol{n}$ 阶矩阵，$n = m - j$。

则 $$\sum_{i=1}^{ne} \left| \boldsymbol{A}^{\mathrm{T}} \cdot \boldsymbol{A} \right| = \sum_{i=1}^{ne} \left| \boldsymbol{A}_1^{\mathrm{T}} \cdot [I - Q(\boldsymbol{S}_{0i})] \cdot \boldsymbol{A}_1 \right|$$

式中 $Q(\boldsymbol{S}_{0i}) = \boldsymbol{A}_2 \cdot (\boldsymbol{A}_2^{\mathrm{T}} \cdot \boldsymbol{A}_2)^{-1} \cdot \boldsymbol{A}_2^{\mathrm{T}}$；

$\boldsymbol{I}$——$\boldsymbol{ns} \times \boldsymbol{ns}$ 阶对角单位矩阵。

采用上述优化方法进行布局优化，综合考虑震中和震源定位，以协方差最小的布局方案为最佳布局方案。

在微震台网确定以后，接下来的任务就是对发生在监测网内的微震进行定位分析，首先是确定微震定位所必需的波速参数。

矿井地层是极复杂的地质体，高强度的人工开采随时改变井田范围内的地层结构，因而波速场是时间和空间的函数 $V = V(X, Y, Z, T)$。地震定位中采用的块体模型、层状介质模型、

空间变速模型对于矿山微震活动日常监测是不适宜的，而且在实用中往往没有足够的资料建立微震台网下地层速度结构的三维模型。在矿山实际条件下，微震事件发生后，微震波首先穿过破裂程度不等的波速较低的煤岩层，在到达高速层界面以后产生滑行波，最后到达拾震器点，微震定位中采用的速度并非介质的速度真值，所以称为“视”速度，在震源与拾震器距离较近时，“视”速度一般较小（$V = V_{min}$），随距离增加“视”速度增加，但达到一定距离后波速基本稳定（$V = V_{max}$），另外，由于震动波对各拾震器的传播路径不同，接收到的震动波的传播速度在等距离是略有不同，所以通过配置各拾震器波速修正系数 HODW（K）进行修正。微震监测系统波速参数优化框架如图 3-16 所示。

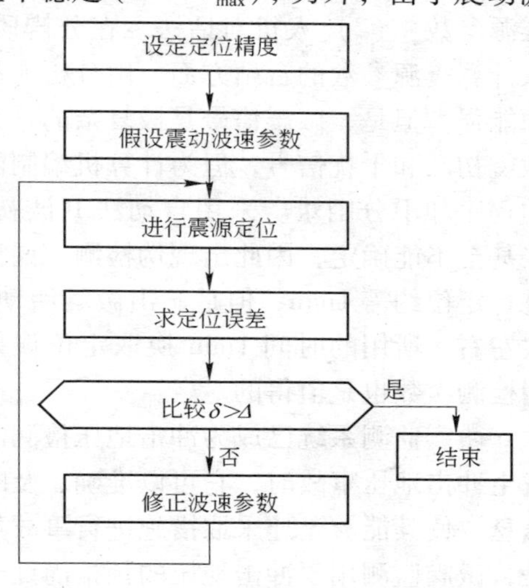

图 3-16　波速参数优化程序

迄今为止，对微震定位都是采用单个事件各自独立进行，这样才能保证系统实时监测的要求。然而不同微震事件是通过其共同的传播介质及接收拾震器而相互联系，因此可以对发生在一定时间段内的所有事件一起计算反演介质的波速参数。假设在一段时间内（在此时间段内波速场相对稳定）由 ne 个已知震源的微震事件，共获得 $ne \times ns$ 个到时数据，这里 ns 为拾震器数，则 i 事件到 K 拾震器的理论到时为

$$TE_{iK} = T_{0K} \cdot D_{iK},\ V_{min} \leqslant V_{iK} \leqslant V_{max} \qquad (3\text{-}15)$$

采用蒙特卡罗优化方法，对第 i 次震动将 $V_{iK} + \sigma V$（σV 为波

速增量），据此可求出震源 X_{0i}、Y_{0i}、Z_{0i}，以定位误差最小的一组波速 V_{iK} 为第 i 次震动的波速值，然后将 ne 次微震计算结果回归分析得出 V_P-L 曲线。

采用最小二乘法拟合的方法求解上式就可以得到各拾震器波速修正系数 HODW(K)；波速场参数随时间的改变可通过不断更新已知震源点的参数修正 V_P-L 及 HODW(K)。

P 波到时数据是微震定位的另一重要参数。确定 P 波到时有两种基本方法：（1）自动法。计算机自动识别 P 波起点、确定震源参数。（2）人机对话法。在分辨质量较差的 P 波初动和舍取计算震源参数的台站方面，由分析人员参与。自动法实时处理功能强。但是，微震信号是极复杂的，分析人员可以凭经验区别微震初动和干扰信号，但为计算机编制能处理这种复杂信号能力的程序却十分困难。采用自动法 P 波初至确定的误差较大，有些甚至不能确定，因此出现伪检测、漏检测等现象。人机对话法进行定位约需 1min，但是矿山微震活动频度较低，每天平均 30 次左右，所用的时间 1min 换取定位误差的减小及减少伪检测、漏检测次数也是值得的。

微震监测系统已成为冲击地压检测的重要手段之一，当井下发生冲击地压事故时，它可以准确、及时地为生产调度部门提供信息，使其能够迅速采取措施进行事故处理，尽快恢复生产。但是，微震监测用于冲击地压的预报尚处于试验研究阶段，目前仅能作为区域性趋势预报的手段。

门头沟煤矿对 1986 ~ 1990 年所记录的 6321 次微震活动进行了分析总结，归纳出以下冲击地压发生前的微震活动规律：

（1）微震活动的频率急剧增加；

（2）微震总能量急剧增加；

（3）爆破后微震活动恢复到爆破前的微震活动水平所需时间增加。

根据上述规律预测冲击危险已成为门头沟煤矿微震监测的主要工作内容之一。下面就几个监测实例进行分析。

A　无冲击危险的微震活动趋势

无冲击危险时，微震活动一直比较平静，持续保持在较低的能量水平（小于10^4J），预示着煤岩体处于稳定的能量释放状态。门头沟煤矿 3231 工作面某日的微震能量分布如图 3-17 所示。在一段时间内能量维持在10^4J 以下，且分布均匀，未发生过大的震动和冲击地压。

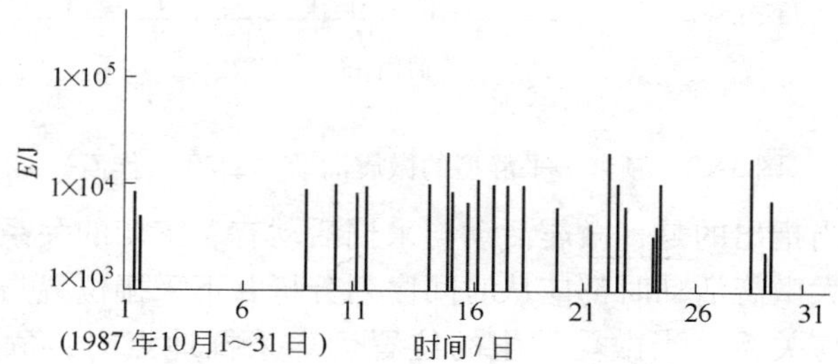

图 3-17　持续稳定型的微震活动（3231 工作面）

B　有冲击危险的微震活动趋势

（1）微震活动的频率和能量出现急剧增加，持续 2～3 天后会出现较大的震动，如图 3-18 所示。

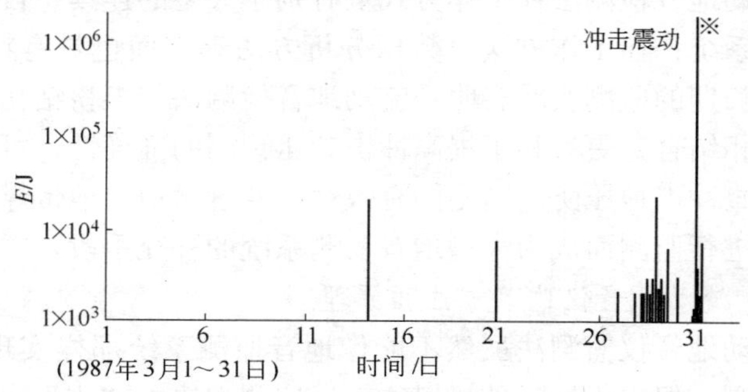

图 3-18　指数上升型微震活动（4231 工作面）

（2）微震活动保持一定水平（小于10^4J），然后突然出现平静期，持续 2～3 天后，会出现大的震动和冲击地压，如图 3-19 所示。

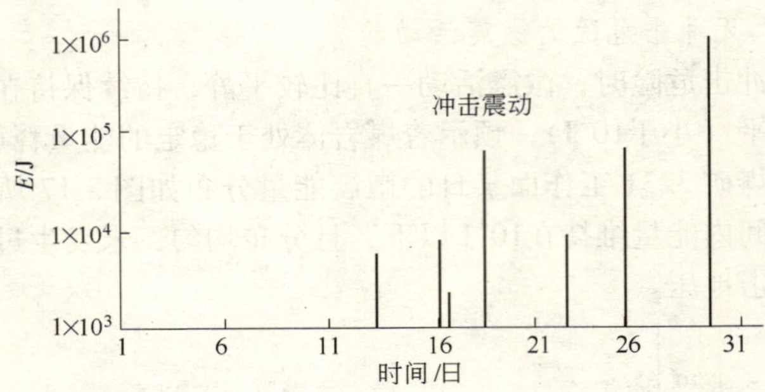

图 3-19　频繁—平静型的微震活动（3220 工作面）

应当指出的是，微震活动与采掘活动有着密切的关系。每当出现较大微震活动时都应从时间序列分析井下采掘位置与微震活动的对应关系，当微震发生的位置远离采掘地点时，危险性较小，反之逐渐向采掘地点靠近时，其危险性增加，应加强防范措施，并配合地音和钻屑法监测，防止事故的发生。

3.2.8.4　流动地音检测法

流动地音检测法顾名思义就是流动性即非连续性的地音检测法。流动地音检测法在工作方式上有别于大型的连续、自动的地音监测系统；在工作方法、数据分析方法等方面也具有特殊性。国内外长期的监测实践表明，流动地音检测法与煤粉钻孔法等其他方法相结合，更有利于提高冲击地压预测的准确性，可灵活应用于检查冲击地压防治措施的有效性。通过对边角地带煤岩体冲击危险进行监测而成为大型地音监测系统的补充手段。

A　流动地音仪监测方法和原理

流动地音仪监测法虽然不能像地音监测系统那样实现连续、自动监测，但它仍然突破了以往矿压监测方法中“点”或“线”的测量模式，它是对采掘空间一定范围和一定时间内地音活动的监测。实际上它是先于地音监测系统诞生的一种利用声发射原理监测煤岩体稳定性的一种方法，地音监测系统是电子计算机技术高速发展的产物。

流动地音监测法简单易行。通常是在待测区域布置测孔，孔深主要与煤厚和煤壁破碎带厚度有关，一般为1.5~2m；测孔的大小和孔壁光滑度的要求视具体的探头直径和埋设方式而定。如BD4-I便携地音仪采用的是楔体式电动式传感器，其对孔径的要求就不是很严格，采用普通煤电钻在煤壁打一钻孔即可。探头安装在孔中，保证与孔壁紧密接触。探头距待测区域一般在15~100m之间为宜，多孔测量时，孔距一般在15~20m之间，其布设位置要尽量避开人为或电气干扰。严格作好监测记录，包括孔的位置、监测时间、监测时环境条件等内容。一般情况下流动监测都是在工作面交接班或检修班时进行，这样不仅可以减少环境、工序的影响，同时也可保证几次监测结果的可比性。监测制度和时间视具体条件而定。选定的监测仪器一定要满足地音监测的基本要求，既要能够检测出事件的频率、能量，又要信息量越丰富，对以后的数据分析工作越有利。

流动地音监测法数据分析工作基本上以绘制单位时间内地音活动分布图，即频率—时间图和能量—时间图为主。其监测原理与地音监测系统相似。冲击地压的发生和发展具有一个时间过程，虽然最终发生的冲击地压是以猛烈、突然的方式释放能量，但是在发生前存在一定的能量积聚过程，大量的能量释放必定以大量的能量积聚为前提。流动地音监测既可以像系统监测那样，定时、定期监测冲击地压整个孕育和发生过程中地音变化规律，也可以针对冲击地压发生前最危险的地音活动平静期进行监测，这时就需要采取特殊的流动激发地音监测法。

B 流动地音监测仪器

流动地音监测仪器必须便于携带，满足煤矿安全的要求，能够检测出地音活动的基本特征值，即事件的频度和能量。世界上研制出大型地音监测系统的一些国家，都是从研制流动地音仪开始的，如波兰、前苏联、日本、德国、法国等国家至今还在使用并研制新型流动地音仪。我国在20世纪70年代，冶金部武汉安全技术研究所研制出同一系列的几种流动地音仪（DY-1-YSS

型），后来，常州煤矿电器厂又将其改进并研制了矿用 SYK-1 型岩体声发射监测仪，这些仪器是我国流动地音仪的第一代产品。1990 年煤炭科学研究总院北京开采所在国家“七五”攻关项目中，研制出了 BD4-I 型便携式地音仪。

DY-1-YSS 地音仪属于单通道地音仪，图 3-20 所示是 YSS 型地音仪的结构原理。它的监测过程是，首先由压电陶瓷传感器（探头）接收地音信号，经 70dB 的前置放大后送入计测信号部分进行滤波放大等信号处理，然后通过计数电路和平方变换电路分别统计事件数和能量，其中事件记数部分按事先设置好的门限电压分别进行大事件、小事件的统计，统计的另一参量是事件的持续时间，所有统计参量在数码管显示器上显示，由操作人抄录在记录纸上，地音参量的统计时间由记数控制部分设定。此外，为监测仪器的工作状况和鉴别干扰噪声，还设有耳机监听。与 YSS 功能相同的还有 SYK-1 型岩体声发射监测仪。

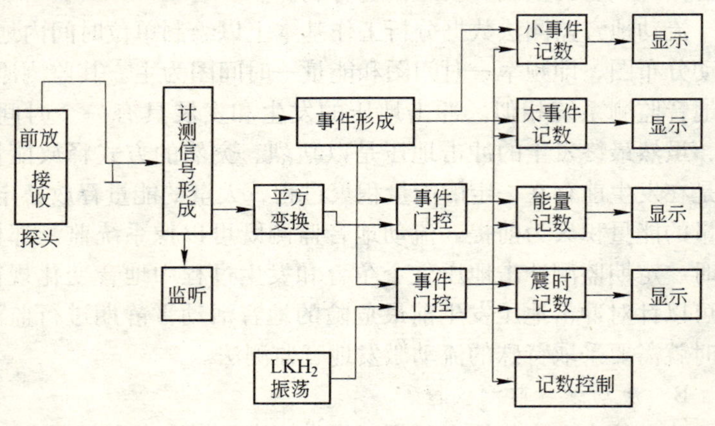

图 3-20　YSS 型地音探测仪结构原理

BD4-I 型便携式地音仪硬件原理框图如图 3-21 所示。整个仪器由探头、信号电缆、主机、打印机、打印机电源和充电器六部分组成。其中探头、信号电缆、主机可以在井下使用。煤岩体受力所产生的地音信号由探头接收并变为电信号，通过传输电缆、

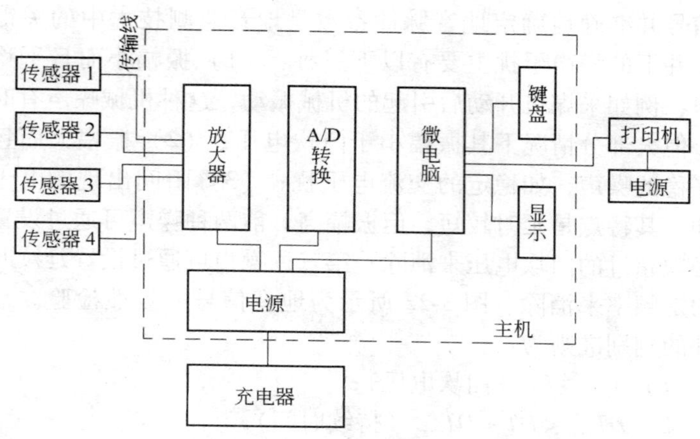

图 3-21　BD4-I 型硬件原理

经过放大器，然后由微电脑自动对地音事件的频率和能率进行分析统计，处理结果保存在 RAM 中，还可以通过显示器显示，打印机打印输出。具体的技术特征如下：（1）防爆形式Ⅱ；（2）4 个测量通道，每通道最大监测范围（半径）100m，传感器频带宽 200～2000Hz，放大器增益 60～1200 倍，分 6 挡可调；（3）24 位液晶显示器，46 种工作方式，通过面板上的 4 个小按键配置工作参数、选择工作方式；（4）主机工作电源为 2A·h 可充电电池，连续工作时间大于 24h，具有断电保护数据功能，断电后可保存数据 30d 以上；（5）主机重仅为 4.87kg。

BD4-I 的软件功能很强，包括了 308 个应用程序。软件的功能主要有：（1）控制数据采集部分根据约定或配置的参数进行地音参量的测量；（2）从干扰噪声中识别真正的地音信号并进行约定能量计算和地音事件的分级统计；（3）工作参数配置、修改、监测结果显示、存储、打印。该仪器的实时采集与处理功能较强，事件的捕捉与有效性判别条件与大型地音系统相同。这一点也是以前其他流动地音仪所不具备的功能。

由探头接收到的信号中，包含了大量来自井下环境和电路自身产生的干扰信号，如何从这些复杂的干扰信号中提取真正的地音信号并准确地确定地音脉冲参数是地音监测技术中的关键问题。井下的噪声干扰主要有以下三种：（1）振幅小而且平稳的噪声，例如采煤机开动后引起的机械振动，这种机械噪声有时很大，但大部分情况下其振幅小于门坎电压；（2）振幅大而且比较平稳的噪声，如稳定的交流电干扰；（3）瞬间出现的电干扰脉冲，其特点是延时较短，但振幅高。前两种噪声可通过设置信号必须超过的门坎电压来消除；第三种噪声可通过设置延续时间和约定频率来消除。图 3-22 所示为地音信号有效性检验。地音事件的判别准则为：

（1）$A_{max} > PL$（门坎电压）；

（2）$DT_{min} < DT < DT_{max}$（持续时间）；

（3）$F_{rmin} < F_r < F_{rmax}$（约定频率）。在同时满足以上 3 个条件的前提下，才确定所测得的信号为地音事件，否则不予处理。

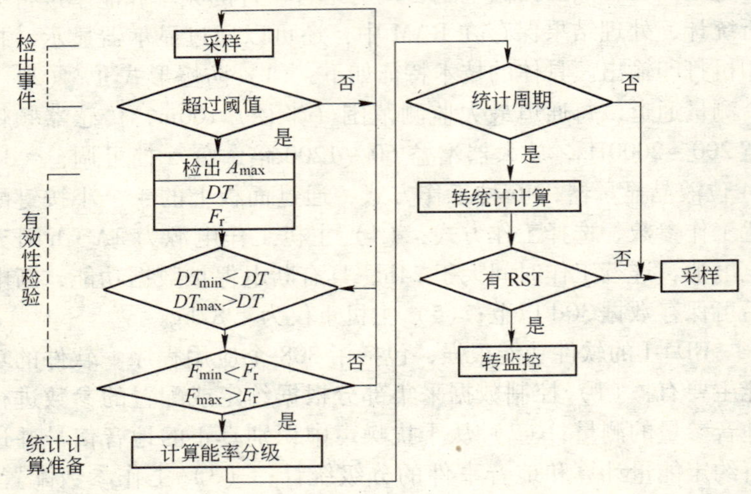

图 3-22　地音信号有效性判别检验

由上述分析可见，BD4-I 型便携式地音仪是目前已有的流动地音仪中性能比较理想的一种，功能较为齐全，适合我国煤矿实际情况的特点。目前该仪器不仅在冲击地压预测工作中使用，而且用于煤与瓦斯突出、顶板活动、煤岩体稳定性评价等领域。

3.2.8.5 流动地音监测法应用实例

A 流动地音监测法预测冲击危险

实例Ⅰ：某矿定点定时监测实例

表3-12为+16水平九石门采区YW_5测站的测量结果。图3-23

表3-12 某矿+16水平九石门采区YW_5测站观测结果

日 期	5次观测平均值			测站到工作面距离/m
	大事件	总事件	能率 $E/e \cdot min^{-1}$	
5月18日	2	6	2×10^2	62.5
5月19日	—	—	—	—
5月20日	24	127	113×10^2	51.5
5月21日	30	195	169×10^2	45
5月22日	32	186	148×10^2	39.5
5月24日	92	233	284×10^2	28.5
5月25日	62	247	227×10^2	23
5月26日	3	8.6	7.8×10^2	17.5
5月27日	10	268	56.4×10^2	12

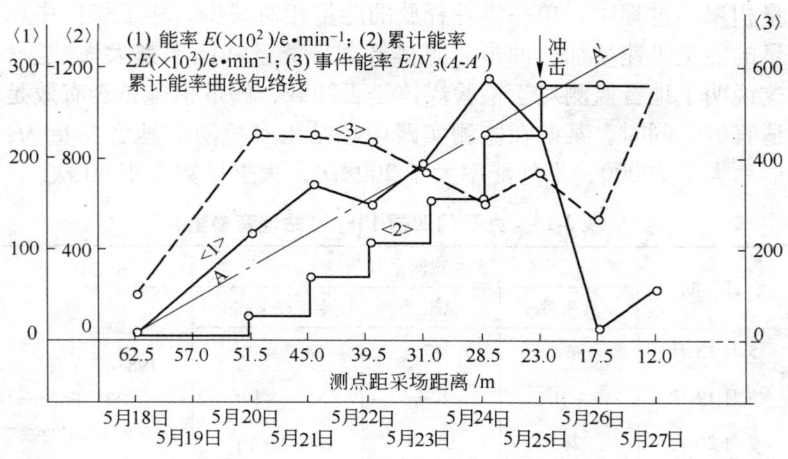

图3-23 YW_5测站地音参量曲线（1984年）

所示为与其对应的地音参量变化曲线。由于该测站布置在不对称倾伏背斜西翼，处于构造复杂地带，距离工作面较远（51.5m），可以认为该测站不受采动的影响。由表3-12可见，监测初期地音参数的水平就较高，随工作面推移到距测站28.5m（5月24日）时，地音参量达到了峰值，能率高达28400，表明煤体声发射活动极为频繁，5月25日当工作面距测站23m时，能率为22700，发生了一次冲击地压。冲击后地音参量明显下降。另外，从曲线上还可以明显看出，冲击前的5月24日，虽然能率达到峰值，但累计能率曲线没有偏离$\sum E$曲线包络线，而5月25日地音能率虽较5月24日小，但累计能率曲线却偏离$\sum E$的包络线，此时发生了冲击地压。从累计能率曲线的增加梯度也可以看出冲击前两天的梯度陡增。所以用流动地音法监测冲击危险时，既要考虑能率指标的大小，又要分析累计能率的变化梯度。

表3-13是某矿另一个测站的监测结果。二次的冲击地压监测实例都表明冲击地压发生前地音参量发生明显的变化，累计能率曲线陡增，事件能率曲线由增加的过程转为稳定的阶段，冲击以后，事件数和能率明显下降，这说明了在冲击地压发生前，能量积聚的过程中，单一事件释放的能量相对减少，相反煤体中积聚的能量迅速增加，冲击后煤体卸载，能量和频率都大大减少，这说明了地音监测对于检验煤体是否卸载，解危措施是否有效是适宜的。同时，某矿在监测实践中总结出有危险的地音参量为：能率大于20000，事件能率大于200/次，大事件数大于80次。

表3-13　九石门四槽YW_4测站地音参量

日　期	5次观测平均值			备　注
	大事件	总事件	能率 $E/e \cdot min^{-1}$	
5月13日	6	17	16.2×10^2	1984年5月21日9:20，南66m西方向65m处发生冲击
5月19日	4.0	8.4	15.6×10^2	
5月20日	24	127.0	113.4×10^2	
5月21日	36.0	195	169.2×10^2	
5月23日	18.0	8	4.2×10^2	

实例Ⅱ：某沟矿定点定时监测实例

1981 年某矿就进行了流动地音法进行冲击危险预测的研究工作。地音测孔位置如图 3-24 所示。观测工作分别在西部的 2 号和 3 号刀柱工作面进行。另外在矿井的东部 5 号工作面也进行了监测。西 2 和西 3 工作面均采取了煤体预注水的措施，但西 2 工作面注水效果差，东 5 工作面为非注水工作面。

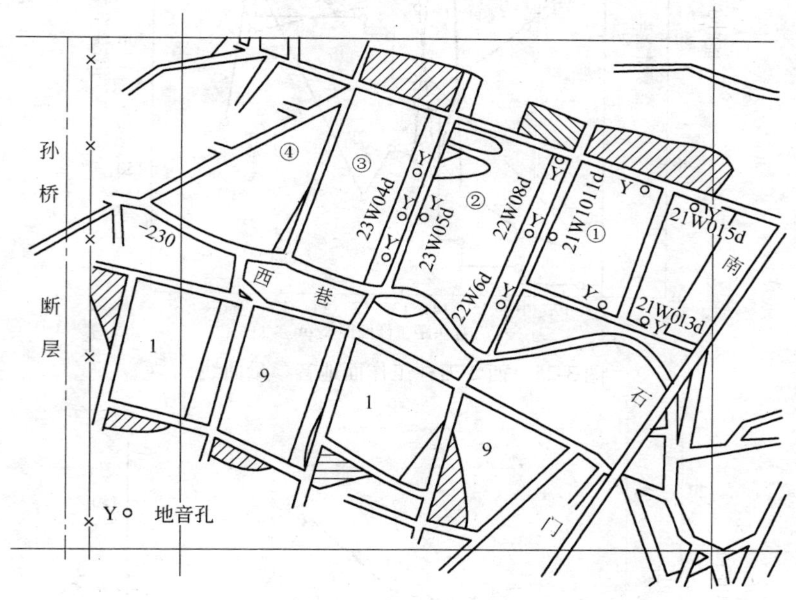

图 3-24 地音测孔位置

图 3-25、图 3-26 和图 3-27 所示分别是西 2、西 3、东 5 刀柱工作面的地音监测结果。由图中的曲线变化情况分析可得出 3 个工作面的地音变化特点：

3 个工作面中平均地音能率 $\overline{E}$ 以东 5 高，西 8 最低。三者的比值为 1∶9. 3∶4. 9；而最大能率 E_{max} 以西 2 最大，西 3 最小，三者比值为 1∶4. 3∶5. 1，事件能率的平均值及最大值，以西 2 为最大，三者比值为 1∶1∶1. 26 及 1∶0. 9∶1. 27。综上分析，可以认为

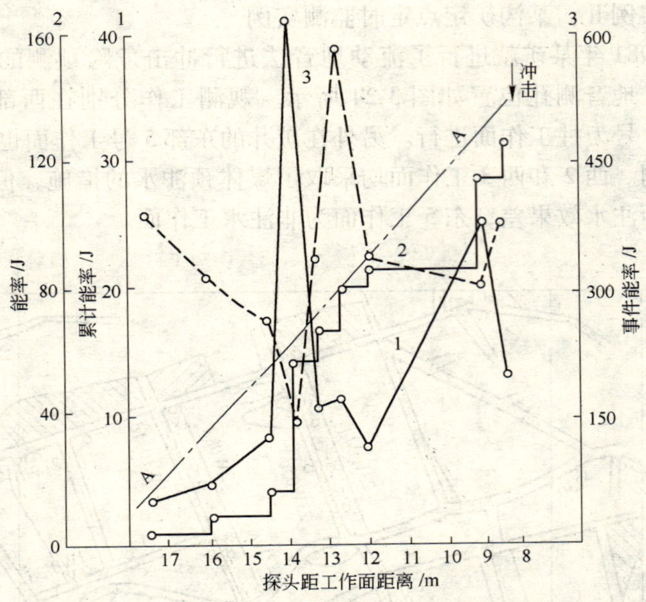

图 3-25　西 2 刀柱工作面地音参量曲线

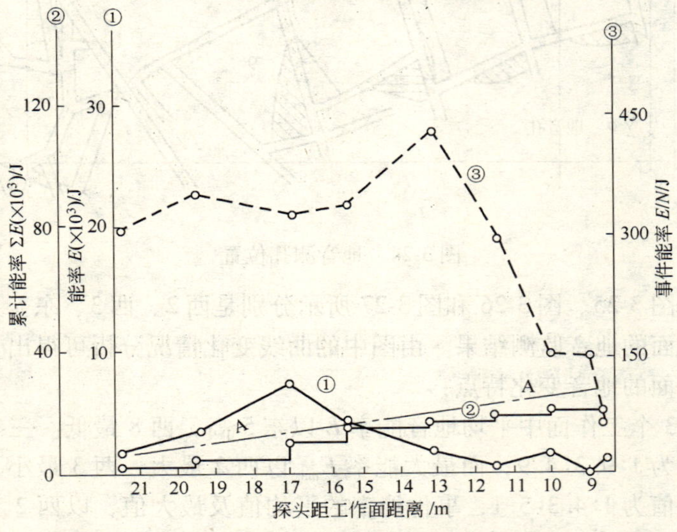

图 3-26　西 3 刀柱工作面地音参量曲线

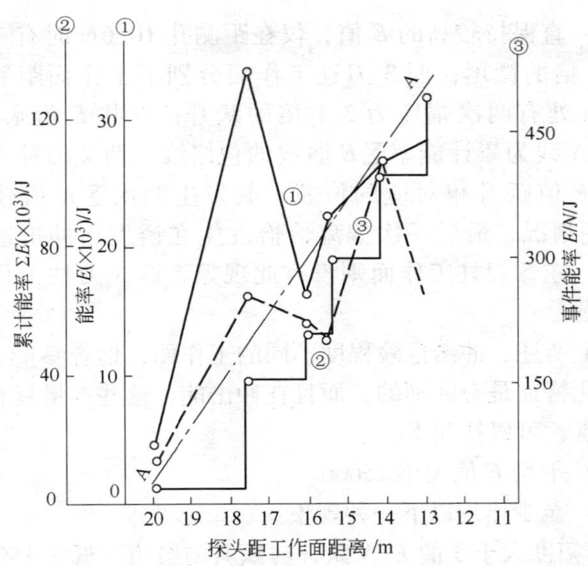

图 3-27　东 5 刀柱工作面地音参量曲线

西 2 的应力集中情况最为严重，西 3 则最弱。从地音参量上看，$\bar{E}$ 高说明煤体应力集中持续时间长，且应力值高，事件数中大事件多；E_{max} 大反映煤体瞬间应力集中程度高，应力变化大。

E 和 E/N 值在一定程度上反映应力集中的一般情况，但在临近冲击时刻是处于高应力和大量积聚能量阶段的煤体内部能量释放和突变，这主要表现为地音参量的变化。西 2 刀柱工作面的 E/N 分别在距监测孔 10.3m 和 9.6m 处发生冲击地压（7 月 24 日）的前 4 天和前 3 天有两次跃升，增至 2.44 倍和 1.62 倍，跃升之后，很快下跌，此后两天内基本不变，第三天最后 1 次监测半小时后，诱发 1.7M_L 冲击地压。东 5 和西 3 刀柱工作面的 E/N 变化不如西 2 明显。从 E 值的变化特征看，西 2 刀柱工作面的 E 值分别在距测孔 12.9m 和 8.2m 处，即发生冲击地压的前 5 天和前 1 天，共有两次跃升，分别为 4.9 倍和 3.7 倍，一天后下跌，并诱发 1.7M_L 和 1.2M_L 冲击地压。东 5 刀柱工作面一直保持较高的 E 值，仅在距测孔 10.6m 时有一次幅度为 1.38 倍的微增；西 3 刀柱工作面分别于工作面距测孔 17m 和 9.9m 处有两次幅度为 2.1 倍的跃升，但共 E 值水平较低。图中 A-A 线为累计能率 $\sum E$ 曲线的包络线，西 2 刀柱工作面在大致与 E 值跃升相对应的位置，共发生两次 $\sum E$ 值较大偏离 A-A线的情况，最后一次偏离恰恰发生在诱发出冲击地压的前半小时。东 5 刀柱工作面则没有此现象，西 3 刀柱工作面虽有但不明显。

综上所述，冲击危险程度不同的工作面，地音参量 E 和 E/N 及其变化特征是有区别的。而且在冲击前，这些参量具有一些变化的特点，可概括如下：

（1）平均 E 值大于 15000。

（2）至少出现以下一种现象：

1）幅度大于 3 的 E/N 跃升（跃升前数值不低于 150）；

2）幅度大于 3 的 E 跃升（跃升前数值不低于 7000）；

3）明显偏离 $\sum E$ 曲线包络线；

4）在压 E/N 和 E 跃升后出现地音活动平静期。

实例Ⅲ：TS 矿定点定时监测

TS 矿实测结果表明，地音活动受多种因素影响，主要是煤层和围岩性质，地质因素和开采技术条件等。表 3-14 和图 3-28 所示是采煤工作面推至上层煤柱边缘时，发生冲击地压前后的地音活动变化情况。而表 3-15 和图 3-29 所示是在上层煤柱影响区内掘进巷道时，发生冲击地压前后的地音活动情况。从地音监测的分析结果中可以明显看出，冲击地区发生前地音加剧，强度增大。在一般情况下，每天观测 1 次时，其规律是冲击前 1 ~2d 声发射参量增大。每天观测 3 次时，同样得到声发射参量跃增的规律，而且可把预报时间缩到几个小时。地音能率 E 值达到 5000J 具有冲击危险，时间约滞后 1 ~2d。对地音事件频度 N 值的异常增大绝对不能忽视。因为有时冲击前 N 值异常大，E 值并不大。单凭 E 值的大小变化进行判断是不够的。

表 3-14　工作面推出煤柱边缘时声发射参量值

日期 地音值	6 月 19 日	6 月 20 日	6 月 21 日	6 月 22 日	6 月 23 日	6 月 24 日	6 月 25 日
N/次	2	—	22	90	927	751	1014
E/J	242	—	2874	3000	6054	5278	6988
日期 地音值	6 月 26 日	6 月 27 日	6 月 28 日	6 月 29 日	6 月 30 日	7 月 1 日	7 月 2 日
N/次	955	1153	1101	911	1189	389	849
E/J	8467	8314	8528	11437	8523	8113	6637

注：1983 年。

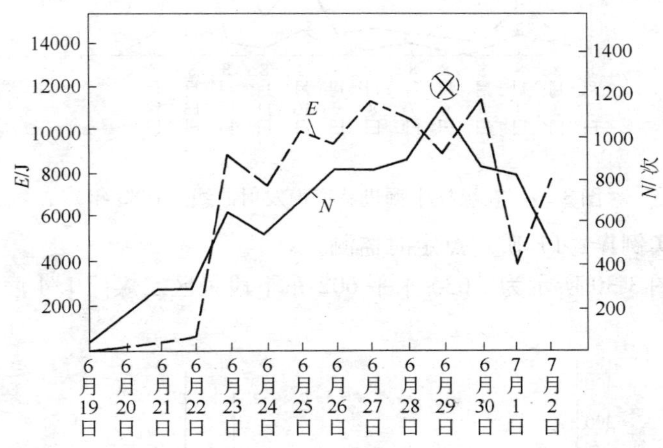

图 3-28　工作面推出煤柱边缘声发射曲线（1983 年）

表 3-15　在上层煤柱影响区内掘进巷道时声发射参量值

日期 地音值	8 月 2 日	8 月 3 日	8 月 4 日	8 月 5 日	8 月 6 日	8 月 7 日	8 月 8 日
N/次	3	6	24	2	—	3	8
E/J	368	446	1709	152	—	794	833

续表 3-15

日期 地音值	8 月 9 日	8 月 10 日	8 月 11 日	8 月 12 日	8 月 13 日	8 月 14 日	8 月 15 日
N/次	1	86	12	59	531	70	13
E/J	711	2997	1246	3436	2026	4518	557

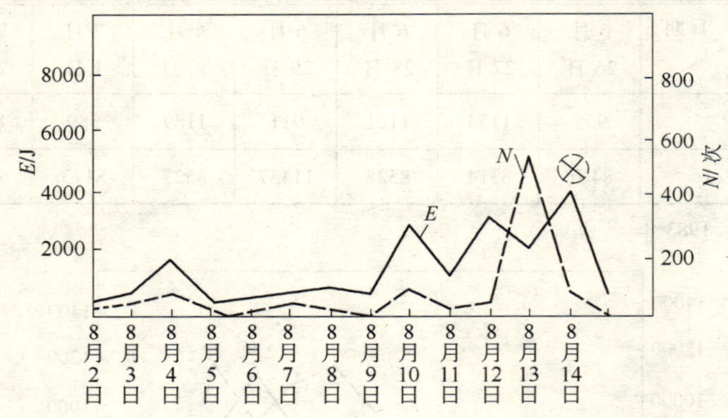

图 3-29　在煤柱中掘进巷道声发射曲线（1983 年）

实例Ⅳ：LF 矿定点定时监测

图 3-30 所示为 -635 水平 602 东下段采区二煤门 1/4 西工作

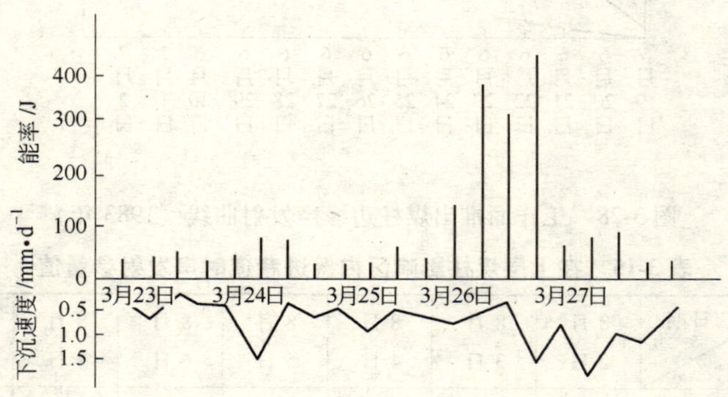

图 3-30　二煤门 1/4 西工作面的声发射能率和顶板下沉速度变化情况
（龙凤矿，1984 年）

面的实测结果。3 月 24 日地音参量开始增加，25 日有所下降，26 日增加得非常大，并在 26 日的 21 时 15 分发生了一次冲击地压。从对应的顶板下沉速度看，24 日增加，25 日变化不大，26 日冲击地区发生前，下沉速度急降，发生时急增。在发生后的 27 日地音能率、顶板下沉速度仍然较高，然后下降。综观整个地音变化的过程，冲击前地音能率出现平静期，发生时能率急剧增加，发生后能率逐渐下降。

上述所列举的以流动地音法为主预测冲击危险的实例，采煤方法各异，有水采、刀柱式开采，长壁开采等方法，具体的生产地质条件也不一样，但其监测方法和工作的目的是一致的，通过定点定时的流动地音监测，以期寻求冲击地压发生前的地音变化特征。作为冲击危险判据的前兆信息，随时间、地点和条件而异，但是一般可以从以下 3 个方面进行分析：

（1）地音活动的基本参量值。主要是能率 E 和事件数 N，它在一定程度上可以反映煤体内部破裂程度及发展速率。因而，可通过这些基本参量，从时间上和空间上对岩体应力集中情况作出评价。

（2）地音基本参量及其派生参量的变化。主要指的是 E、N 和事件能率（能率与事件数之比 E/N）等参量的变化。

冲击地压是岩体达到极限应力平衡状态后的一种突然破坏现象。现象观测和实验室试验均表明，岩体（或岩石试件）在整体破坏前，一般都以不同程度和不同速率的局部破裂为先导。此外，参与冲击的岩体一般并非同时达到极限应力状态，而通常是以某些部位首先达到极限状态，产生不同强度的微弱震动或冲击，这种局部与整体的关系，从能量的观点解释应该是，局部破裂释放能量，预示着整体大量积聚能量并即将崩溃。显然能反映这种局部破裂释放能量的地音就是预测冲击地压的前兆信息。对地音活动而言，能量释放往往是不连续的多次释放，主要表现为 E、N，特别是派生参量 E/N 的多次突变或跃升。

（3）地音活动平静期。冲击地压是煤岩体突然破坏并急剧释放大量弹性变形能的结果，而大量能量的释放又以大量积聚能量为前提。有冲击倾向的煤岩体，越临近破坏，积蓄能量越多。煤体积聚能量就意味着一个暂时的地音活动平静期的出现。此外根据上述关于局部破裂的观点，在局部破裂释放能量之后，也应伴随着平静期的出现。因此地音活动参量 E 的暂时平静期的出现，是冲击地压发生前的一个重要前兆信息。

B 流动地音法检测冲击地压实例

流动地音监测法不仅可用于冲击危险的预测，而且对于冲击地压防治措施效果的检查也是一种更为灵活、监测范围较大的一种方法。

实例Ⅰ：MT 煤矿定点定时监测

a 检查卸压爆破的效果

卸压爆破是防治冲击地压有效的解危措施之一。表 3-16 是 MT 矿在有冲击危险地点实施卸压爆破前后的地音变化规律。

表 3-16 卸压爆破前后地音监测数据对比

监测孔 / 声发射参量 / 日期	22W08d		22W010d		22W011d	
	N/次	E/J	N/次	E/J	N/次	E/J
1982 年 7 月 24 日（冲击前半小时）	55	15780	6	3682	203	44552
1982 年 7 月 25 日（冲击后）	13	2933	2	689	11	5062
倍 率	4.2	5.4	3.0	5.3	18.5	8.8

由表 3-16 可见，爆破后地音参量明显下降，其中爆破后最大 E 值为 5062J，仅是爆破前 1/3 左右，说明煤体确已卸载。同时也表明，地音参量 E、N 对煤体应力大小反映较为灵敏。

b 断顶效果检查

断顶是 MT 矿防治冲击地压的一项解危措施。此次断顶是沿工作面隔离煤柱进行，断顶宽度 6m 左右，深度约 8m。在距工作面 54m 处布设地音监测孔。在断顶前后分别进行了 30min 左右的地音监测，其结果见表 3-17。由表中的数据变化可见，实施断顶后单位时间内事件数 $\overline{N}$ 和平均能率 $\overline{E}$ 均有不同程度的下降，说明断顶措施取得了一定的效果。

表 3-17　断顶效果检测

参量值 \ 日期	7月2日（断顶前）	7月4日（Ⅳ塘断顶后）	7月6日（Ⅱ塘断顶后）	断顶前后参量数据倍率	
				第一次断顶	第二次断顶
N/次	2.7	0.25	0.23	≈10 倍	≈10 倍
E/J	172.3	30.2	17.5	$\frac{172.3}{30.2}=5.7$ 倍	$\frac{172.3}{17.5}=9.8$ 倍

c　煤体预注水效果检查

煤体预注水是冲击地压防范措施中的一种。注水结束时间一般在工作面开采前一个月。表 3-18 是对大范围煤体进行注水的地音检测结果。由表中可见，注水后 E、N 值明显下降，说明注水后煤体显著塑化。注水中和注水后 N、E 值变化不明显，反映了煤体预注水的作用主要是通过煤体较长时间的湿润，使煤体塑化，降低煤体冲击倾向，减少能量积聚，从而达到防治冲击地压的目的。

表 3-18　西区待采工作面预注水地音监测结果对比

孔号	监测期	N/次				E/J			
		N_{aver}		N_{max}		E_{aver}		E_{max}	
		测值	比率/%	测值	比率/%	测值	比率/%	测值	比率/%
23W05d		2.4	3	46	15.3	497	6.1	9753	33.9
23W05d		0.8	1	3.0	1	81	1	288	1
23W05d		2.0	2			454	10.3		
23W05d		1.0	1			44	1		
23W05d		0.9	0.9			136	3.1		

实例Ⅱ： 抚顺矿务局龙凤矿定点定时监测

长壁工作面注水防治冲击地压的实例是比较多的。这里仍以龙凤矿压力注水工作面为例来说明流动地音监测法在注水减压方面的应用效果。在 602 东下段四煤门 5/4 东工作面由于采用压力注水防治措施，在开采期间没有发生冲击地压。其地音检测结果如图 3-31 所示。未注水工作面推进度为两天 1.5m，平均能率为 57J/min；注水工作面推进度为一天 1.5m，平均能率为 29J/min。虽然注水工作面推进度较快，但是其地音能率很低。两个工作面不同能率的次数分布曲线如图 3-32 所示，图中虚线表示未注水工作面。由图中可见，注水工作面能率小的地音事件多，能率大的地音事件少，其能率大于 100J/min 的仅占 1.2%；未注水则与上述情况相反，能率大于 100J/min 占 15.8%。由此可见注水的效果是明显的。

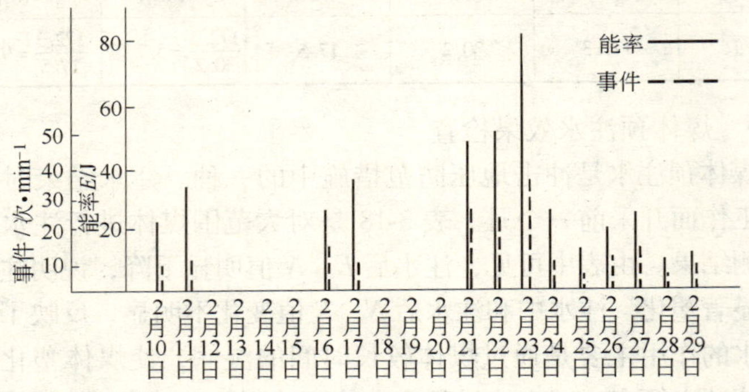

图 3-31　602 采区 5/4 东工作面声发射参量变化情况（1984 年）

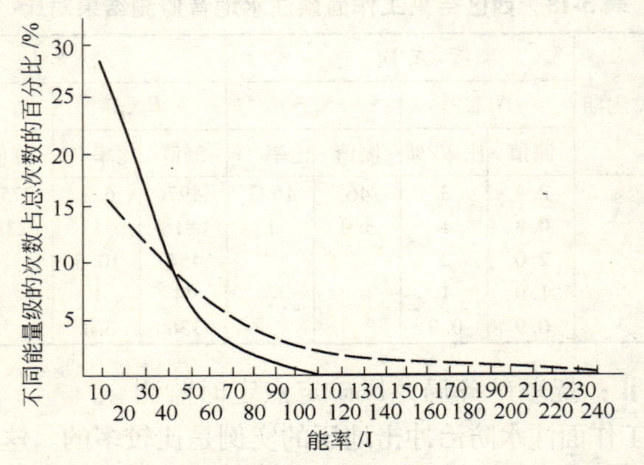

图 3-32　东下段煤门 1/4 西工作面和四煤门 5/4 东工作面不同能率的分布密度（1984 年）

流动地音监测法与系统监测法相比具有灵活、方便、价格便宜、维护使用方便的优点，适合于中小型矿井和大型监测系统无法布设探头的边角区段监测。但是，由于地音事件发生的随机性较大，冲击地压前兆信息与地音的关系比较复杂，以及流动地音监测在时空上不连续等原因，目前用流动地音监测法预测冲击危险只作为辅助手段，必须采用多种手段综合预测的方法，以提高预测的准确性。

为了改进流动地音监测法的不足，可采用流动激发地音法。其原理是在井下待测区域采用放小炮的方法人为给煤体一扰动，记录扰动前后一定时间内地音的变化规律，并由此预测煤体的冲击危险性。因为井下煤岩体在不受扰动的情况下，处于一种相对的应力平衡状态，其中的裂隙也处于稳定状态，受到人为扰动后，煤体受到动荷载的冲击，产生动应变，原来处于稳定平衡状态的煤体变得不稳定，有些原处于极限平衡或接近极限平衡的裂隙开裂、扩张并产生新的裂隙，伴随着产生地音活动。如果放炮前煤岩体的应力水平高，应力重新分布及平衡的持续时间相对较长，地音活动就频繁，相反，扰动前煤岩体的应力水平较低，扰动后的地音活动相对弱一些并很快衰减到扰动前的水平。因此，通过激发地音法就可以评价煤岩体的应力状态，并根据地音活动的参数变化及衰减到正常活动水平的时间长短评价冲击危险。

流动激发地音法的工作方式如图 3-33 所示。在待测地点用煤电钻在煤体内施工两个直径为 42 ~ 45mm 的钻孔，孔距 3 ~ 5m，地音探头孔深 1 ~ 2m，放炮孔深 2 ~ 3m，孔大致垂直于煤壁，放炮孔内一般装 0. 5 ~ 1kg 炸药，采用反向爆破方式，测试工作在交接班时间进行。

图 3-34 所示是不同试验地点的总事件分布曲线。由图中可明显看出，无冲击危险的单位时间内的事件数（次/min）小于等于 120 次/min，衰减时间短，小于 5min；中等冲击危险的事件数不大于 192 次/min，衰减时间大于 5min ，小于 15min；严

重冲击危险时，事件数为 192 次/min 以上，衰减时间大于 15min，有时甚至达到 30min。

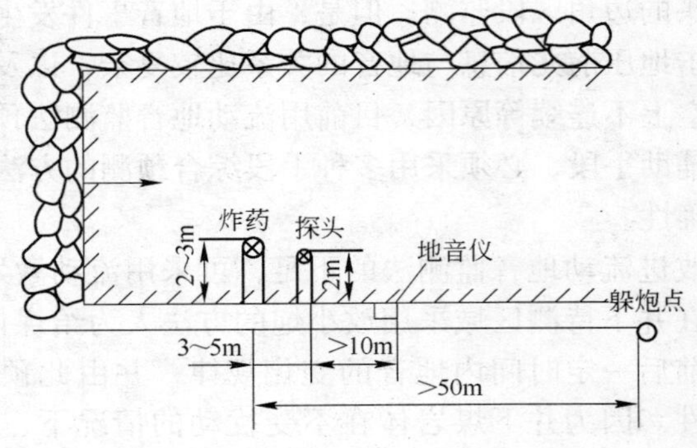

图 3-33　流动激发地音法示意图

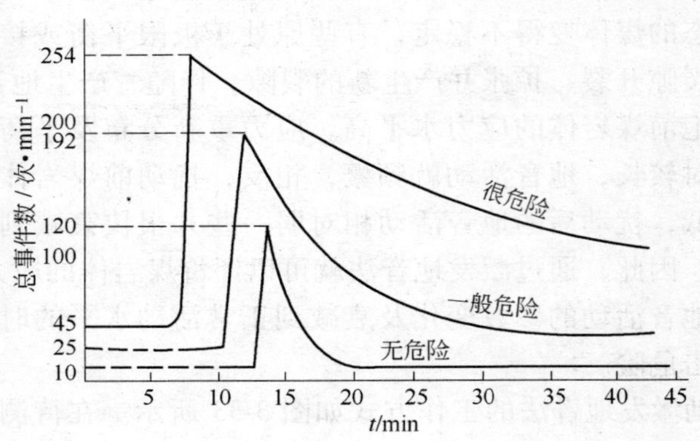

图 3-34　不同试验地点的总事件分布曲线

图 3-35 所示是波兰采用流动激发地音法的测量结果，从图中的曲线不难分辨出各特征参量的值。

流动激发地音法具有流动地音测量的所有优点，同时它又具有不受地音信号随机性的影响的特点。尽管流动激发地音法在时空上也不连续，但它受时空不连续的影响较小。其主要缺点是对大范围煤体进行监测时，工作量较大。

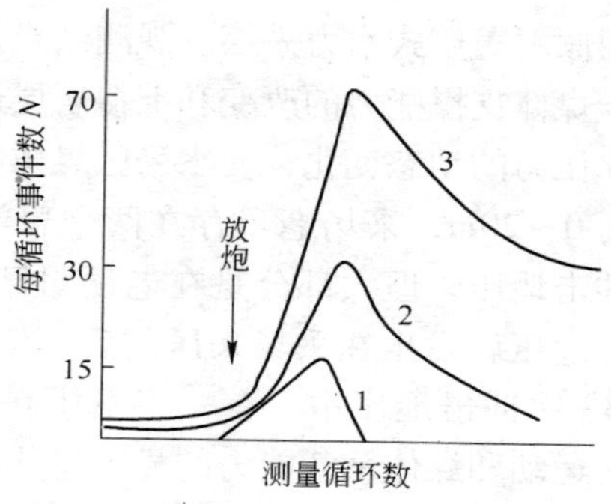

图 3-35 激发地音法测量结果

1—安全；2—危险；3—严重危险

3.2.9 煤层围岩压力与变形观测法

围岩变形观测法是预测冲击地压的辅助手段之一。观测的目的是测定工作面煤岩变形规律，支撑压力显著作用范围，以及支撑压力峰值位置。一般情况下，冲击地压煤层都具有厚而坚硬的顶板，主要应进行顶底板移近量的观测。在本层工作面上下顺槽各布置一条测线，设置 3 ~5 台动态仪。测点要布置在预计的支撑压力影响范围以外，随着工作面的推进定时观测，以便全面观测顶底板岩层运动的各个阶段。顶底板移近量的大小及其变化，都有可能成为预测冲击危险的依据。在移近量曲线上，关键是工作面推进到什么位置顶底板移近速度最大。最大速度点就是移近量—时间曲线或移近量—工作面位置曲线上的拐点。若该点位于工作面煤壁处或在工作面前方，则表明顶板岩层已提前断裂；反之，若在工作面后方 10m 远，则表明工作面后方有悬顶。在厚层高强度砂岩顶板的情况下，观测变形和周期性断裂规律，对预测冲击危险有重要意义。顶板的急速下沉或顶板突然断裂，引起震动，都可能诱发冲击地压。赵本钧教授对枣庄矿务局陶庄矿在 2 号煤层 272 水采区开采过程中进行了围岩动态观测。该区开采深度 496 ~644m。煤层厚度 2 ~5. 5m，顶板为厚 20 ~40m 的中粒石英砂岩，采用倾斜短壁式水力采煤。观测结果认为，工作面推进过程中，由于煤体支撑能力的改变和上覆岩层运动状态的不断变化，造成支撑压力的动态变化，使水采区煤体支撑能力瞬间超载。范围一般为 0～20m，采场老顶存在两个岩梁，其来压前后都有可能导致冲击地压，但大部分是在老顶明显运动之后发生。观测中多次冲击地压就发生在采场来压前后，仅在该区 4 号、5 号水道发生的 38 次冲击地压中，有一半发生在采场来压前后。通过对顶板显著运动和煤体承载能力的显著超载的观测，预测冲击地压可能发生的地点和时间。图 3-36 所示为掘进枪眼时发生冲击地压的观测实例，从 11 月 29 日起，3 号和 4 号测点顶底板移近速度明显增大，至 12 月 2 日达峰值，表明老顶岩梁达极限跨度。在断裂前夕，压力向断裂线两侧集中，断裂线位于两测点

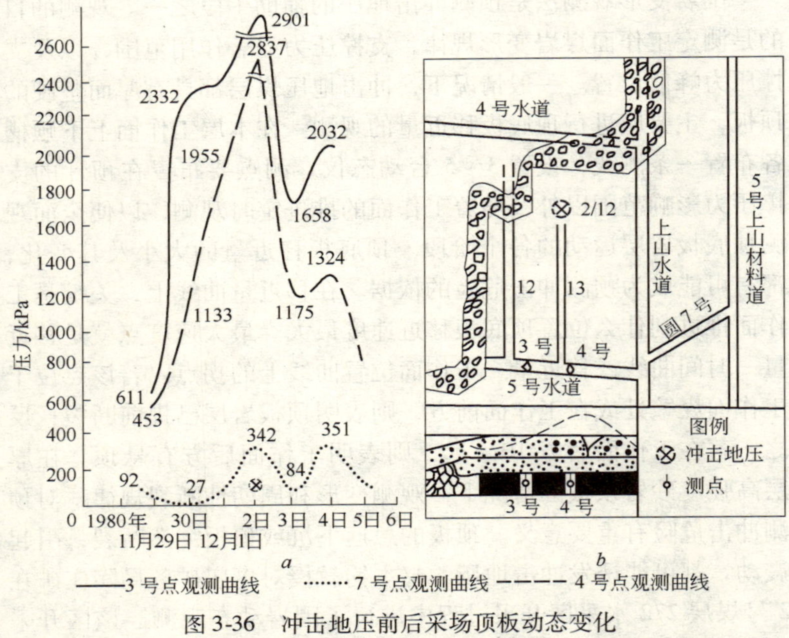

图 3-36 冲击地压前后采场顶板动态变化

a—实测下沉速度曲线；*b*—工作面示意图

之间。12 月 2 日岩梁断裂，两测点间支撑压力高度集中，于是在该部位掘进的 13 号枪眼中发生冲击地压。冲击地压发生后，应力释放，移近速度下降。4 日两测点的移近速度又回升，表明压力转移，其中 3 号测点移动速度回升是由于第一岩梁断裂后显著沉降，压力向工作面方向转移的结果，而 4 号测点的回升是由于第一岩梁上部岩层重力作用引起的支撑压力向煤体深部转移，显然，高应力区转移到 4 号测点以远。

陶庄矿的观测结果表明，90% 以上的冲击地压发生在工作面前方支撑压力带或应力叠加区。早采长壁工作面 75% 的冲击地区发生在来压期间。当顶板岩梁将要断裂时，应力在断裂处集中，顶底板移近速度增加。当岩梁完全断裂后，压力突然下降，顶板出现“反弹”，之后顶板下沉速度又急剧上升。在这个顶板剧烈活动过程中，最易发生冲击地压。例如 420 工作面开采过程中发生的冲击地压就是因为工作面前方巷道处于支撑压力带中，由于上覆岩层的断裂活动，使煤体受到冲击荷载作用，支撑压力发生转移，造成工作面前方的高应力集中，引起冲击地压。图 3-37 所示是 1985 年 9 月 28 日发生的 1.6 级冲击地压前后顶板动

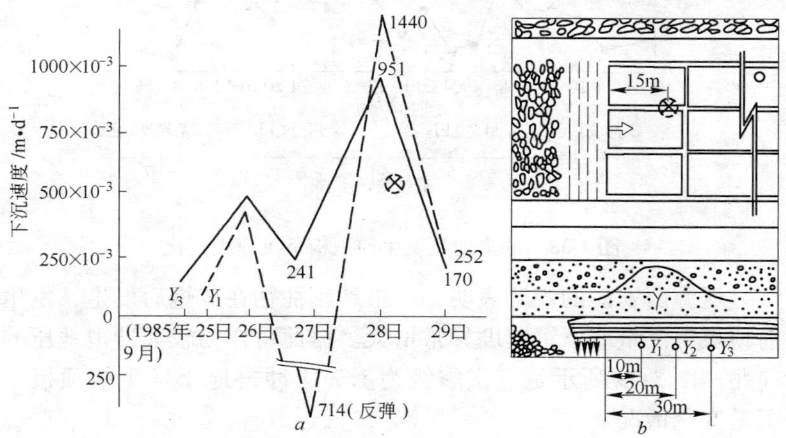

图 3-37　工作面冲击地压前后顶板动态

a—实测下沉速度曲线；*b*—工作面示意图

态。工作面来压前老顶发生剧烈的断裂活动，至 27 日 Y_1 动态仪出现“反弹”，随之又急速上升，后在下降过程中发生了冲击地压。冲击地压发生在工作面前方 15m 处，冲坏巷道上百米。

唐山矿 5259 工作面的观测结果也表明，在工作面推进过程中，顶底板移近速度出现一次峰值。由此推断煤层上方坚硬老顶在工作面前方呈周期性断裂。当老顶岩层突然断裂时，将释放大量弹性能，传给下赋岩层就可能发生冲击地压。龙凤矿厚煤层水砂充填开采条件下，冲击地压发生前顶板活动加剧，下沉速度明显下降，微冲击异常频繁，临近冲击时下沉速度又急剧上升，如图 3-38 所示。

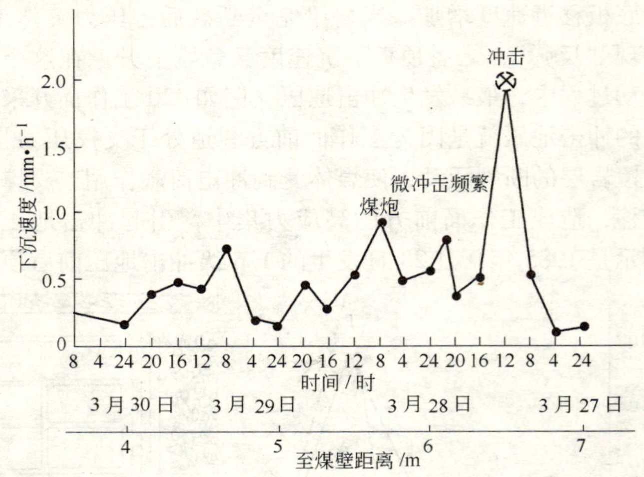

图 3-38　冲击地压发生前顶板下沉速度变化

辽源西安矿的观测表明，冲击地压往往在放炮后发生，发生前顶板下沉量或下沉速度异常增大。据此可作为较大冲击地压的前兆。图 3-39 所示是一次震级为 1. 2 级冲击地压发生前顶板下沉量变化情况。

已经取得的观测结果表明，顶底板移近量或移近速度与冲击地压之间有一定关系。前苏联、法国等国的煤矿都进行了大量观

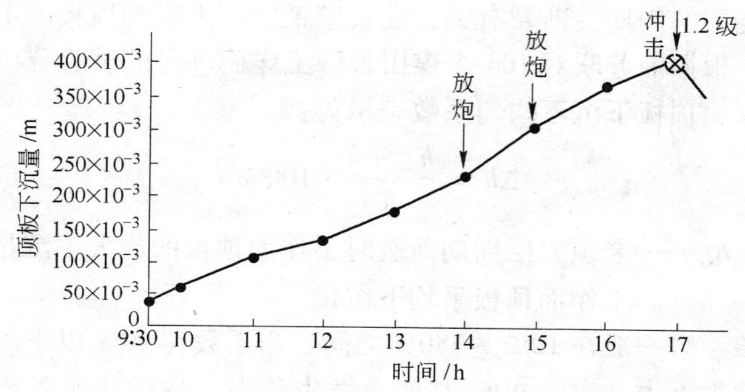

图 3-39　冲击地压发生前顶板下沉量变化情况

测。德国在鲁尔矿区也进行了观测，图 3-40 所示为回采工作面前方 10m 至后方 100m 范围内各测点的移近量观测值。

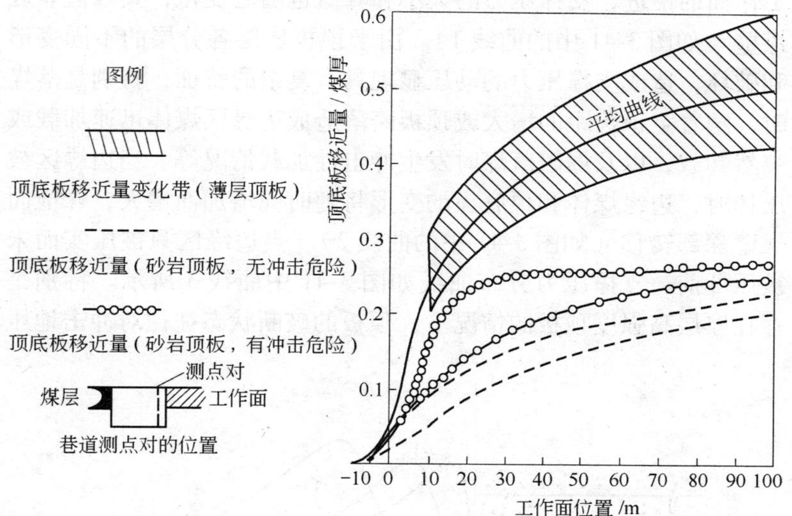

图 3-40　顺槽顶底板移近量

（测点对位于靠工作面一侧，薄层或厚层顶板）

目前的观测研究已开始从定性分析阶段过渡到定量研究阶段，且冲击地压与厚层坚硬顶板有密切关系。顶板冲击地压的危险与老顶的周期性断裂有关，在长壁工作面表现为顶板的不规则下沉。根据前苏联对 104 个煤田长壁工作面进行的试验分析与统计结果，顶板下沉不均匀系数表示为：

$$\Delta h = \frac{h_{m} - \overline{h}}{\overline{h}} \cdot 100\% \tag{3-16}$$

式中 h_{m}——老顶岩层周期断裂时工作面顶板的最大下沉量；

$\overline{h}$——工作面顶板平均下沉量。

该系数一般在 10% ~180% 之间，当系数在 40% 以下时，表示危险性不大，大于 40% 时就会发生危险。按陶庄矿等矿的观测数据进行计算，该系数一般在 70% 左右。

观测表明，在冲击地压发生过程中，支撑压力的动压显现与工作面煤壁边缘的稳定性有关。当边缘区未被压坏时，随着采煤工作面的推进，支撑压力的大小和峰值也随之变化，其峰值靠近煤壁（如图 3-41 中的曲线 1）。由于顶板岩层各分层的不同变形和破坏，造成支撑压力的动压显现具有复杂的特征，特别是落煤时，随着空顶跨距的增大或顶板跨落造成边缘区煤体迅速加载或突然卸载，以及爆破落煤时发生冲击性加载情况等。当边缘区被压坏时，边缘煤体和顶底板的变形将随时间增加而增大，峰值向煤壁深部转移（如图 3-41 中的曲线 2）。当边缘区只被压实而未被压坏前，支撑压力分布曲线如图 3-41 中曲线 3 所示。特别是存在厚层高强度顶板的情况下，顶板的破断状态往往对冲击地压

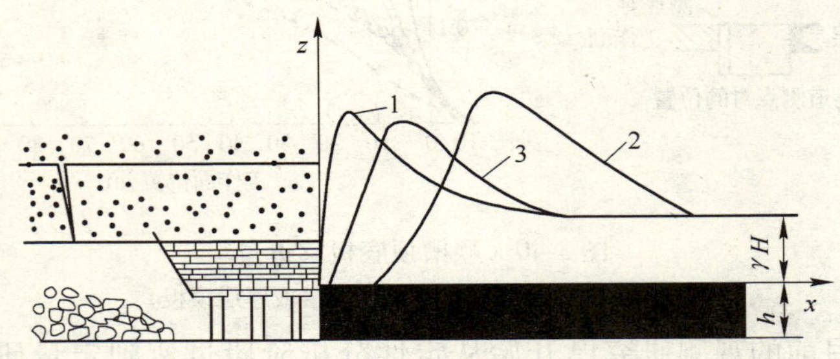

图 3-41 工作面前方支撑压力的动态变化

起决定性影响。一是由于悬顶断裂引起震动，诱发煤层冲击；二是顶板在下沉过程中，由于重力和水平应力（如地质构造应力）导致顶板岩块的动力破碎，突然大量释放变形能而造成顶板冲击。显然，煤层内的压力分布和破裂特性，以及顶板（特别是老顶）的周期性断裂与冲击地压的产生有重要关系。

当出现下列情况之一时，都预示着存在冲击地压危险。

（1）煤层的支撑压力强度升高，峰值位置靠近煤壁；

（2）顶板下沉速度增大，而煤层的侧向变形（压出）减小，甚至停滞；

（3）顶板下沉速度急增，或者相反地，长时间的顶板下沉滞后；

（4）老顶周期性断裂时（包括断裂位置和时间）。

通过观测，掌握上述规律和检测指标，能达到预测的目的。

利用钻孔油压枕观测煤岩压力变化时发现冲击地压发生前后，煤壁附近处于压力降低过程中，压力降低可提前十多个小时出现，下降幅度0.03～0.1kN。反映了煤层长时间压缩之后，一旦减压则侧向变形增强，煤层压出速度超过顶板下沉速度。

抚顺龙凤矿在特厚煤层水砂充填工作面进行顶板下沉和煤壁变形观测，实测表明，随着邻近工作面顶板下沉，煤层被压缩，下沉量以指数函数规律加速进行，如图3-42所示。煤层在顶板压缩下产生侧向变形（煤层压出），初期侧向变形较小，因煤层体积缩小而储存能量，接近工作面5m后，侧向变形大于压缩变形，煤层扩容，释放能量，出现震动或微冲击，当震动能量相当高时，便发生了冲击地压。

实际上，顶底板移近量观测法是现场研究矿压的常规方法。配合钻屑法和地音流动监测法，构成了冲击地压矿井广泛采用的一套行之有效的预测方法。不仅用来预测煤层区段的冲击危险程度，而且也用以评价防止冲击地压措施的有效性和选择这些措施的合理参数。上述三种方法配套使用行之有效，简单易行。

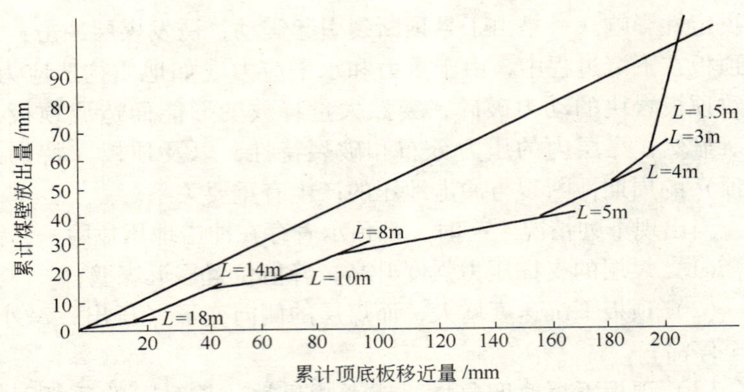

图 3-42　工作面煤层压缩—变形实测结果

3.2.10　抚顺老虎台矿“煤岩体电磁辐射监测法”分析

（1）测试区域及测点设计。根据区域预测结果，选择 78002 号二期南顺、－680m 东、西探巷及 78002 号初期回采未受保护的 40m 煤柱等地点进行重点监测。根据电磁辐射监测仪的测试范围，考虑到每个班次的最大测试量，在尽可能完整地测试一条巷道的前提下，测试区段内每隔 30m 布置一个观测站，每个测站在巷道的两帮各设 1 个测点，进行了每日 3 个班次的观测。

（2）测试数据分析及临界值确定。4 个月的测试中，对上述设置的 54 个测站、81 个测点，共测试数据 4800 余批，五百多万组数据，历经 1. 5 级以上矿震 29 次，从每次发生矿震前的测试结果看，发生矿震与电磁辐射强度不是线性关系，但是，其测试数据均表现出一定的变化规律（见图 3-43、图 3-44）。

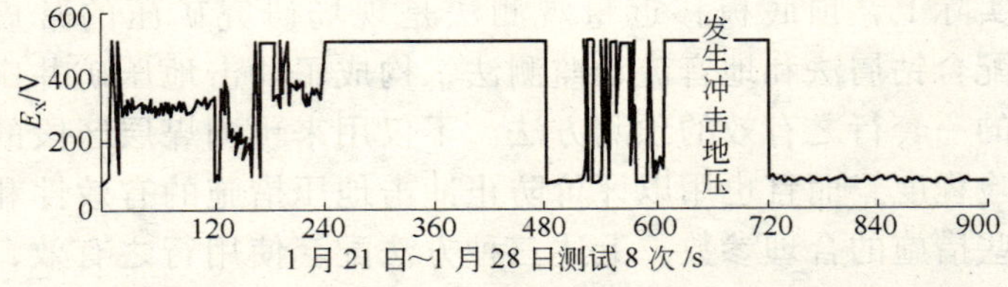

图 3-43　1 月 26 日冲击地压前电磁辐射变化趋势

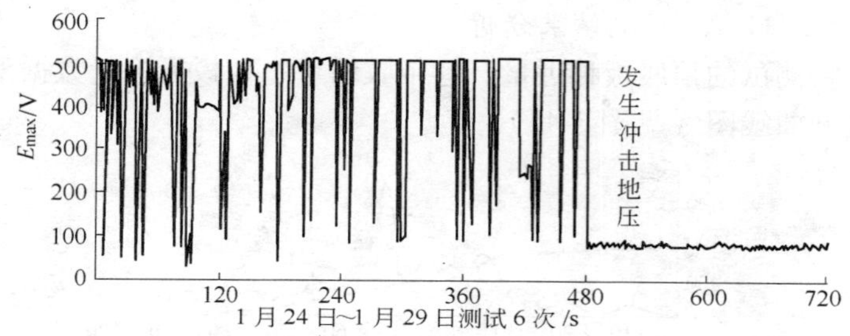

图3-44　1月27日冲击地压前后电磁辐射强度变化曲线

从上述两次典型的冲击地压发生前测试结果可以看出，在发生冲击地压前（一般在3～5d之内），事件地点附近的电磁辐射出现异常变化，总体变化规律是“电磁辐射强度出现连续、密集、大幅度的振荡”。这种规律在捕捉到的近百次冲击事件中，均有极其相近的表现。通过对几万组测试数据的分析，认为对于某一地段而言：（1）电磁辐射能量在一定时期内出现较平稳的上升时，预示着冲击能量的积聚；（2）当电磁辐射能量达到一定数值时，预示该地段具备了冲击地压发生条件；（3）当电磁辐射能量出现“连续、密集、大幅度的振荡”时，预示着冲击地压即将发生。

3.2.11　抚顺老虎台矿煤层围岩“压力—变形”观测法

3.2.11.1　观测方法设计

观测顶底板移近量、两顺离层情况，分析集中应力变化情况；

使用仪器：有顶板离层仪、测尺等；

测站、测点布置：在两顺槽距工作面100m和150m处各设一个观测站；

在观测站内的顶板和帮上各设一台离层仪对其距煤壁2m、6m范围内的帮顶离层情况进行观测；

在测站内的固定位置上对顶底板移近情况进行观测。

3.2.11.2　观测结果分析

将测试的顶底板移近量、巷帮收缩量、顶板下沉量数据整理并绘制曲线图（见图3-45）。

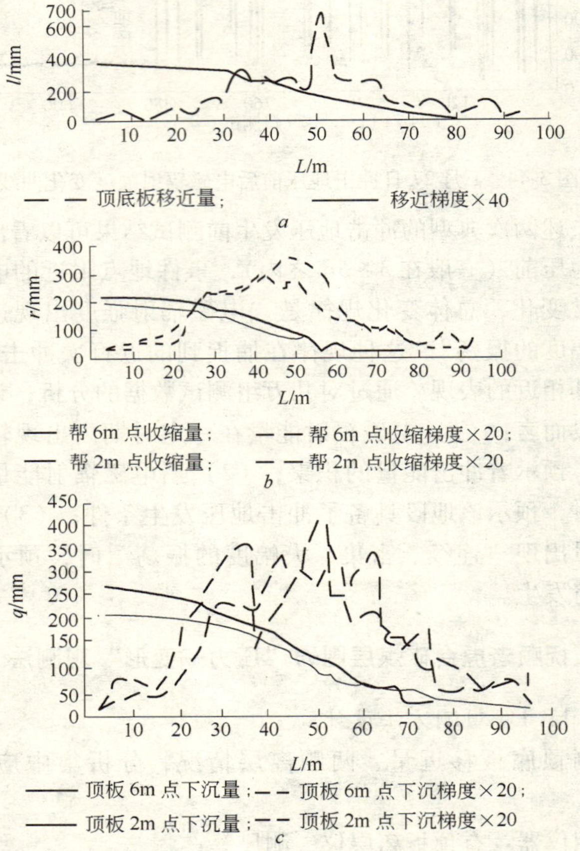

图3-45　顶底板移近量、巷帮收缩量、顶板下沉量与工作面距离关系曲线

a—顶底板移近量—距工作面距离关系曲线；*b*—巷帮收缩量—距工作面距离关系曲线；*c*—顶板下沉量—距工作面距离关系曲线

通过数据及曲线图分析，认为在老虎台矿目前综放开采参数及煤层地质条件下，工作面前方0~15m为卸压带，15~30m为

增压带，30～60m 为高应力带，60～90m 为缓压带，90m 以外为原始应力带。根据测试结果，将工作面前方 15～60m 区间作为重点防治冲击地压地点。另外，在工作面前方有地质构造、煤柱、巷道交叉点等情况，当工作面距这些地点 60～90m 时，对上述区域加强防治措施，作为重点防治地点。

3.2.12 抚顺老虎台矿顶底板移近速率对冲击地压进行预测

3.2.12.1 顶底板移近速率对冲击地压进行预测的理论依据

众所周知，煤样在单轴压缩实验条件下可以分为 5 个阶段（如图 3-46 所示，断裂速度的变化）煤样在单轴压缩条件下试件的裂隙首先被压缩闭合，称为闭合阶段；随着压力的增加，试件不产生裂隙只发生弹性变形，称为完全弹性阶段；随着压力的进一步增大，试件开始产生裂隙，但试件仍能够基本保持弹性特征，当试件开始逐步失去弹性变形进入了弹塑性变形并达到极限时，这时的压力值称为能量释放点；从断裂开始出现到能量释放点称为断裂稳定扩展阶段；随着试件承受压力的加大，到试件的极限强度值时，称为断裂不稳定扩展阶段。从极限强度到试件完全崩裂是在极高的速度下完成的，这一阶段称为断裂分岔与汇合阶段。

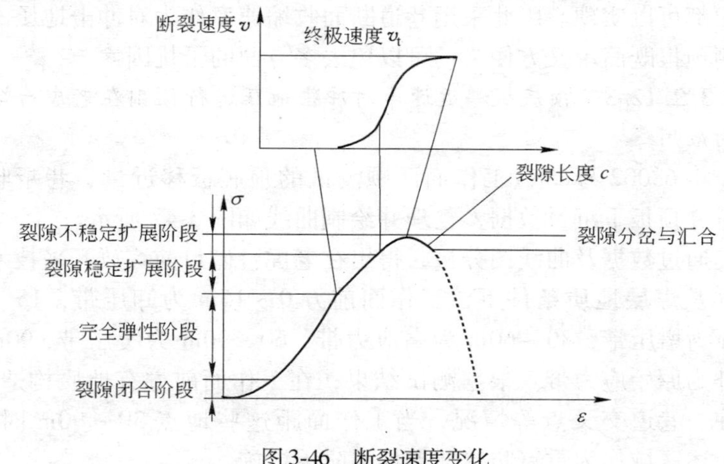

图 3-46 断裂速度变化

从煤试件的整个破坏过程看，煤样发生脆性破裂只有3个阶段：断裂稳定扩展阶段、断裂不稳定扩展阶段和断裂分岔与汇合阶段，在这3个阶段中断裂速度是从零开始逐步增大的，尤其在断裂不稳定扩展阶段断裂速度会明显增大，如果把断裂分岔与汇合阶段看做是冲击地压的发生，那么只要我们观测到煤体的断裂不稳定扩展阶段的断裂速度，那么就完全可以实现对冲击地压的预测预报。

3.2.12.2 顶底板移近速率对冲击地压进行预测的可行性分析

针对现场实际情况，知道巷道周围的煤体始终是处于高应力状态下的。在巷道形成过程中，巷道周围的煤体在原岩应力状态下，承受了原有巷道中的煤体应该承受的应力，有时临近巷道和临近采空区的应力也集中在其周围的煤体上，同时巷道的形成也触动了地质应力（构造应力）的重新分布，因此现场中巷道周围的岩（煤）体始终处于断裂稳定扩展以后的阶段，断裂形成必然会使巷道周围岩体的体积增大，而巷道就是岩体体积增大的唯一可以膨胀的空间，所以只要我们观测巷道断面的变化速率，那么就可以判断巷道周围岩体处于何种阶段了，进而实现对冲击地压的预测预报了。而对巷道断面收缩速率的观测，在现场任意断面都可以实现。因此采用巷道断面收缩速率作为对冲击地压的预测预报既简单又方便，还可以免去多方面的干扰因素。

3.2.12.3 顶底板移近速率对冲击地压进行预测在老虎台煤矿的应用

将68002号(东)工作面两顺测试的顶底板移近量、巷帮收缩量、顶板下沉量数据，整理并绘制曲线如图3-47所示。

通过数据及曲线图分析，得出在老虎台矿目前综放开采技术条件及煤层地质条件下，工作面前方0~15m为卸压带，15~30m为增压带，30~60m为高应力带，60~90m为缓压带，90m以外为原始应力带。根据测试结果，在工作面前方有地质构造、煤柱、巷道交叉点等情况，当工作面距这些地点30~90m时，将上述区域作为重点防治地点加强防治措施。

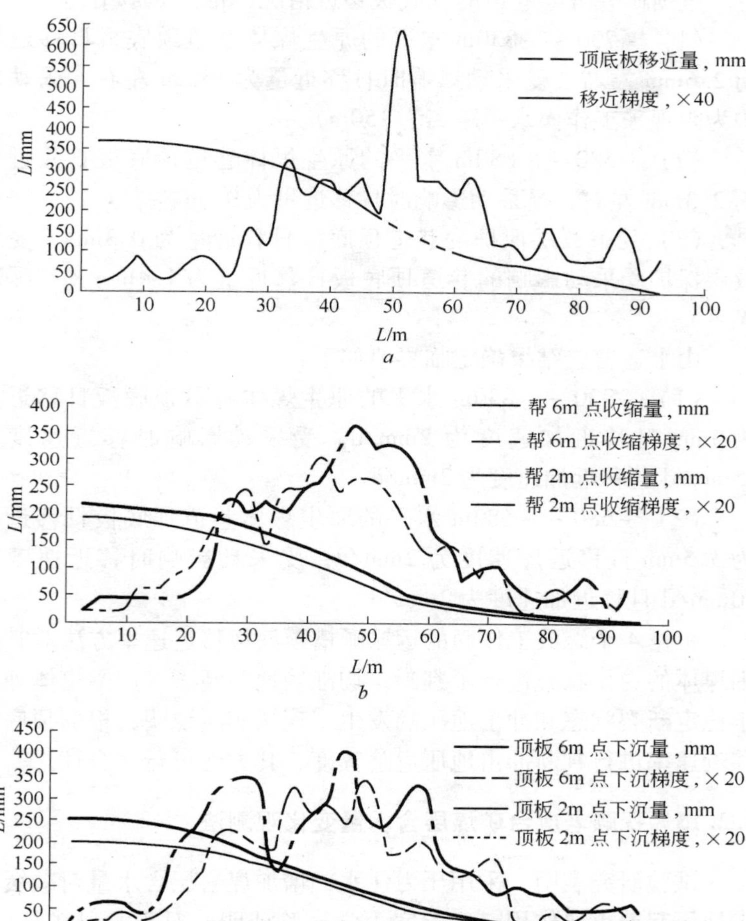

图 3-47　68002 号（东）工作面两顺测试数据

a—顶底板移近量—距工作面距离关系曲线；

b—巷帮收缩量—距工作面距离关系曲线；

c—顶板下沉量—距工作面距离关系曲线

根据矿井各类巷道的顶底板移近情况，得出如下结论：

（1）－730～－830m 水平的原生煤体巷道顶底板日移近量为 2.6mm 左右；受采动影响时日移近量为 13mm 左右（采动影响为距现采工作面水平距离为 150m）。

（2）－580～－680m 水平的原生煤体巷道顶底板日移近量为 2.3mm 左右；受采动影响时日移近量为 9mm 左右。

（3）受解放层保护的巷道顶底板日移近量为 0.3mm，受解放层保护受采动影响的巷道顶底板日移近量为 1.4mm（与深度无关）。

由上述普查结果确定临界值如下：

（1）－730～－830m 水平的原生煤体巷道顶底板日移近量为 3mm 且移近加速度为 2mm/d。受采动影响时移近速度为 15mm/d 且移近加速度为 2mm/d。

（2）－580～－680m 水平的原生煤体巷道顶底板日移近量为 3.5mm 且移近加速度为 2mm/d；受采动影响时移近速度为 20mm/d 且移近加速度为 2mm/d。

根据 4 个综放工作面的运输顺槽顶底板移近速率方法对其周围煤体的受压状态进行了判断，均准确地判断了其周围煤体处于不稳定断裂状态和冲击地压的发生。现场实测说明，根据顶底板移近速率进行判断冲击地压危险程度，其方法可行、合理。

3.2.13 抚顺老虎台矿煤层含水量变化观测法

试验研究表明，采用压力注水，增加煤岩层含水量对减缓冲击地压起着重要作用。实验室力学试验证明：对于龙凤矿煤样，浸水 15d 以后含水量均达到 4% 以上，煤的力学性质发生变化，变成无冲击倾向煤层，钻屑法实验室试验证明，浸水试件的含水量达到 3.9% 后，在 300t（轴向应力 31.2MPa）压力下，钻孔过程中没有发生冲击现象，钻屑量也明显减少。有限元计算进一步证明，由于含水量增加，降低了煤的弹性，增加了塑性，使煤层聚积弹性能的能力降低 20%～60%。对门头沟矿二槽煤样试验也表明，浸水时间超过一周以后，试样即达饱和状态。浸水前试样平均单轴抗压强度 σ_c 为 36MPa，弹性能指数 W_{ET} 为 9.65，属有强烈冲击倾向煤样。随浸水时间的延长，σ_c 和 W_{ET} 值下降，浸水 4 周后，σ_c 下降至 25MPa，W_{ET} 降至 3.2，变为弱冲击倾向煤样；浸水 7 周后，W_{ET} 已降至 2，煤样完全丧失冲击能力；天池煤矿对井下现场注水区和未注水区，分别进行围岩变形观测和水分检验，未注水区煤样平均含水率为 3.02%，注水区煤样为 3.84%。注水区煤层围岩变形速度或变形量比未注水区平均增加 10 倍左右；说明煤层含水量增加，煤层的变形能力增加，塑性增大。实测的煤层坚固性系数（普氏系数），未注水区为 2.05，注水区降至 1.64，下降 20%。龙凤矿的现场实测表明，煤层含水量达到 3.8% 以上，一般不会发出破坏性冲击地压。开采中凡是注水充分的采煤工作面，都能安全地采出全部煤炭。实测的最大钻屑量平均降低 20% 左右，峰值位置向煤壁深处转移。根据上述研究结果和现场试验应用情况，采用观测煤层含水量的变化来预测冲击地压危险是可行的。可以作为辅助手段配合使用。

观测是通过打眼取样、水分检验的方法进行。每推进两个循环取一次样，每次取样 3 块，经化验取平均水分，填入专用表格，作为综合判定冲击危险的依据之一。评判冲击危险的指标，应根据实验室试验和现场实测结果进行综合确定，对于龙凤矿，煤层含水量达到 3.8% 以上为无直接冲击危险，低于 3.8% 为有冲击危险。

3.2.14 岩芯“饼化”观测法

在高地应力区岩体中钻孔，岩芯会破坏成凹凸状的圆片（饼化）；如同对煤层钻孔一样，在高应力下钻孔，其钻屑量增多。因此，岩芯“饼化”成圆片的厚薄和多少是表征岩体应力状态的标志之一。在岩体力学中有人以发生“岩爆”和“岩芯饼化”的临界应力为界，区分高地应力和一般地应力。把地应力值超过该区岩石单轴抗剪强度 3 倍以上的称高地应力。在地应力测量中，高地应力区的地应力一般在 40 ~ 500MPa 以上，有的甚至高到目前的测量仪器无法量测。例如，瑞典在福斯马克核电站基地的地应力测量中，在深 370 ~ 500m 处测量的 11 个点中有 3 个测点地段因出现岩芯“饼化”现象而未能测出。在我国武汉岩土所于 1981 年在二滩核电站最早测得了岩芯“饼化”处的地应力，其值为 65MPa。用三维程序计算了 5 种不同水平地应力组合情况下，岩芯中残留的地应力，找出了最容易使岩芯饼化的地应力组合情况，分析了各种地应力组合状态岩芯破裂始点应力。认为由地应力作用使岩芯破裂成饼状的主要原因是主拉应力所致，破裂形式主要是拉断。但也不能忽视剪应力的作用。在岩芯外边缘处，拉应力和剪应力都相当大。所以说，岩芯是拉—剪破坏更符合实际。根据二滩坝区正长岩资料计算的岩芯断裂始点应力，较大水平地应力为 40MPa，较低水平地应力为 20MPa。

前苏联矿山测量研究院，对不同岩石在不同应力状态下的大型试块进行钻孔，完成了岩芯“饼化”的实验研究。当钻孔方位与最小应力（$\sigma_2 = \sigma_3$，侧压系数 $\lambda = 0.1 \sim 0.3$）方向一致时，可根据实验得到关系式，并以此来评价应力状态，并用于预测冲击地压。

$$\frac{t}{d} = f\left(\frac{\sigma_1}{\sigma_c}\right) \tag{3-17}$$

式中 t——岩芯断成的圆片的厚度；

d——岩芯直径；

σ_1——最大应力；

σ_c——岩芯岩石的单轴抗压强度。

当试验钻孔与最小应力方向一致时，评价应力状态，多数情况是 $\sigma_1 > \sigma_2 = \sigma_3$。例如，在砂岩中钻取的圆片（见图 3-48 中的曲线 3 或 3′），圆片厚度 t 与最大应力 σ_1 的关系是明显的。当比值 t/d 为 0.1 ~ 0.3 时，就能较可靠地确定 $\frac{\sigma_1}{\sigma_c} = 0.2 \sim 1.2$ 等各种强度的应力和冲击危险。当应力 σ_1 继续增大直到超过 $1.2\sigma_c$ 值时，钻孔岩芯开始出现不规则圆片，厚度很薄，断面很小。应力增至 $1.7\sim2\sigma_c$，在圆片断面缩小的同时，圆片厚度也在减小，最大的钻屑呈不规则花瓣状。随着应力 σ_1 继续增加（图 3-48 中的曲线 4）。当 $\sigma_1\geqslant1.7\sim2\sigma_c$ 时，钻屑量 V_m 开始超过正常钻屑量体积 V_H。当应力 $\sigma_1=(1.7\sim2)\sigma_c\sim3\sigma_c$ 时，在$\dfrac{\sigma_1}{\sigma_c}$与$\dfrac{V_m}{V_H}$之间呈近似的线性关系。当应力 σ_1 超过 $3\sim3.5\sigma_c$ 时，在砂岩中钻孔孔壁将呈剧烈的破坏。$\dfrac{V_m}{V_H}$与$\dfrac{\sigma_1}{\sigma_c}$之间一般有以下近似关系式：

$$\sigma_1 = \sigma_c(3.75 \sim 5.5e^{\frac{V_m^2}{V_H^2}}) \tag{3-18}$$

对于砂岩，在 $\lambda=0.1\sim0.3$，$\sigma_1=0.2\sim3.5\sigma_c$ 的范围内，可以用该法评价应力状态。

在铝矾土中钻孔时，$\dfrac{t}{d}$与$\dfrac{\sigma_1}{\sigma_c}$之间呈另一种状态(见图 3-48 中

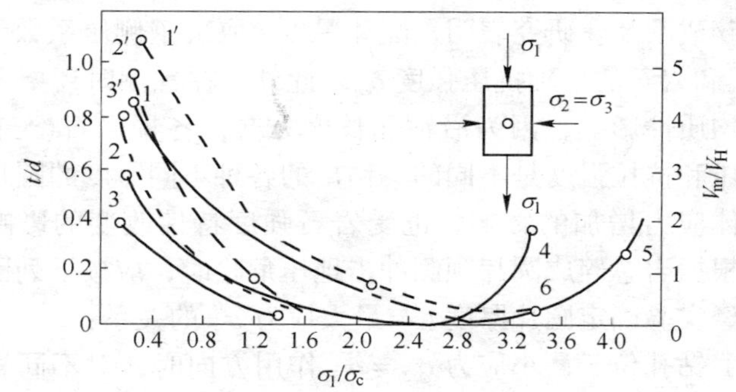

图 3-48 $\dfrac{t}{d}$和$\dfrac{\sigma_1}{\sigma_c}$对冲击地压的影响

钻孔方向与最小应力 $\sigma_1=\sigma_2$ 作用方向一致，在 $\sigma_2=\sigma_3=0.1\sim0.3\sigma_c$ 时钻孔岩芯碎成圆片的厚度 $t(t/d)$ 与 V_m/V_H 对最大应力 $\sigma_1(\sigma_1/\sigma_c)$的关系

1，2，3—对 $d=42$mm，大理石、铝矾土、砂岩；1′，2′，3′—对 $d=15$mm，大理石、铝矾土、砂岩；4，5，6—砂岩、铝矾土、大理石钻孔时，σ_1/σ_c 与 V_m/V_H 的关系

曲线 2 和 2′）。大理石岩芯，其 $t\left(\frac{t}{d}\right)$值离散性较小，处在较高的$\frac{\sigma_1}{\sigma_c}$比值时才产生圆片岩芯。从图 3-48 中可以看出，三种岩石的关系式$\frac{t}{d}=f\left(\frac{\sigma_1}{\sigma_c}\right)$有较大差异，因此，在对不同种类岩石作冲击危险预测时，必须根据实验确定圆片参数。根据确定的实验值$\frac{t}{d}$，参照钻孔钻出的圆片直径 d，就可确定岩体中的垂直应力 σ_1（见图 3-48）。例如，在砂岩中钻出的岩芯直径为 15mm，$\frac{t}{d}=0.25$，则相应的$\frac{\sigma_1}{\sigma_c}=0.7$。若 $\sigma_c=100\text{MPa}$，则 $\sigma_1=70\text{MPa}$。

大理石在静水压力条件下，即 $\sigma_1=\sigma_2=\sigma_3=160\text{MPa}\approx1.2\sigma_c$ 的高应力水平下，钻出的岩芯与无应力试样中钻出的岩芯一样。在单轴应力状态下，钻孔方向与应力 σ_1 方向一致时，岩芯也不碎成圆片。研究表明，圆片厚度 t 取决于侧压系数 λ、应力值 σ_1 和岩石的单轴抗压强度 σ_c。此外，在预测时还要考虑岩石的非均质性影响，因为沿钻孔长度方向，各种岩石（岩层）的单轴抗压和抗拉强度是不同的。钻出的各种不同厚度的圆片，不仅受岩体应力增加的影响，也受岩石强度特性改变的影响。所以，在根据岩芯碎成圆片预测冲击地压危险时，应按下列因素和条件，经实验确定圆片厚度 t 与最大应力 σ_1 的关系：

（1）钻孔位于最小应力 $\sigma_2=\sigma_3$ 作用方向时，对不同岩石在不同侧压系数 λ 和$\frac{\sigma_1}{\sigma_c}=(0.4\sim0.8)\sim(1.6\sim2)$的范围内进行试验确定。

（2）考虑钻孔方向和最大应力方向不同交角时，对圆片厚度影响的修正系数。

（3）考虑钻出的圆片厚度与岩石强度的非均质因素的影响。

试验研究认为，岩芯破坏成凹凸状的圆片，是有冲击倾向岩石应力状态和物理力学性质的综合特征，是冲击危险区岩石的固有性质。该法先在原民主德国被广泛用于预测岩石突出，后经前苏联马凯耶夫煤矿安全科学研究院完善并推广应用，我国目前尚在试验中。该法的实质是在钻孔取岩芯时，根据岩芯分裂成凹凸状圆片的特征来判定岩石的冲击危险。它不但可以确定有无冲击（突出）危险，而且可以判定冲击危险程度。具体做法是，沿巷道掘进方向打直径59～76mm的钻孔，根据1m长钻孔岩芯分裂成圆片的数量进行判定。其冲击危险指标是：

（1）1m岩芯有30～40个以上凹凸状圆片，属强烈冲击危险程度，突出岩石量可能大于500t。

（2）1m岩芯有20～30个圆片，并掺杂有带环状裂缝的长50～100mm的岩石圆柱体时，属中等冲击危险程度，突出岩石量可能为300～400t。

（3）钻出150～200mm以致更长的岩芯，其上有裂缝围绕，并掺杂着个别圆片，属弱冲击危险程度，岩石突出量可能达30～50t。

为了取得满意的岩芯材料，钻孔按以下方式布置：如果冲击危险岩石位于巷道全断面，则沿巷道中心打钻；若在巷道断面上有危险层又有非危险层，则在危险层中沿推进方向打钻；若不知道各分层的冲击危险性，则沿每个分层都打钻取芯。

岩芯“饼化”观测法，在前苏联顿巴斯的一些矿井掘进岩巷中用于预测冲击地压危险，在南非金属矿的采掘过程中也在应用。但根据一些文献介绍，此法用于评价冲击地压危险程度并没有取得好的结果。所以在具有冲击危险岩层中掘进巷道时，此法只能作为预测冲击危险的辅助手段。

3.2.15 其他冲击地压预测方法

3.2.15.1 冲击地压前兆现象观测法

根据冲击地压发生前的一般规律，可以观察到某些宏观前兆，并用于预测冲击危险。

A 岩体发生声响前兆现象

冲击地压发生前，岩体应力和变形将发生变化。特别是顶板岩层活动加剧，下沉量增加，支柱受压变形加大。在顶板活动方面，表现为断裂声加剧，能听到清脆的断裂声、采空区里的闷雷声；当响声逐渐增大加密，由清脆到沉闷时，可能预示着冲击危险。在煤体方面，表现为煤壁有片帮、炸帮现象。煤壁内有受压咕咕叫声，钻孔时，钻杆跳动剧烈，且易被卡住拔不出来。在支柱方面表现为支柱折断劈裂，柱帽和顶梁变形加剧。

B 放炮时前兆现象

采用爆破法掘进或采煤时，在通过或遇到冲击危险地带，将发生某些特殊现象，主要有：

(1) 爆破效率异常提高，炮眼利用率增加，残眼减少，甚至没有；

(2) 岩石的破碎程度加剧，崩落的单个岩块失去整体结构；

(3) 爆破后的岩壁上出现鳞片状痕迹，产生岩石分化或薄片。

3.2.15.2 微震仪监测法

我国不少冲击地区矿井都安装有微震仪。根据微震仪记录的资料可以按下列规律预测区域性冲击危险：

(1) 微震活动集中在某个方向上，且明显高于其他方向，则预示该方向有冲击危险；

(2) 微震活动在某方向比较频繁，而突然出现一段平静期，微震活动明显减少，则预示着该方向有较大冲击危险；

(3) 微震活动比较分散，不是集中于某个方向，而且微震活动时间间隔较长，则预示着近期内不会出现冲击地压危险。

微震仪监测法只能对某个方向或某个区域的冲击危险作出定性评价，准确性有限，只能作为辅助手段。

3.2.15.3 旋转管法

钻屑法可以从煤层钻孔引起的破裂效应，得出瞬时应力状态和可能的冲击危险。但受时间和空间限制，难以进行应力状态的长期监测。波兰、德国等国家采用旋管法可以对静止煤壁进行长期监测。旋转管包括一个低压聚合物管子，外径为25mm。测试时将旋转管放入钻好的测试孔内，并在孔底锚定，但可以旋转。安装和测试方法如图3-49*a*所示。该方法的原理是，在形成高应力的超前支撑压力区内，钻孔周围的煤体发生破裂过程中钻孔变形收缩或变窄，甚至闭合挤实。由于钻孔变形挤压，使旋转管卡紧。出现这种情况就预示有冲击危险。然后进行孔内探测，用探测杆测量卡紧的旋转管的剩余断面，如图3-49*b*所示。根据不同孔径和不同壁厚的旋转管确定的剩余断面标准值，进行冲击危险预测。该法如同钻屑法一样，简单易行。

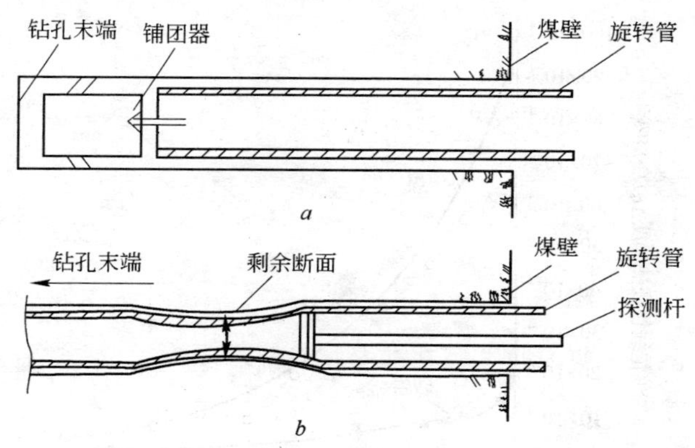

图3-49　旋转探测法

a—高应力区；*b*—不同壁厚旋转管

3.2.15.4　热力法

热力法的基础是单轴和多轴压缩试验中，应力与温度的变化关系。图3-50是砂岩试样在加卸载循环中应力与温度的变化曲线。由图中可见，随荷载的增加，岩石温度升高，卸载后，温度以一定的滞后时间返回到初始状态。温度的增量值取决于岩石的种类和施加荷载的速度。如图3-51所示。

在多数加载相当缓慢的情况下，岩石的温度升高。一般砂岩升高0.12℃，烟煤升高0.45℃。温度的测量可采用接触式（如

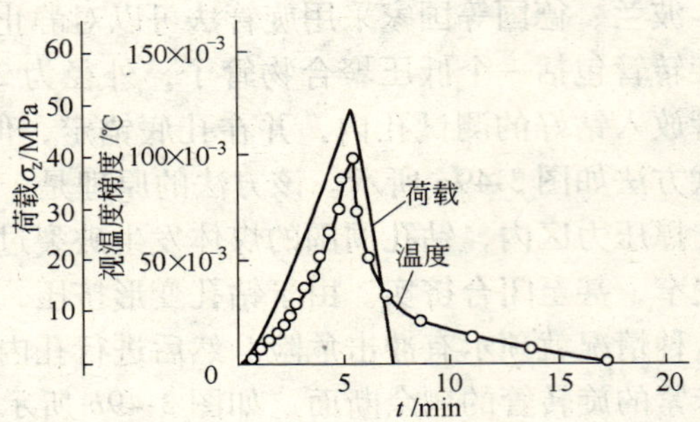

图 3-50　单轴压缩砂岩试样的温度变化过程

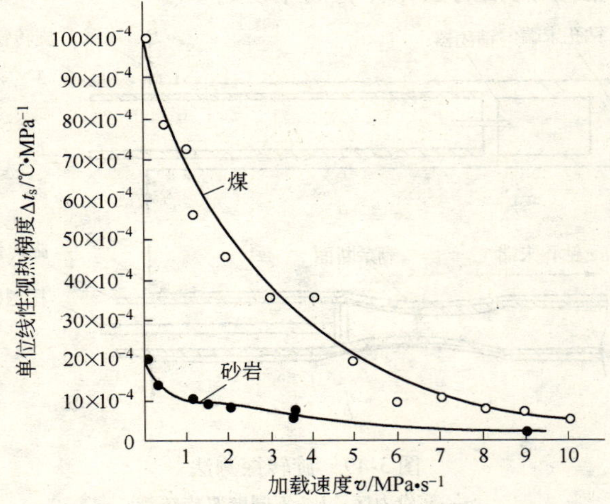

图 3-51　岩样单轴加载的速度对其温度增量的影响

热敏电阻）和非接触式（如红外线温度计，热扫描等）的方法。E. A. 耶尔柴尼诺夫等人在原苏联雅库茨基区的矿井内进行试验的结果表明，当岩体压力最大时，其温度升高约 1.4℃。在煤样三轴压缩条件下，温度的增量比单轴压缩条件下的增量大得多。据 A. 吉迪宾斯基的试验约升高 1.5～3.0℃。

烟煤在三轴压缩条件下循环加卸载时温度的变化情况如图 3-52 所示，图中同时注明了体积变形能量。由图可见，被压缩煤样的温度增量与体积变形能量成正比。因此，在煤岩体中温度明显增加是高应力状态的反映，这可被利用作为冲击危险性预测的依据。

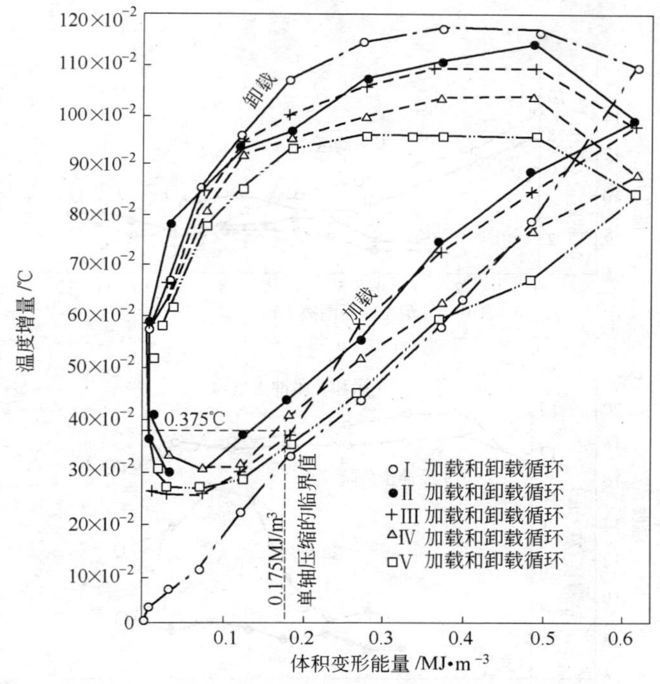

图 3-52 三轴循环压力时煤样温度的增量

前苏联沃尔古茨基煤田的冲击地压矿井，在具有冲击危险厚煤层中使用钻屑法的同时，在同一钻孔中借助温度传感器测定煤体温度，或用手持式红外线温度计测定煤体温度。他们对煤柱中的温度变化进行了长期观测，并用来评价冲击危险程度。例如，在中央矿井某工作面的采动区间和未采动区间打 12m 深钻孔，钻屑量未超过 3L/m，属Ⅲ级冲击危险。在这些钻孔中测温度，结果采动区和未采动区绝对温度差值为 1℃，如图 3-53a 所示，而在回风巷中打了两个测试钻孔，第一个钻孔确定为Ⅳ级冲击危险，第二个钻孔位于增压区中，确定的冲击危险等级为Ⅰ级和Ⅱ级。在两个钻孔中测量的温度却显示，在卸载区的温度比增压区的温度低2℃，正好相当于差两个冲击危险等级，如图3-53*b*所示。

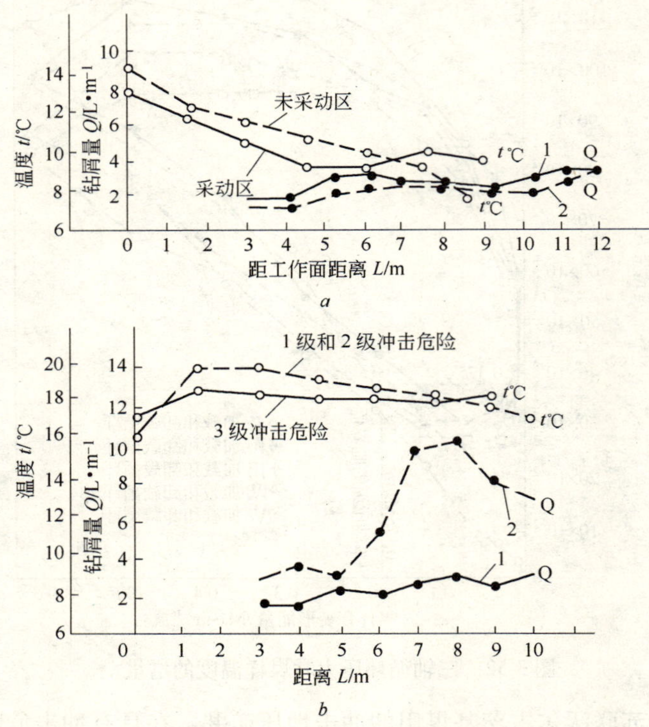

图3-53　在煤层试孔中测得的钻屑量和温度结果

a—回采工作面；*b*—平巷

实测结果表明，煤体温度变化反映了应力—变形状态变化，因此，可用于估计冲击危险程度。

3.2.15.5　电阻率探测法

煤岩体电阻率探测法是一种人工电场的方法，它以煤岩体导电能力的差异为基础，通过研究稳定电流场在岩体半无限空间的分布规律来探测煤岩体电阻率的变化。电阻率的变化反映了煤岩体的变形情况，并以此分析煤岩体的受力状态，评价其稳定性及冲击危险性。

煤岩体的电阻率主要与湿度、水溶液浓度与温度、煤岩体的结构及层理面分布等因素有关。在水文地质条件不变的情况下，岩体受力作用后，其节理、层理、孔隙等必然发生变化，相应电阻率也将发生变化。当煤岩体处于水饱和状态时，受压则使裂隙压密，含水量减少，湿度降低，则煤岩体的电阻率相应增加，若煤岩体发生张性变形成张裂时，裂隙将增多扩大，含水量增加；湿度增加，则煤岩体电阻率相应减少，在煤岩体处于非饱和水状态时，其电阻率变化情况恰恰与上述情况相反。因此，在进行煤岩体电阻率测量时，一定要调查清楚水文地质情况。

煤岩体电阻率的测量电路系统如图 3-54 所示。

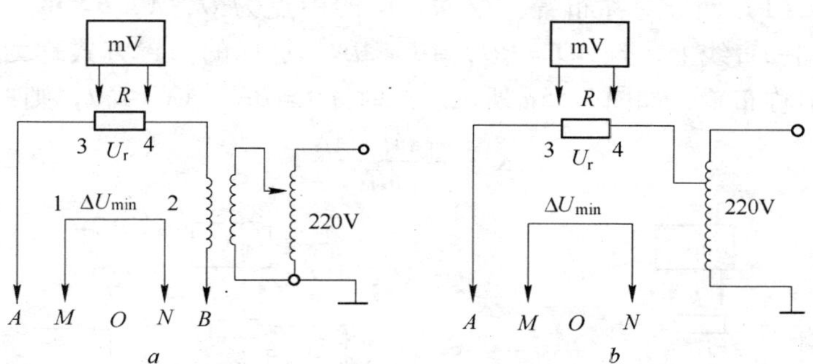

图 3-54　煤岩体电阻率测量电路系统

a—四极对称布置；*b*—三极布置

设在半无限岩体面一个点的电源为 A，其输出电流强度为 I，则 A 点以外任一点 M 处的电位 V_m 为：

$$V_m = \frac{I\rho}{2\pi AM} \tag{3-19}$$

在岩体表面设定 A、M、N、B 4 个点，O 为 AB 和 MN 的中点，半无限岩体面上的电阻率为 ρ，由 A、B 两点供电，通过的

电流为 I，若在同一岩体面上能测得 M、N 三点间电位差 ΔV_{mn} 就可以计算电阻 ρ。由上式可推导出：

$$\Delta V_{mn} = V_m - V_n = \frac{I\rho}{2\pi}\left(\frac{1}{A_M} - \frac{1}{B_M} - \frac{1}{A_N} + \frac{1}{B_N}\right) \tag{3-20}$$

其电阻率 ρ 为：

$$\rho = \frac{2\pi}{\frac{1}{A_M} - \frac{1}{B_M} - \frac{1}{A_N} + \frac{1}{B_N}} \cdot \frac{\nabla V_{mn}}{I} = K \cdot \frac{\nabla V_{mn}}{I} \tag{3-21}$$

式中　A_M，A_N——A 点至 M 和 N 的距离；

B_M，B_N——B 点至 M 和 N 的距离；

K——装置系数。

实际布设时，电极 A、B 和测点 M、N 的位置不同，其装置系数 K 也不同，通常有以下几种布置方式：

（1）四极对称布置：令 M、N 的中点为 O，A、B、M 、N 在同一直线上，且 $AO = BO$，$AB \gg MN$，这样的布置方式称为四极对称布置，如图 3-55a 所示。此时 $AM = BN$，$AN = BM$，则：

$$K = \frac{\pi AM \cdot AN}{MN} \tag{3-22}$$

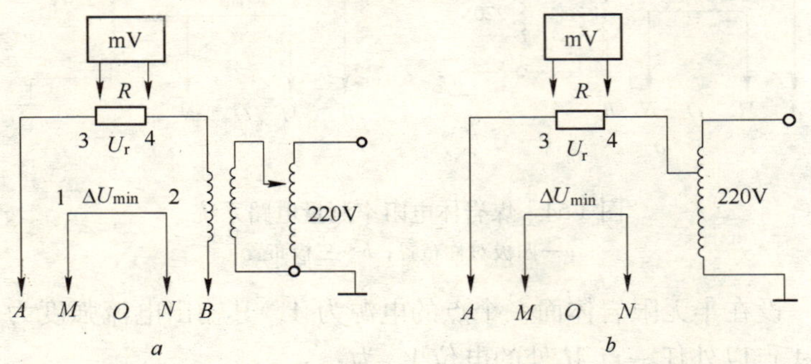

图 3-55　岩体电阻率测量电路系统

a—第 1 种方式；b—第 2 种方式

（2）三极布置：令 $BO \gg AO$，B 点在无穷远处，仅由 A 点供电，这种布置形式称三极布置，如图 3-55b 所示。此时 $BM = \infty$，

$BN=\infty$，则：

$$K=\frac{2\pi AM\cdot AN}{MN}$$

（3）二极布置：令 B、N 均放在无穷远处，这种布置形式称为二极布置。此时 $AN=\infty$，$BM=\infty$，$BN=\infty$，则：

$$K=2\pi AM$$

测电阻率的工作方式有以下几种：

（1）电探测法。MN 不动，A、B 由小到大，AB 越长，影响电阻率 ρ 的岩体范围越大。

（2）电剖面法。A、B、M、N 各点相对位置不变，仅改变测点的位置。

（3）电测井。当将电极装置放在孔内测量时，$AO\gg d$（d 为钻孔直径），可认为电极 B 处于无穷远，这种方法称为电测井法。这时三极装置称为梯度装置，二极装置称为电位装置。

前苏联舒拉布煤田某一工作面电阻率测量结果如图 3-56 所示，为了对比，图中还给出了水分和支撑压力分布曲线。由图中可见，应力高的地方水分低，电阻率也低；应力小的地方水分和电阻率均较高。

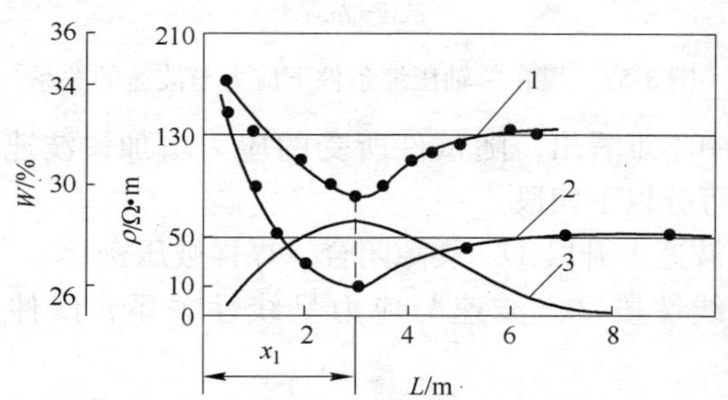

图 3-56　煤的天然水分、电阻率和支柱荷载的分布规律

1—水分；2—电阻率；3—支柱荷载分布

3.2.15.6　锤击波速法

介质受到动荷载的瞬间冲击，产生动应力，引起动应变，冲

击以波动形式向震源外传播。介质中弹性波的传播速度与介质的密度和力学参数密切相关。煤体中弹性波的传播特征是煤体形态的综合反映。用锤击波速法测得的直接参数是弹性波波速沿距离的分布，再通过波速与应力的关系推断煤体中的应力集中情况，从而对冲击危险进行评价。因此，波速与应力的关系是锤击波速法的技术基础。

试验证明，有些煤样波速与应力存在着明显的对应关系，即波速对应力的反应是一个敏感的指标。某研究所在单轴压缩条件下获得的应力与波速的关系如图 3-57 所示。

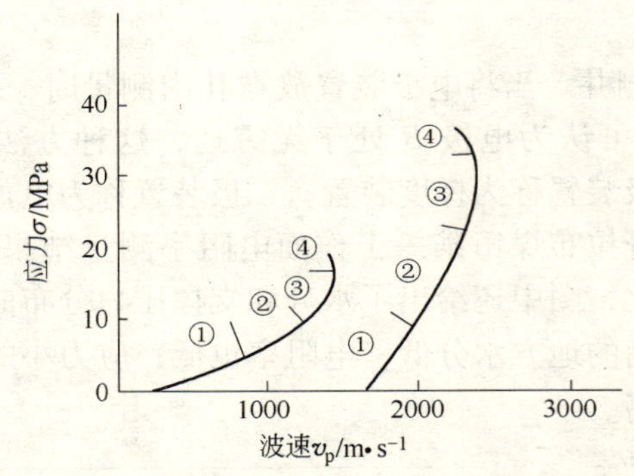

图 3-57　煤在单轴压缩条件下应力与波速的关系

由图中不难看出，随试件所受的应力增加，波速也相应增加。曲线可分以下四段：

（1）波速上升段①。裂隙闭合，煤样被压密；

（2）线性段②。波速与应力呈线性关系，试件呈较好的弹性；

（3）波速稳定段③。试件产生裂纹并稳定扩展；

（4）波速下降段④。此时裂纹开始分叉并迅速汇合，最终导致脆性破坏。

锤击波速法的工作原理如图 3-58 所示。

主要是利用了弹性波传播的临界入射现象，利用在深层介质

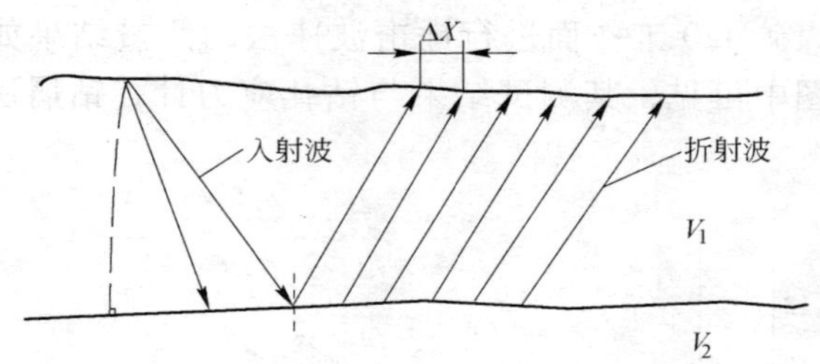

图 3-58　锤击波速法的工作原理示意图

中产生的滑行波测得走时数据。井下煤体开挖后，在巷道的周边形成破碎带，其波速较低；再深一点属应力升高带，其波速较高；更深的地方为原岩应力区，其波速为未扰动的原岩正常波速。由此可见，在工作面顺槽煤体内波速的“分层”特点满足产生滑行波的物理条件，即深层介质的波速大于表层介质的波速。测试时，首先由锤击或放炮激发弹性波，在第一个接收点得到走时 t_1，第二个接收点得到走时 t_2，则 P 波（纵波）传播速度 v_p 为：

$$v_p = \Delta x/(t_2 - t_1) \tag{3-23}$$

依次测得测线长度内各 Δx 段的 v_p，最后得到 v_p-L 曲线。锤击波速法的测量仪器类似于地震勘探采用的工程地震仪，所提供的基本参量是弹性波波形图。但在煤矿井下使用时，必须选用本安型仪器。锤击波速法的测试系统示意图如图 3-59 所示。

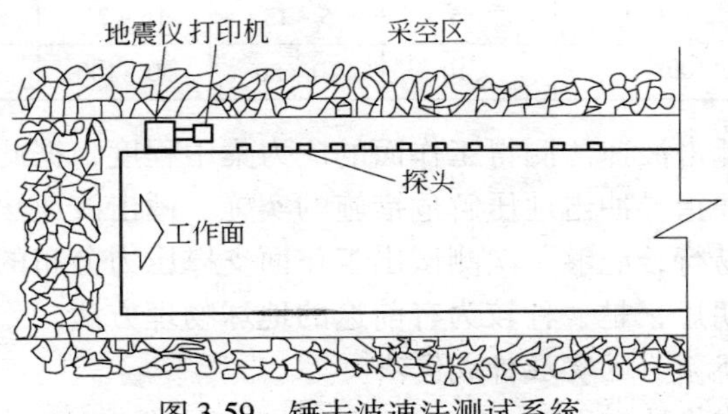

图 3-59　锤击波速法测试系统

陶庄煤矿 420 工作面进行锤击波速法的测量结果如图 3-60 所示。由图中可见，其测试结果与钻孔应力计、钻屑法的结果吻合。

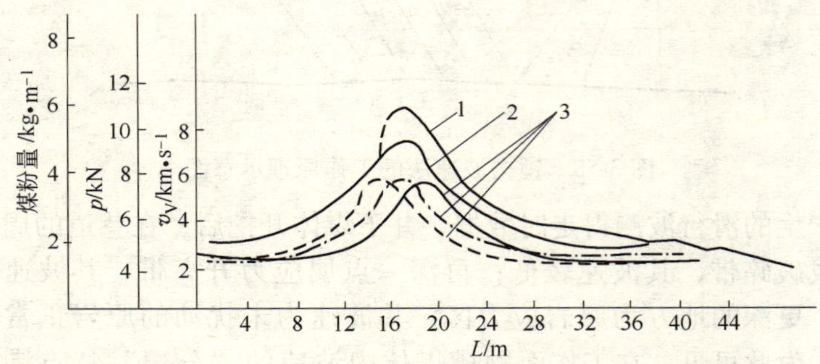

图 3-60　锤击波速法的测量结果

工作面实测结果对比（陶庄矿 420 工作面）

1—钻孔应力计测试结果；2—钻屑法测试结果；

3—锤击波速法三次测试结果

波兰斯左姆比尔基矿的测试结果如图 3-61 所示。波兰采矿研究总院还通过多次试验总结出了利用锤击波速法所测得结果与应力集中的互算关系，见表 3-19。表中 v_0 是原岩应力区弹性波波速；v_m 是锤击波速法测得波速；ΔP 是应力增量；P_0 是原岩应力。

表 3-19　波速增量与应力增量对应关系

$(v_m - v_V)/v_0 \times 100\%$	<5	5~15	15~25	>25
$\Delta P/P_0 \times 100\%$	<10	10~50	50~100	>100

采用锤击波速法测得工作面的应力集中程度，据此预测冲击的危险性并指导冲击地压解危措施的实施。锤击波速法的突出优点是简单易行，能够一次测试出工作面支撑压力分布的全貌，取得数据周期短，是一种较为有前途的地球物理方法。

3.2.15.7　地震层析成像法

层析成像法在医学上称为 CT（Computer Tomography）。这种

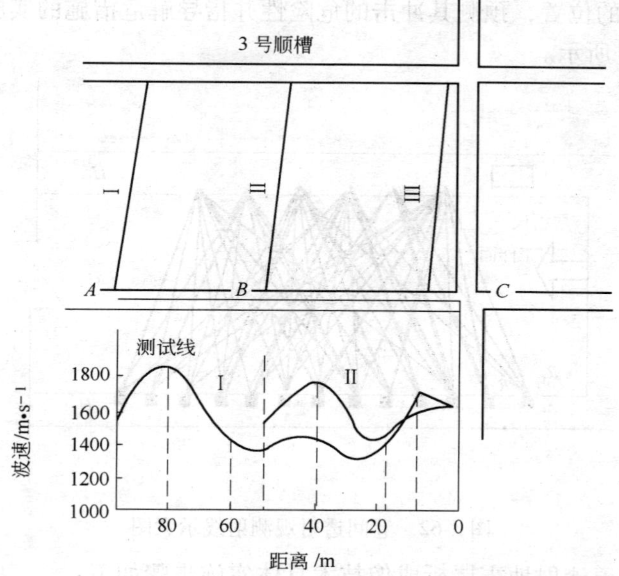

图 3-61　波兰斯左姆比尔基矿锤击波速法测量结果

特殊的计算机技术是根据在物体外部测得的数据，依照一定的物理和数学关系反演物体内部物理量的分布，最后以图像的形式表现。这就是说，人们可以在非破坏性的条件下通过测定不同方向入射的射线的走时、衰减或阻抗值，即待测物体中慢度（波速倒数)、吸收或密度对射线路径的线积分（称为投影函数)，即可利用 CT 技术重现物体内部在观测平面内慢度、吸收或密度的二维分布图像。

CT 技术在地学领域的应用称为地震层析成像。近些年来地震层析成像在地学上的应用主要是在探矿、裂隙探测、震源机制、地质构造探测、热田结构测定等方面。利用地震波和电磁波的层析成像方法在煤矿应用最为普遍。

地震层析成像方法技术基础与上面介绍的锤击波速法一样，即弹性波速度与应力的关系。依据地震层析成像所获得的结果评价煤岩体的应力集中情况，圈定应力集中区的位置以及煤岩体中构造区的位置，预测其冲击的危险性并指导解危措施的实施。如图 3-62 所示。

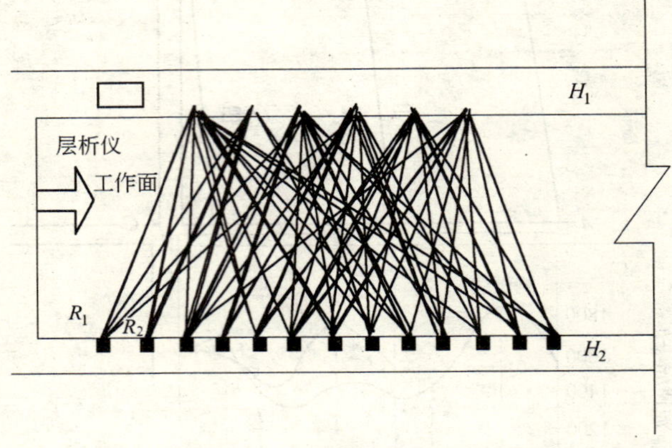

图 3-62　巷间透射观测射线示意图

巷道透射地震层析成像技术具体实施步骤如下：

（1）在巷道 H_1 内布置发射源（放炮或锤击），当巷道 H_1 和 H_2 间距较远时，采用放炮作为激发源。距离较近时，可用锤击作为激发源。在巷道 H_2 内布置地震波的接收传感器，其间距可为 1～10m，用多通道地震记录仪记录震动波形，从波形图上确定震动波从发射源到接收传感器的旅行时间。

（2）改变发射源的位置，例如偏移 1～10m 重复上述各项工作。

（3）改变接收传感器的位置，重复上述两项工作，直到所有发射—接收对的连续连线覆盖待测区域。

（4）将所测得走时数据和发射源与接收传感器的排列位置数据输入计算机，利用图像重建方法进行反演迭代得到反演结果，然后进行滤噪声显示或绘制图像。

地震层析成像反演 PAD 框架如图 3-63 所示。

某研究所进行现场试验的测量结果如图 3-64 所示，图中数据为慢度值（波速的倒数）。他们在所研究的地震层析成像软件

(1) 从地震记录拾取弹性波初到时

(2) 建立原始数据记录：激发源位置、接收传感器位置、到时

(3) 确定初始波速场分布模型

(4) 计算理论走时

(5) 介质慢度场修正

(6) 理论走时与观测到时比较，若满足给定精度输出结果，否则转向步骤 (4)

(7) 输出介质波速场 (或慢度场) 灰度图或等值线图

结束

图 3-63 地震层析成像技术反演 PAD

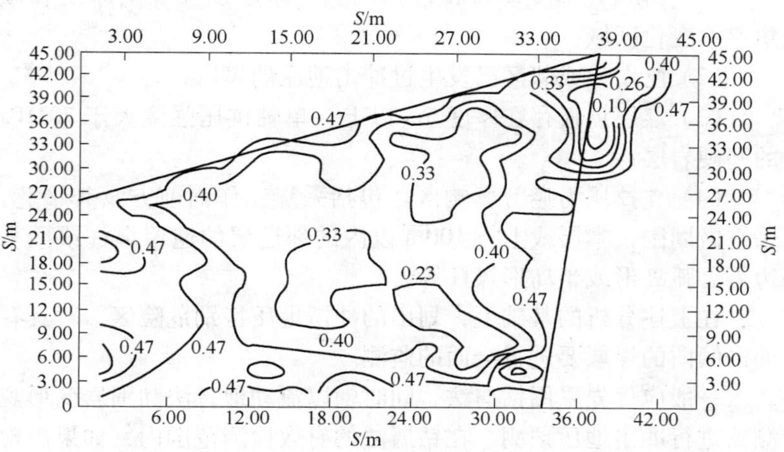

图 3-64 门头沟某矿工作面波慢场反演计算结果

中考虑了射线的弯曲，从而使层析成像的精度大大提高。这一次试验所取得的结果同时也被现场多种矿压观测方法的结果所证实。

从上面几个地震层析成像法的应用实例可以看出，它具有测量范围大，信息量丰富、结果直观可靠的特点，能够满足定量化动态监测的要求。地震层析成像方法不仅可以给出监测区内以波速变化

反映应力变化的图像，同时也可用于煤岩体完整性、构造区探测、岩体稳定性探测等各种领域。随这项技术的不断发展完善，必将在解决生产实际问题方面取得较好的经济效益和社会效益。

3.2.16 综合预测方法

由于冲击地压的随机性和突发性，以及破坏形式的多样性，使得冲击地压的预测工作变得极为困难，单凭一种方法往往不能准确预测冲击危险，应该根据具体情况。在分析地质条件和生产技术条件的基础上，采用多种方法进行综合预测预报。

通常首先分析地质和生产条件，评价是否属于冲击地压特别危险区：

(1) 地质构造变动带，包括向斜、断层以及煤层厚度和倾角突然变化区域；

(2) 已发生或邻区已发生过冲击地压的煤层；

(3) 煤层顶板存在厚度5m以上，单轴抗压强度大于70MPa的坚硬岩层；

(4) 支撑压力显著影响区。包括采煤工作面前方及其平巷，采空区周围，本层或上方100m以内的邻近层的遗留煤柱或回采边界，弧岛形或半岛形煤柱等。

在上述分析的基础上，划出的冲击地压特别危险区，对具有冲击倾向的煤层要进行全面的监测。

一般应优先采用钻屑法，同时辅以流动地音法和围岩变形观测法进行冲击地压预测。在钻屑法的有效检测范围内，如果出现危险钻屑量，而且地音指标出现先高后低，进入“平静期”，围岩变形出现异常，则预示有较大的冲击危险。如果钻屑量不多，而地音指标很高，围岩变形增加，则表明煤体破裂发生在煤壁较远处，目前尚不存在冲击危险，但可能发生冒顶。如果钻屑量不多，地音指标也很低，围岩变形也无异常变化，则表明是安全的。例如龙凤矿把钻屑法、煤层含水量变化观测法和动态仪—地音仪观测法配套，进行冲击地压危险综合预测，表3-20为其中一次预测结果，以指导生产。

表 3-20　龙凤矿冲击地压检测结果

<table>
<tr><td rowspan="2">日期</td><td colspan="3">钻屑法</td><td colspan="2">含水量变化观测</td><td colspan="4">动态仪—地音仪观测</td><td rowspan="2">综合判定危险等级</td><td rowspan="2">建议采取的解危措施</td></tr>
<tr><td>最大钻屑量 /kg·m⁻¹</td><td>峰值位置 l /m</td><td>评定危险程度</td><td>煤层含水量 /%</td><td>评定危险程度</td><td>顶板下沉速度变化</td><td>地音大事件数 N</td><td>地音能率 E</td><td>评定危险程度</td></tr>
<tr><td>3月20日</td><td>6.6</td><td>4</td><td>Ⅱ</td><td>3.1</td><td>危险</td><td>急减</td><td>增大</td><td>增大</td><td>危险</td><td>Ⅱ级严重危险</td><td>卸压爆破加强支护</td></tr>
<tr><td colspan="12">报送：矿长、总工程师、生产科　　签字：</td></tr>
</table>

已具备地音和微震监测系统的矿井，应采用钻屑法、地音和微震系统监测法进行综合预测预报。用微震法监测全矿井的冲击地压趋势，在特别危险区段用地音监测和钻屑法进行重点检测，必要时辅以围岩变形观测。每种预测方法单独进行冲击危险评定，以评定的最高级别作为该区段的危险级别。我国门头沟矿、陶庄矿等都采取综合预测方法，并制定了相应的实施要点和冲击危险判别指标。波兰、前苏联等国也采用了综合预测方法。

在进行综合预测时，没有必要同时采用所有的预测方法，应该根据具体条件，采用几个简单可靠、行之有效的预测方法进行综合预测。当然，在针对某一矿井或某一煤层，开始进行冲击地压防治研究时，应用尽可能多的手段进行预测，以积累经验，探索规律，对各种手段预测结果互相验证，以优选几项适合本矿实际的、行之有效的冲击地压预测方法。

3.3　各类型冲击地压的理论解析与判据确定方法

3.3.1　煤柱冲击地压理论解析与判据确定方法

3.3.1.1　煤柱冲击地压发生机理

在煤炭开采中煤柱的作用十分重要。煤柱冲击地压现象时有发生，对煤柱冲击地压的研究具有十分重要的意义。煤柱具有应变（变形）软化性质是冲击地压发生的前提。随着工作面的推进，煤柱间跨距 L 增大，梁的刚度降低。同时梁的变形增大，煤柱承受的压力也增大。当煤柱承受的应力达到峰值强度后，煤柱的力学性质发生了显著变化，其抵抗变形能力随变形增加而减小，呈现应变软化现象。应变软化性质越强，煤柱的软化刚度越大，梁的刚度越小，越易产生冲击地压。进入应变软化区后，若梁的刚度大于煤柱的软化刚度，此时变形力学系统是稳定的，煤柱的破坏过程也是稳定的；若梁的刚度不大于煤柱的软化刚度，变形力学系统是非稳定的，即使停止加载也不能保持稳定的平衡，在外界微小扰动下失稳而发生迅速猛烈的破坏即冲击地压。

岩石（包括煤）的极限强度后特性可以分成两类。第一类属破裂稳定传播特性，在试件最大承载能力被超过以后，外力仍需做功以使试件进一步破坏，使其承载能力进一步降低；第二类属破裂非传播特性。在一般煤岩系统中，当顶底板均为坚硬岩层时，煤体为没有冲击倾向性的较软煤层时，尽管煤层受到上覆岩层压力，由于其自身具有对顶板的卸压作用，顶板中大量弹性能足以在煤体内部裂隙中得到完全释放，不会引发灾害性冲击地压的发生。而当煤层为弧岛煤柱时，尽管煤层较软，在推采速度较快或顶板瞬时加载的情况下，煤柱上方坚硬顶板积聚的大量弹性能足以引起煤柱因压实或没有来得及压实就已经处于高应力状态。煤岩体内依然积聚大量弹性能，故具有发生冲击地压的可能性。同理，当顶底板、煤层均坚硬时，弧岛煤柱发生冲击危险程度更大。因此，可以认为，弧岛煤柱本身比一般煤层更具有发生冲击地压的危险。

3.3.1.2　煤柱冲击地压分析

煤柱自由面比较多，边界限制条件较少，加之上覆岩层传递过来的压力比较大、比较多，很容易造成煤岩层间因摩擦阻力不够而产生滑移，进而造成煤岩系统加速失稳，导致冲击地压的发生。鉴于以上分析，考虑到这些影响因素以及煤柱所具有的固有属性及力学特点，潘一山教授等学者建立煤柱冲击地压模型。在房柱式或刀柱式采煤及工作面残留煤柱时，常常发生煤柱冲击地压，把顶板看做是弹性的，简化成如下的力学模型。煤柱冲击地压分析的力学模型如图 3-65 所示。设顶板压力为 p_d，煤柱所承受的荷载为 p_m，在平衡状态下有：

$$p_d = p_m \tag{3-24}$$

顶板看成是弹性的则有：

$$p_d = k_d u_d \tag{3-25}$$

式中 k_d——顶板刚度；

u_d——顶板变形量。

设 a 为顶板总的下沉量，u 为煤柱变形量，则有：

$$u_d = a - u \tag{3-26}$$

图 3-66 所示为采用下式来描述煤的本构关系。

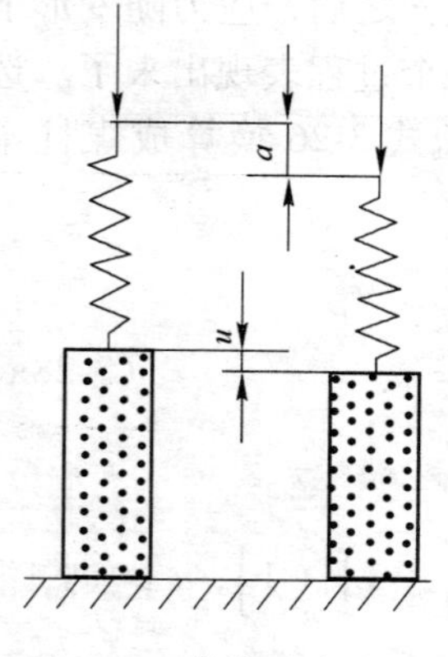

图 3-65 煤柱冲击地压分析的力学模型

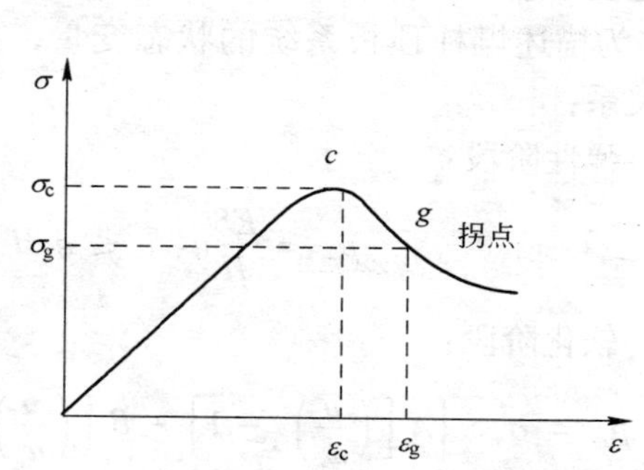

图 3-66 煤的本构关系

弹性阶段：

$$\frac{\sigma}{\sigma_c} = \frac{\varepsilon}{\varepsilon_c},\ \frac{\sigma}{\varepsilon_c} = E,\ \varepsilon \leqslant \varepsilon_c \tag{3-27a}$$

软化阶段：

$$\frac{\sigma}{\sigma_c} = A\left[\left(\frac{\varepsilon}{\varepsilon_c}\right)^3 - 1\right] + B\left[\left(\frac{\varepsilon}{\varepsilon_c}\right)^3 - 1\right] + 1,\ \varepsilon \geqslant \varepsilon_c \tag{3-27b}$$

式中:

$$A = \frac{1-n}{(m-1)(2m^2-2m-1)} \geqslant 0,\ B = -3Am \leqslant 0$$

$$m = \frac{\varepsilon_g}{\varepsilon_c},\ n = \frac{\sigma_g}{\sigma_c}$$

式中 σ_c, ε_c——分别是峰值应力及对应的应变;

σ_g, ε_g——分别是峰值后曲线拐点处应力及对应的应变。

实验表明, m 一般在 1~1.5, n 一般在 0.5~1.0。上面三次函数表达式把实际煤岩峰值后期应力随变形下降速度的变化——即在刚超过峰值附近, 应力随变形下降的速度是不断增加的, 曲线是凸的, 之后达到极大值; 拐点 g 之后, 应力随变形下降速度不断减小, 曲线是凹的——这样一个过程表现出来了。选 u 作为描述煤柱顶板系统的状态变量, 把式 3-26 换算成煤柱本构关系:

弹性阶段:

$$p_m = \frac{ES}{H}u,\ u \leqslant \varepsilon_c H = u_c \tag{3-28a}$$

软化阶段:

$$p_m = \sigma_c S\left\{A\left[\left(\frac{u}{u_c}\right)^3 - 1\right] + B\left[\left(\frac{u}{u_c}\right)^3 - 1\right] + 1\right\},\ u \geqslant u_c \tag{3-28b}$$

式中 S——煤柱面积;

H——煤柱高度。

煤柱顶底板总势能:

$$\Pi = \int_0^u p_m \mathrm{d}u + \frac{1}{2}k_d u_d^2$$

将式 3-25 及式 3-27 代入并积分得

$$\Pi = \frac{1ES}{2H}u_c^2 + \sigma_c S\left[\frac{3}{4}Au_c + \frac{2}{3}Bu_c - u_c\right]$$

$$+ \sigma_c S\left\{A\left(\frac{1u^4}{4u_c^3} - u\right) + B\left(\frac{1u^3}{3u_c^2} - u\right) + u\right\} + \frac{1}{2}k_d(a-u)^2$$

可见总势能是状态变量 u 的函数，对 u 求导得：

$$\Pi''(u) = \frac{3\sigma_c SA}{u_c^3}u^2 + \frac{2\sigma_c SB}{u_c^2}u + k_d \tag{3-29}$$

设 K_s^g 是煤柱在其本构曲线后期拐点处刚度，则：

$$K_s^g = \frac{dp_m}{du}\bigg| = -\frac{3Am^2ES}{H} \tag{3-30}$$

令刚度比：

$$K = \frac{k_d}{|k_s^g|} = -\frac{k_d}{k_s^g} \tag{3-31}$$

利用式 3-31 把式 3-29 无量纲化写成：

$$\Pi''_0(u) = \frac{\Pi''(u)}{3\sigma_c SA} = \left(\frac{u}{u_c} - 1\right)^2 + (k-1) \tag{3-32}$$

式中　u_c——拐点处煤柱对应的变形量。

将方程式 3-32 绘成图 3-67。

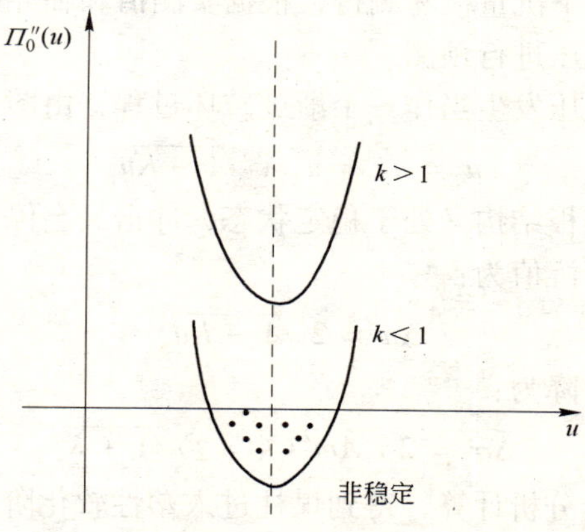

图 3-67　总势能随 u 的变化

根据式 3-27 的判别准则，当 $k \geqslant 1$ 时，$\Pi''_0(u)$ 恒大于零，不可能发生失稳，所以煤柱结构失稳的必要条件：

$$k \leqslant 1 \tag{3-33}$$

刚度比小于 1，即煤柱后期刚度的绝对值大于顶板刚度，这样才能使 $\Pi''_0(u) \leqslant 0$，即势能取极大值成为可能，当顶板下沉量 u 较小时 $\Pi''_0(u) \geqslant 0$，顶板煤柱系统仍处于稳定平衡状态，当顶板下沉量达到：

$$u = u_1 = u_g - \sqrt{1 - K}u_g \tag{3-34}$$

此时 $\Pi''_0(u) = 0$，系统处于稳定，非稳定临界状态，遇到扰动将发生冲击地压。

由式 3-33 知，只有刚度比不大于 1 才可能发生冲击地压，这只有在煤岩柱进入软化变形阶段，斜率变陡、刚度增大的情况下才可能满足。因此，煤柱具有应变(变形)软化性质是冲击地压发生的前提。煤峰值强度后期的力学性质对冲击地压影响极大。如果不满足刚度条件，顶板下沉变形再大也不会发生冲击地压。同时仅满足煤柱刚度条件也是不够的，只有顶板下沉量达到临界值时，才能发生冲击地压。式 3-34 给出了发生冲击地压的临界顶板下沉量，这为实际煤柱冲击地压的预测提供了方便。因为在现场顶板下沉量极易测得，根据实测值和临界值比较，即可对煤柱冲击地压进行预测。

把冲击地压发生当作一个渐进破坏过程，由图 3-67 可见：

$$u = u_2 = u_g + \sqrt{1 - K}u_g \tag{3-35}$$

煤柱顶底板结构又处于稳定状态，冲击又会停下来，失稳前后顶板跳跃下沉值为：

$$\Delta u = 2\sqrt{1 - K}u_g \tag{3-36}$$

煤柱应力降为：

$$\Delta\sigma = 2\sigma_c Am^2(K + 2)\sqrt{1 + K} \tag{3-37}$$

通过以上分析计算，得到煤柱进入塑性软化阶段后的变形和应力分布规律。当采空区跨度和外部荷载达到一定值时，煤柱处于临界状态。在外部扰动影响下，煤柱失稳，向采空区方向涌出，产生冲击地压现象。

3.3.2 采煤工作面冲击地压解析分析

3.3.2.1 用突变理论分析采煤工作面系统

A 采掘工作面发生冲击地压的力学模型

煤矿采掘工作面附近煤层边缘应力分布见图 3-68，其中 A、B 区域为破坏带或弹塑性变形占优势地带；C 区域为弹性变形带。因此，为了运用突变理论研究煤层冲击地压的失稳过程，建立如图 3-69 所示的由顶板、煤层弹塑性变形带和弹性变形带构成的力学模型。设顶板压力为 p_d，刚度为 k_t，变形量为 u_d，弹性区的压力为 p_t，刚度为 k_t，煤层弹塑性区的压力为 p_s。根据力的平衡有 $p_d = p_t + p_s$，顶板总下沉量为 a，煤层的变形量为 u，则 $u_d = a - u$。

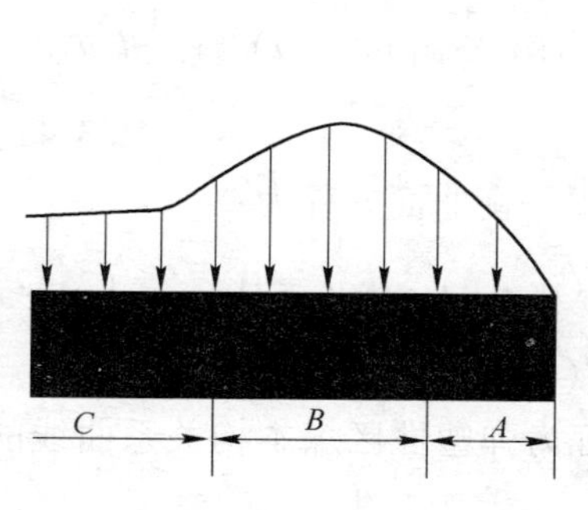

图 3-68 煤层边缘应力分布

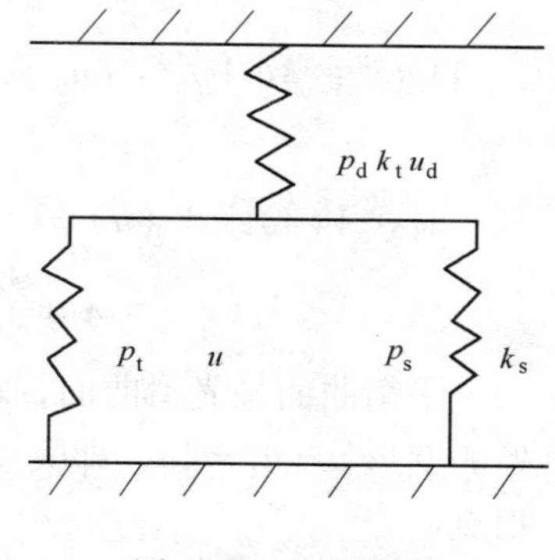

图 3-69 力学模型

因弹塑性区的煤具有应变软化特性，本构关系为：

$$\sigma = E\varepsilon e^{\frac{\varepsilon}{\varepsilon_0}} \tag{3-38}$$

式中 E——初始弹模；

ε_0——峰值应力所对应的应变。

设煤层弹塑性区的宽度为 B，煤层厚度为 H，沿煤层倾斜方向取单位长度来考虑，则式 3-38 可表示为荷载 p_s 与变形 u 的关系：

$$p_s = \lambda u e^{-\frac{u}{u_0}} \tag{3-39}$$

式中 λ——煤的初始刚度，$\lambda = \frac{EB}{H}$；

u_0——峰值应变所对应的顶板下沉量。

对式 3-39 求导：$\frac{d^2 p_s}{du^2} = 0$，可以确定弹塑性区压力与变形曲线的拐点，其变形量为 $u = u_1 = 2u_0$，其斜率为 $\lambda_1 = -\lambda e^{-2}$。

B 采掘工作面发生冲击地压的尖点突变模型

通过以上建立的力学模型，则系统的总势能函数为：

$$V(u) = \int_0^u \lambda u e^{-\frac{u}{u_0}} du + \frac{1}{2}k_d (a-u)^2 + \frac{1}{2}k_t u^2 \tag{3-40}$$

将上式积分后得：

$$V(u) = \lambda u_0 [u_0 - (u_0 + u) e^{-\frac{u}{u_0}}] + \frac{1}{2}k_d (a-u)^2 + \frac{1}{2}k_t u^2 \tag{3-41}$$

对式 $V(u)$ 求 $V'(u) = 0$，可得平衡曲面方程为：

$$V'(u) = \lambda u e^{\frac{\Delta u}{u_0}} - k_d (a-u) + k_t u = 0 \tag{3-42}$$

平衡曲面是光滑曲面，求 $V'''(u) = 0$ 时，可得平衡曲面尖点处的变形 $u = u_1 = 2u$，即尖点恰好为弹塑性区煤本构关系曲线的拐点。

将平衡曲面式 3-42 相对于尖点处状态变量值 $u = u_1$，作 Taylor 公式展开，截取至 3 次项，可将平衡曲面转化为：

$$\frac{3}{2}\left(1 - \frac{k_d}{\lambda e^{-2}} \frac{a-u_1}{u_1} + \frac{k_1}{\lambda e^{-2}}\right) + \frac{3}{2}\left(\frac{k_d + k_t}{\lambda e^{-2}} - 1\right) \left(\frac{u-u_1}{u_1}\right) + \left(\frac{u-u_1}{u_1}\right)^3 = 0 \tag{3-43}$$

将式 3-43 作变量代换，得到尖点突变理论标准形式的平衡曲面为：

$$x^3 + px + q = 0 \tag{3-44}$$

式中

$$x = \frac{u - u_1}{u_1} \tag{3-45}$$

$$p = \frac{3}{2}\left(\frac{k_d + k_t}{\lambda_1} - 1\right) = \frac{3}{2}(k + 1) \tag{3-46}$$

$$q = \frac{3}{2}\left(1 - \frac{k_d}{\lambda_1}\eta + \frac{k_t}{\lambda_1}\right) \tag{3-47}$$

其中：$\lambda_1 = \lambda e^{-2}$；$k = \frac{k_d + k_t}{\lambda e^{-2}} = \frac{k_d + k_t}{\lambda_1}$；$\eta = \frac{a - u_1}{u_1}$。

式中 x——系统的状态变量；

p，q——分别为系统的控制变量；

k——煤层顶板刚度 k_d 与弹性区煤层刚度 k_t 之和与煤软化本构关系拐点处的斜率 λ_1 之比，称为刚度比；

η——与位移 a 有关的无量纲参数，称为全位移参数。

分叉集为：

$$4p^3 + 27q^2 = 0 \tag{3-48}$$

将式 3-45 和式 3-46 代入式 3-48 可得：

$$2(k - 1)^3 + 9\left(1 - \frac{k_d}{\lambda_1}\eta + \frac{k_t}{\lambda_1}\right)^2 = 0 \tag{3-49}$$

则式 3-49 是系统发生冲击地压突发失稳的充要力学条件判据。显然只在当 $p \leqslant 0$，系统才能跨越分叉集发生突变，其发生突变的必要条件是：

$$k \leqslant 1 \tag{3-50}$$

式 3-50 表明，系统发生突变的必要条件是刚度比不大于 1，它完全取决于系统的内部特性。当几何性质确定后，材料性质起着决定性作用。如果煤是强化的或是理想弹性的，那么系统一定是稳定的，只有当煤具有相当程度的软化性质，才可能发生突变现象。这就说明了在采煤工作面上发生冲击地压是由于开采时工作面周围的煤岩应变软化从而产生突变并突然释放大量的能量。下面就开采宽度及软化深度等特征对工作面冲击地压进行解析分析。

3.3.2.2　简化模型及基本方程

考虑一个等厚水平煤层，研究沿工作面走向方向的垂直截面，简化成平面应变问题，煤层厚度为 H，开采后煤壁附近煤体由于应力集中已超过强度极限而变成塑性软化材料。

设软化区深度为 ρ，深部仍是弹性区，把煤层顶板简化成弹性梁，梁厚度为 h，坐标系统如图 3-70 所示，垂直 xy 平面为 z 方向。

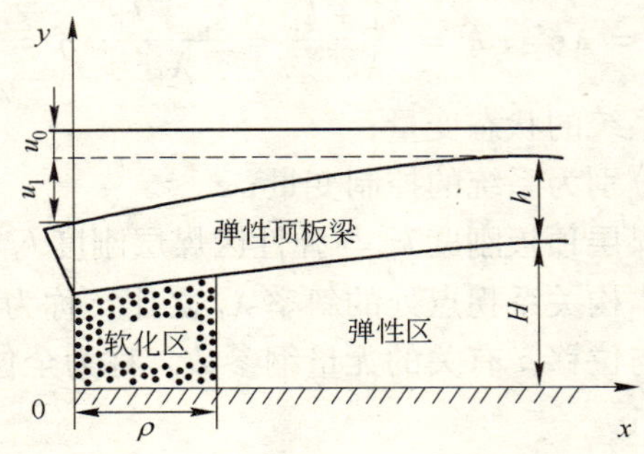

图 3-70　工作面冲击地压分析的力学模型

现场实测表明，顶板弯曲下沉是一个负指数曲线，一般情况下，设煤壁处由于开采而下沉为 u_0，则顶板下沉弯曲曲线为：

$$u = u_1 + u_0 e^{-ax} \tag{3-51}$$

其中 u_1 是自重作用下没有开采时已完成的下沉，是一个常数。α 由顶底板及煤层的力学性质及几何尺寸决定，可由实测得到。

采用式 3-29 冲击地压发生启动准则，具体写为：

$$\int_{V_s} \{\Delta\sigma\}^T \{\Delta\varepsilon\} \mathrm{d}x\mathrm{d}y + \int_{V_{e1}} \{\Delta\sigma\}^T \{\Delta\varepsilon\} \mathrm{d}x\mathrm{d}y + \int_{V_{e2}} \{\Delta\sigma\}^T \{\Delta\varepsilon\} \mathrm{d}x\mathrm{d}y \leqslant 0 \tag{3-52}$$

式中　V_s——煤层软化区；

V_{e1}——煤层弹性区；

V_{e2}——顶板弹性区。

先计算式 3-52 中的第一项，煤的本构关系简化为图 3-71 所示的双线形应力应变关系。

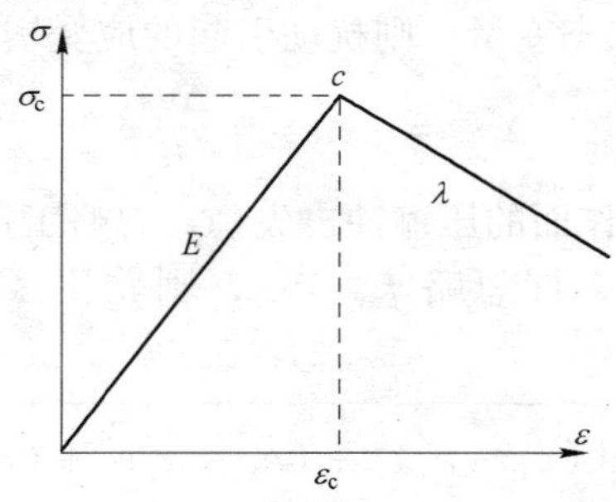

图 3-71　煤的本构关系

弹性阶段：

$$\sigma = E\varepsilon, \varepsilon \leqslant \varepsilon_c \tag{3-53a}$$

软化阶段：

$$\sigma = \sigma_c - \lambda(\varepsilon - \varepsilon_c), \varepsilon \leqslant \varepsilon_c \tag{3-53b}$$

式中　E——煤峰值强度前的线弹性模量；

λ——煤峰值强度后的线形降模量。

软化区煤体处于三向应力状态，假设该区煤体的应力强度 σ_i 和应变强度 ε_i 服从式 3-53a 单轴的本构关系，即在软化区内：

$$\sigma_i = \sigma_c - \lambda(\varepsilon_i - \varepsilon_c) \tag{3-54}$$

对于平面应变：

$$\varepsilon_z = 0, \sigma_z = \mu(\sigma_x + \sigma_y)$$

式中　μ——泊松比；

假设软化区内体积不可压缩，取 $\mu = \frac{1}{2}$，则：

$$\varepsilon_x + \varepsilon_y + \varepsilon_z = 0$$

而：

$$\varepsilon_y = \frac{u}{H} = \frac{u_1}{H} + \frac{u_0}{H}\mathrm{e}^{-\alpha x}$$

则有：

$$\varepsilon_x = -\varepsilon_y = -\frac{u_1}{H} - \frac{u_0}{H}\mathrm{e}^{-\alpha x}$$

选 u_0 作为状态变量，则扰动引起的应变增量为：

$$\Delta\varepsilon_y = -\Delta\varepsilon_x = \frac{\Delta u_0}{H}\mathrm{e}^{-\alpha x} \tag{3-55}$$

研究采煤工作面的压缩冲击失稳．忽略工作面煤体与顶底板水平剪切力作用，即忽略 τ_{xy}，γ_{xy}，则软化区内的应变强度 ε_i 为：

$$\begin{aligned}\varepsilon_i &= \sqrt{\frac{2}{9}[(\varepsilon_x - \varepsilon_y)^2 + (\varepsilon_y - \varepsilon_z)^2 + (\varepsilon_z - \varepsilon_x)^2]} \\ &= \frac{2}{\sqrt{3}}\left(\frac{u_1}{H} + \frac{u_0}{H}\mathrm{e}^{-\alpha x}\right)\end{aligned}$$

软化区内的应力强度 σ_i 为：

$$\begin{aligned}\sigma_i &= \frac{1}{\sqrt{2}}\sqrt{(\varepsilon_x - \varepsilon_y)^2 + (\varepsilon_y - \varepsilon_z)^2 + (\varepsilon_z - \varepsilon_x)^2} \\ &= \frac{\sqrt{3}}{2}(\sigma_y - \sigma_z)\end{aligned}$$

将 σ_i, ε_i 代入式 3-54 得软化区内满足：

$$\frac{\sqrt{3}}{2}(\sigma_y - \sigma_x) = \sigma_\mathrm{c} - \lambda\left[\frac{2}{\sqrt{3}}\left(\frac{u_1}{H} + \frac{u_0}{H}\mathrm{e}^{-\alpha x}\right) - \varepsilon_x\right]$$

所以虚应力增量为：

$$\Delta\sigma_y - \Delta\sigma_x = -\frac{4}{3}\frac{\Delta u_0}{H}\mathrm{e}^{-\alpha x} \tag{3-56}$$

将式 3-55、式 3-56 代入式 3-52 中的第一项，则有：

$$\begin{aligned}\int_{V_\mathrm{s}}\{\Delta\sigma\}^T\{\Delta\varepsilon\}\mathrm{d}x\mathrm{d}y &= \int_0^\rho(\Delta\sigma_x\Delta\varepsilon_x + \Delta\sigma_x\Delta\varepsilon_y)H\mathrm{d}x \\ &= -\frac{2}{3}\frac{\lambda}{H\alpha}\left(1 - \frac{1}{e^{2\alpha\rho}}\right)(\Delta u_0)^2\end{aligned} \tag{3-57}$$

在深部煤层弹性区，同样假设体积不可压缩，$\mu = \frac{1}{2}$，则可得到虚应变增量：

$$\Delta\varepsilon_y = -\Delta\varepsilon_x = \frac{\Delta u_0}{H}\mathrm{e}^{-\alpha x} \tag{3-58}$$

根据胡克定律得弹性区内虚应力增量：

$$\Delta\sigma_y - \Delta\sigma_x = \frac{2}{3}E(\Delta\varepsilon_y - \Delta\varepsilon_x) = \frac{4}{3}E\frac{\Delta u_0}{H}\mathrm{e}^{-\alpha x} \tag{3-59}$$

将式 3-57，式 3-58 代入式 3-51 中第二项，则有：

$$\int_{V_{e1}} \{\Delta\sigma\}^T\{\Delta\varepsilon\}\mathrm{d}x\mathrm{d}y = \int_{\rho}^{+\infty}(\Delta\sigma_x\Delta\varepsilon_x + \Delta\sigma_y\Delta\varepsilon_y)H\mathrm{d}x$$

$$= \frac{2}{3}\frac{E}{H\alpha}\cdot\frac{1}{\mathrm{e}^{2\alpha\rho}}(\Delta u_0)^2 \tag{3-60}$$

再分析顶板弹性梁，以梁中性轴选取局部坐标 $x'y'$，$x'y'$分别平行于 xy 轴，则顶板弯曲曲线为：

$$u = u_1 + u_0\mathrm{e}^{-\alpha x'}$$

顶板弯曲矩为：

$$M = E_{\mathrm{d}}I\frac{\mathrm{d}^2u}{\mathrm{d}x^2} = E_{\mathrm{d}}I\alpha^2u_0\mathrm{e}^{-\alpha x'}$$

式中　E_{d}——顶板弹性模量；

　　I——顶板截面惯矩。

梁弯曲应力为：

$$\sigma_{x'} = \frac{M}{I}y' = E_{\mathrm{d}}u_{\mathrm{d}}\alpha^2\mathrm{e}^{-\alpha x'}y'$$

而相应的应变为：

$$\varepsilon_{x'} = u_0\alpha^2\mathrm{e}^{-\alpha x'}y'$$

所以虚增量为：

$$\Delta\sigma_{x'} = E_{\mathrm{d}}\alpha^2\mathrm{e}^{-\alpha x'}y'\Delta u_0,\ \Delta\varepsilon_{x'} = \alpha^2\mathrm{e}^{-\alpha x'}y'\Delta u_0 \tag{3-61}$$

将上式代入式 3-52 中的第三项则为：

$$\int_{V_{e2}} \{\Delta\sigma\}^T\{\Delta\varepsilon\}\mathrm{d}x\mathrm{d}y = \int_0^{+\infty}\int_{-\frac{h}{2}}^{\frac{h}{2}}\Delta\sigma_{x'}\Delta\varepsilon_{x'}\mathrm{d}x'\mathrm{d}y' = \frac{E_{\mathrm{d}}}{24}\alpha^3h^3(\Delta u_0)^2 \tag{3-62}$$

将式 3-57、式 3-60 和式 3-62 代入式 3-52 得冲击地压发生启动准则为：

$$-\frac{2}{3}\frac{\lambda}{H\alpha}\left(1-\frac{1}{e^{2\alpha\rho}}\right)+\frac{2}{3}\frac{E}{H\alpha}\frac{1}{e^{2\alpha\rho}}+\frac{E_{\mathrm{d}}}{24}\alpha^{3}h^{3}\leqslant 0 \tag{3-63}$$

由此得冲击地压发生启动时临界软化区深度 ρ^{*}：

$$\rho^{*}=\frac{1}{2}\cdot\ln\frac{\dfrac{\lambda}{E}+1}{\dfrac{\lambda}{E}-\dfrac{1}{16}\dfrac{E_{\mathrm{d}}}{E}\alpha^{4}h^{3}H} \tag{3-64}$$

3.3.3 圆形巷道冲击地压理论解析与判据确定方法

3.3.3.1 基本方程

A 巷道围岩损伤本构方程

考虑如图 3-72 所示，圆形巷道半径为 a，不考虑支护；在远场应力 σ_0 作用下，圆形巷道周边围岩出现损伤区，设损伤区半径为 ρ。

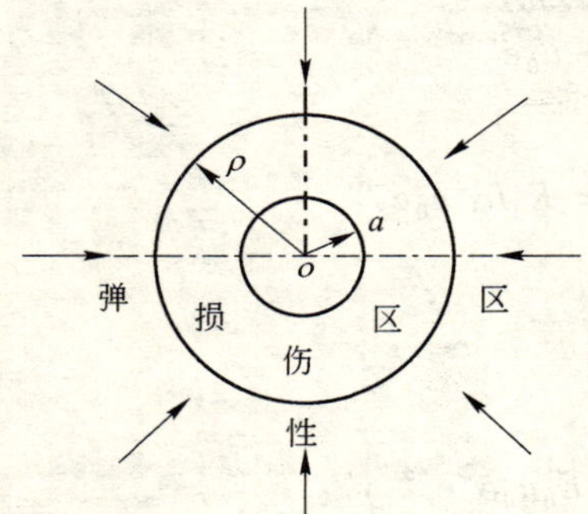

图 3-72 圆形巷道岩爆分析模型

前已叙述煤岩损伤本构方程为：

$$\sigma_{ij}=2\widetilde{G}(D)\varepsilon_{ij}+\widetilde{\lambda}(D)\varepsilon_{kk}\delta_{ij} \tag{3-65}$$

其中 $\widetilde{\lambda}(D)$ 与 $\widetilde{G}(D)$ 分别为材料受损后的有效弹性常数，与材料的损伤程度有关。

$$\widetilde{\lambda}(D)=\lambda M_{\lambda}(D),\widetilde{G}(D)=GM_{\mathrm{G}}(D) \tag{3-66}$$

损伤效应函数：

$$M_{\lambda}(D)=1-\sum_{n=1}^{N}\alpha^{(n)}D^{(n)},M_{G}(D)=1-\sum_{n=1}^{N}\beta^{(n)}D^{(n)} \tag{3-67}$$

式中　$\alpha^{(n)}$，$\beta^{(n)}$——分别为无量纲材料参数。

圆形巷道的本构方程为：

$$\sigma_r = 2G\varepsilon_r M_G(D) + \lambda M_\lambda(D)(\varepsilon_r + \varepsilon_\theta) \tag{3-68a}$$

$$\sigma_\theta = 2G\varepsilon_\theta M_G(D) + \lambda M_\lambda(D)(\varepsilon_r + \varepsilon_\theta) \tag{3-68b}$$

B　平衡方程和几何方程

平衡方程：

$$\frac{\mathrm{d}\sigma_r}{\mathrm{d}r} + \frac{\sigma_r - \sigma_\theta}{r} = 0 \tag{3-69}$$

式中　σ_r——径向应力；

σ_θ——环向应力。

几何方程：

$$\varepsilon_r = \frac{\mathrm{d}u}{\mathrm{d}r},\ \varepsilon_\theta = \frac{u}{r},\ \varepsilon_s = 0 \tag{3-70}$$

式中　ε_r——径向应变；

ε_θ——环向应变；

u——径向位移。

3.3.3.2　损伤变量的确定

A　二维随机分布的损伤效应函数

煤岩材料可认为存在随机分布的微裂纹损伤。对于二维随机分布的微裂纹损伤，Benvensite 利用 Mori-Tanaka 方法，给出的微观力学解答为：

$$\frac{\widetilde{G}}{G} = \left(1 + \frac{\pi\rho^*}{1+\nu}\right)^{-1},\frac{\widetilde{E}}{E} = \left(\frac{1}{1+\pi\rho^*}\right) \tag{3-71}$$

式中　E，ν——分别为弹性模量和泊松比；

$\widetilde{E}$，$\widetilde{G}$——分别为弹性常数的有效值；

$\rho^* = ml^2$——材料的微裂纹密度参数；

m——单位面积上的微裂纹数目；

l——微裂纹的平均半长。

唐雪松将 ρ^* 定义为材料的损伤变量，即 $D = \rho^*$，得损伤效应函数为：

$$M_\lambda(D) = \frac{(1+\nu)(1-2\nu)}{(1+\nu+\pi D)(1-2\nu+\pi D)} \tag{3-72a}$$

$$M_G(D) = \frac{(1+\nu)}{1+\nu+\pi D} \tag{3-72b}$$

B　损伤变量的确定

将式3-70代入式3-68得:

$$\sigma_r = 2GM_G(D)\frac{\mathrm{d}u}{\mathrm{d}r} + \lambda M_\lambda(D)\left(\frac{\mathrm{d}u}{\mathrm{d}r} + \frac{u}{r}\right) \tag{3-73a}$$

$$\sigma_\theta = 2G\frac{u}{r}M_G(D) + \lambda M_\lambda(D)\left(\frac{\mathrm{d}u}{\mathrm{d}r} + \frac{u}{r}\right) \tag{3-73b}$$

将式3-72代入式3-68得:

$$\frac{\mathrm{d}^2u}{\mathrm{d}r^2} + \left(\frac{r}{M}\frac{\mathrm{d}M}{\mathrm{d}r} + 1\right)\frac{\mathrm{d}u}{r\mathrm{d}r} + \left(\frac{r\lambda}{M}\frac{\mathrm{d}M_\lambda}{\mathrm{d}r} - 1\right)\frac{u}{r^2} = 0 \tag{3-74}$$

式中，令:
$$M = 2GM_G + \lambda M_\lambda \tag{3-75}$$

设:
$$\frac{r}{M}\frac{\mathrm{d}M}{\mathrm{d}r} + 1 = 0$$

得:
$$M = \frac{c_1}{r} \tag{3-76a}$$

设:
$$\frac{r\lambda}{M}\frac{\mathrm{d}M_\lambda}{\mathrm{d}r} - 1 = (Br)^2 \tag{3-76b}$$

得:
$$M_\lambda = \frac{c_1}{\lambda}\left(B^2r + c_2 - \frac{1}{r}\right) \tag{3-77a}$$

$$M_G = \frac{c_1}{2G}\left(B^2r + c_2 - \frac{2}{r}\right) \tag{3-77b}$$

在弹性区与损伤区交界处满足 $M_\lambda(\rho)=1$，$M_G(\rho)=1$，由此确定积分常数为:

$$c_1 = \rho(2G+\lambda),\ c_2 = -B^2\rho + \frac{2(G+\lambda)}{\rho(2G+\lambda)}$$

由式3-71与式3-76得损伤变量为:

$$D = \frac{1+v}{\pi}\left[\frac{2G_r/c_1}{2-(Br)^2-c_2r} - 1\right] \tag{3-78a}$$

代入积分常数得损伤变量的表达式：

$$D = \frac{1+v}{\pi}\left\{\frac{2Gr}{(2G+\lambda)\rho[2-(Br)^2+\rho r]+2(G+\lambda)}-1\right\} \tag{3-78b}$$

在弹性区与损伤区交界处 $r=\rho$ 代入式 3-78b 得 $D(\rho)=0$。由此可知式 3-78b 可以描述圆形巷道围岩的损伤特性。

3.3.3.3　圆形巷道冲击地压分析

式 3-76 代入式 3-74 得：

$$\frac{d^2u}{d^2r}+B^2u=0 \tag{3-79}$$

解为：

$$u=c_3\sin Br+c_4\cos Br \tag{3-80}$$

应变分量：

$$\begin{aligned}\varepsilon_r &= B(c_3\cos Br+c_4\sin Br)\\ \varepsilon_\theta &= \frac{1}{r}(c_3\sin Br+c_4\cos Br)\end{aligned} \tag{3-81}$$

将式 3-81 代入式 3-68 中可得应力分量：

$$\begin{aligned}\sigma_r =& 2GM_G(D)B(c_3\cos Br+c_4\sin Br)\\ &+\lambda M_\lambda(D)\left[\left(\frac{c_3}{r}-Bc_4\right)\sin Br+\left(\frac{c_4}{r}+Bc_3\right)\cos Br\right]\end{aligned} \tag{3-82a}$$

$$\begin{aligned}\sigma_\theta =& 2GM_G(D)\left(\frac{c_3}{r}\sin Br+\frac{c_4}{r}\cos Br\right)\\ &+\lambda M_\lambda(D)\left[\left(\frac{c_3}{r}-Bc_4\right)\sin Br+\left(\frac{c_4}{r}+Bc_3\right)\cos Br\right]\end{aligned} \tag{3-82b}$$

由边界条件 $\sigma_r(a)=0$，$\sigma_r(\rho)=\sigma_r^\rho$ 得：

$$\begin{aligned}&2GM_G(a)B(c_3\cos Ba-c_4\sin Ba)\\ &+\lambda M_\lambda(a)\left[\left(\frac{c_3}{a}-Bc_4\right)\sin Ba+\left(\frac{c_4}{a}+Bc_3\right)\cos Ba\right]=0\end{aligned} \tag{3-83a}$$

$$2GB(c_3\cos B\rho - c_4\sin B\rho) + \lambda\left[\left(\frac{c_3}{\rho} - Bc_4\right)\sin B\rho\right.$$

$$\left. + \left(\frac{c_4}{\rho} + Bc_3\right)\cos B\rho\right] = \sigma_r^\rho \tag{3-83b}$$

式中　σ_r^ρ——弹性区与损伤区交界处的径向应力。

弹性区：　$(a \leqslant r \leqslant \rho)$

平衡方程：

$$\frac{\mathrm{d}\sigma_r}{\mathrm{d}r} + \frac{\sigma_r - \sigma_\theta}{r} = 0 \tag{3-84}$$

几何方程：

$$\varepsilon_r = \frac{\mathrm{d}u}{\mathrm{d}r},\ \varepsilon_\theta = \frac{u}{r},\ \varepsilon_s = 0 \tag{3-85}$$

应力应变关系：

$$\sigma_r = E_1\left(\varepsilon_r + \frac{v}{1-v}\varepsilon_\theta\right), \sigma_\theta = E_1\left(\varepsilon_\theta + \frac{v}{1-v}\varepsilon_r\right) \tag{3-86}$$

式中，$E_1 = \dfrac{E(1-v)}{(1+v)(1-2v)}$。

将式3-86、式3-85代入式3-84得：

$$\frac{\mathrm{d}^2u}{\mathrm{d}r^2} + \frac{1}{r}\cdot\frac{\mathrm{d}u}{\mathrm{d}r} - \frac{u}{r^2} = 0$$

其通解为：

$$u = C_1r + \frac{c_2}{r} \tag{3-87}$$

应变：

$$\varepsilon_r = c_1 - \frac{c_2}{r^2}, \varepsilon_\theta = c_1 + \frac{c_2}{r^2} \tag{3-88}$$

应力：

$$\sigma_r = \frac{E}{1-v}\left(c_1 - (1-2v)\frac{C_2}{r^2}\right), \sigma_\theta = \frac{E_1}{1-v}\left(c_1 - (1-2v)\frac{C_2}{r^2}\right) \tag{3-89}$$

由边界条件：

$$\sigma_r(\rho) = \sigma_r^\rho, \sigma_r(\infty) = \sigma_0$$

得：

$$C_1 = \frac{1-v}{E_1}\sigma_0, C_2 = \frac{\rho^2}{1-2v} \cdot \frac{1-v}{E_1}(\sigma_0 - \sigma_r^\rho) \quad (3\text{-}90)$$

将式 3-90 代入式 3-87 中得：

位移：

$$u = \frac{1-v}{E_1}\left(\sigma_0 r + \frac{\rho^2}{r} \cdot \frac{\sigma_o - \sigma_r^\rho}{1-2v}\right) \quad (3\text{-}91)$$

将式 3-90 代入式 3-88 中得：

应变：

$$\varepsilon_r = \frac{1-v}{E_1}\left(\sigma_0 - \frac{\sigma_0 - \sigma_r^\rho}{1-2v} \cdot \frac{\rho^2}{r^2}\right), \varepsilon_\theta = \frac{1-v}{E_1}\left(\sigma_0 + \frac{\sigma_0 - \sigma_r^\rho}{1-2v} \cdot \frac{\rho^2}{r^2}\right) \quad (3\text{-}92)$$

将式 3-90 代入式 3-89 中得：

应力

$$\sigma_r = \sigma_0\left(1 - \frac{\rho^2}{r^2}\right) + \sigma_r^\rho \cdot \frac{\rho^2}{r^2}, \sigma_\theta = \sigma_0\left(1 + \frac{\rho^2}{r^2}\right) - \sigma_r^\rho \cdot \frac{\rho^2}{r^2} \quad (3\text{-}93)$$

弹性区与损伤区交界处，满足屈服条件 $\sigma_\theta(\rho) = m\sigma_r(\rho) + \sigma_c, m = \frac{1+\sin\phi}{1-\sin\phi}$，$\phi$ 为内摩擦角，由此得：

$$\sigma_r^\rho = \frac{2\sigma_0 - \sigma_c}{m+1} \quad (3\text{-}94)$$

由交界处径向位移和径向应力满足连续条件，得：

$$c_3\sin B\rho + c_4\cos B\rho = \frac{1-v}{E_1} \cdot \rho\left(\sigma_0 + \frac{\sigma_0 - \sigma_r^\rho}{1-2v}\right) \quad (3\text{-}95a)$$

$$2GB(c_3\cos B\rho - c_4\sin B\rho) + \lambda\left[\left(\frac{c_3}{\rho} - Bc_4\right)\sin B\rho + \left(\frac{c_4}{\rho} + Bc_3\right)\cos B\rho\right] = \frac{2\sigma_0 - \sigma_c}{m+1} \quad (3\text{-}95b)$$

由上两式得：

$$c_3 = B_1 \cos B\rho + B_2 \sin B\rho$$

$$c_4 = -B_1 \sin B\rho + B_2 \cos B\rho$$

式中：

$$B_1 = \frac{(1-v)\lambda}{E_1 B(2G+\lambda)}\left[\sigma_0 + \frac{\sigma_0 - \sigma_r^\rho}{1-2v}\right] - \frac{\sigma_r^\rho}{B(2G+\lambda)},$$

$$B_2 = \frac{(1-v)\rho}{E_1}\left(\sigma_0 + \frac{\sigma_0 - \sigma_r^\rho}{1-2v}\right)$$

$$B_1 = B_{11}\sigma_0 + B_{12}\sigma_c,$$

$$B_{11} = \frac{(m+1)\lambda B_{21} - 2}{B(m+1)(2G+\lambda)},$$

$$B_{12} = \frac{(m+1)\lambda B_{22} + 1}{B(m+1)(2G+\lambda)}$$

$$B_2 = (B_{21}\sigma_0 + B_{22}\sigma_c)\rho,$$

$$B_{21} = \frac{1+v}{(m+1)E},$$

$$B_{22} = \frac{2(1+v)}{(m+1)E}(m - v - mv)$$

代入式 3-83 得：

$$\left[(B_{11}\sigma_0 + B_{12}\sigma_c)f_1 + \frac{(B_{21}\sigma_0 + B_{22}\sigma_c)}{B}\rho f_2\right]\cos[B(\rho - a)] + \left[(B_{21}\sigma_0 + B_{22}\sigma_c)\rho f_1 - \frac{(B_{11}\sigma_0 + B_{12}\sigma_c)}{B}f_2\right]\sin[B(\rho - a)] = 0 \tag{3-96}$$

式中：

$$f_1 = 4a^2(G+\lambda) + \rho a(2G+\lambda),$$

$$f_2 = 2a(G+\lambda) - \rho(2G+\lambda)[B^2 a(\rho - a) + 1]$$

$$f'_1 = a(2G+\lambda), f'_2 = -(2G+\lambda)[B^2 a(2\rho - a) + 1]$$

对式 3-95 进行整理得：

$$\frac{\sigma_0}{\sigma_c} = \frac{\left(\frac{B_{12}}{B}f_2 - B_{22}\rho f_1\right)\sin[B(\rho - a)] - \left(B_{12}f_1 + \frac{B_{22}}{B}\rho f_2\right)\cos[B(\rho - a)]}{\left(B_{11}f_1 - \frac{B_{21}}{B}\rho f_2\right)\cos[B(\rho - a)] - \left(B_{21}\rho f_1 + \frac{B_{11}}{B}f_2\right)\sin[B(\rho - a)]} \tag{3-97}$$

由扰动响应判别准则 $\frac{\mathrm{d}\sigma_0}{\mathrm{d}\rho} = 0$ 得：

$$\left\{\begin{array}{l}\left[\frac{B_{12}}{B}f'_2 - B_{22}\rho f'_1 + (B_{12}B + B_{22})f_1 + B_{22}\rho f_2\right]\tan[B(\rho - a)] \\ - BB_{22}\rho f_1 - B_{12}f'_1 - \frac{B_{22}}{B}\rho f'_2 - \left(\frac{B_{22}}{B} - B_{12}\right)f_2\end{array}\right\}$$

$$\left\{\left(B_{11}f_1 + \frac{B_{21}}{B}\rho f_2\right) + \left(B_{21}\rho f_1 - \frac{B_{11}}{B}f_2\right)\tan[B(\rho - a)]\right\}$$

$$= \left\{\begin{array}{l}B_{11}f'_1 + \frac{B_{21}}{B}\rho f'_2 + \left(\frac{B_{21}}{B} - B_{11}\right)f_2 + BB_{21}\rho f_1 + \\ \left[B_{21}\rho f'_1 + (B_{21} - BB_{11})f_1 - \frac{B_{11}}{B}f'_2 - B_{21}\rho f_2\right]\tan[B(\rho - a)]\end{array}\right\}$$

$$\left\{\left(\frac{B_{12}}{B}f_2 - B_{22}\rho f_1\right)\tan[B(\rho - a)] - \left(B_{12}f_1 + \frac{B_{22}}{B}\rho f_2\right)\right\}$$

$$\left\{\begin{array}{l}\left[\frac{B_{12}}{B}f'_2 - B_{22}\rho f'_1 + (B_{12}B - B_{22})f_1 + B_{22}\rho f_2\right]\tan[B(\rho - a)] \\ - BB_{22}\rho f_1 - B_{12}f'_1 - \frac{B_{22}}{B}\rho f'_2 - \left(\frac{B_{22}}{B} - B_{12}\right)f_2\end{array}\right\}$$

$$\left\{\left(B_{11}f_1 + \frac{B_{21}}{B}\rho f_2\right) + \left(B_{21}\rho f_1 - \frac{B_{11}}{B}f_2\right)\tan[B(\rho - a)]\right\}$$

$$\left\{\begin{array}{l}B_{11}f'_1 + \frac{B_{21}}{B}\rho f'_2 + \left(\frac{B_{21}}{B} - B_{11}\right)f_2 + BB_{21}\rho f_1 + \\ \left[B_{21}\rho f'_1 + (B_{21} - BB_{11})f_1 - \frac{B_{11}}{B}f'_2 - B_{21}\rho f_2\right]\tan[B(\rho - a)]\end{array}\right\}$$

$$\left\{\left(\frac{B_{12}}{B}f_2 - B_{22}\rho f_1\right)\tan[B(\rho - a)] - \left(B_{12}f_1 + \frac{B_{22}}{B}\rho f_2\right)\right\}$$

$$\left[\begin{array}{l}\left(\frac{B_{12}B_{21}}{B_{11}B_{22}} - 1\right)\rho f_1 f'_2 + \left(1 - \frac{B_{21}B_{12}}{B_{11}B_{22}}\right)\rho f_2 f'_1 + B^2\left(\frac{B_{12}B_{21}}{B_{11}B_{22}} - 1\right)\rho f_1^2 \\ + \left(\frac{B_{12}B_{21}}{B_{11}B_{22}} - 1\right)\rho f_2^2 + \left(1 - \frac{B_{21}B_{12}}{B_{11}B_{22}}\right)f_1 f_2\end{array}\right]\tan^2[B(\rho - a)]$$

$$+\left[\left(\frac{B_{12}B_{21}}{B_{11}B_{22}}-1\right)Bf_1^{\ 2}+\left(1-\frac{B_{21}B_{12}}{B_{11}B_{22}}\right)\frac{1}{B}f_2^{\ 2}\right]\tan[B(\rho-a)]$$

$$+\left[\left(1-\frac{B_{12}B_{21}}{B_{11}B_{22}}\right)\rho f_2 f'_1+\left(\frac{B_{12}B_{21}}{B_{11}B_{22}}-1\right)\rho f_1 f'_2+\left(\frac{B_{12}B_{21}}{B_{11}B_{22}}-1\right)\rho f_2^2\right.$$

$$\left.+B^2\left(\frac{B_{12}B_{21}}{B_{11}B_{22}}-1\right)\rho f_1^{\ 3}+\left(\frac{B_{12}B_{21}}{B_{11}B_{22}}-1\right)f_1 f_2\right]=0$$

临界状态的损伤半径满足下式：

$$[\rho f_1 f'_2-\rho f_2 f'_1+B^2\rho f_1^{\ 2}+\rho f_2^{\ 2}-f_1 f_2]\tan^2[B(\rho-a)]$$

$$+\left(Bf_1^{\ 2}-\frac{1}{B}f_2^{\ 2}\right)\tan[B(\rho-a)]$$

$$+[-\rho f_2 f'_1-\rho f_1 f'_2+B^2\rho f_1^{\ 2}+\rho f_2^{\ 2}+f_1 f_2]=0 \tag{3-98}$$

由式 3-98 求出临界状态的损伤半径后代入式 3-97 即可确定临界载荷。由式 3-98 可见临界状态的损伤半径与材料常数 G，λ 和巷道尺寸有关。临界载荷与材料常数 G，λ，μ，m 巷道尺寸、巷道围岩抗压强度有关。

3.3.4 顶底板受拉应力冲击地压理论解析与判据确定方法

3.3.4.1 冲击发生机理

冲击发生与否取决于顶底板的稳定性，而顶底板的稳定性主要受拉应力控制。一般地，岩体的抗拉能力是很低的，研究表明，岩石微破裂的发生发展都是拉伸破坏的结果。

在一定条件下，特别是厚层坚硬且完整性好的顶底板就会出现较大范围的拉应力区域，当拉应力较大，但还没有达到抗拉强度极限时，则处于稳定平衡状态。由于煤岩体力学性质的不均匀，以及采掘工作带来的扰动和应力增加，首先是煤体在抗拉强度低，拉应力超过抗拉强度极限的区域发生微破裂，原有的拉应力为其周围的抗拉强度相对较大拉应力水平相对较低的煤岩体承担。由于不断加强的扰动以及应力水平的提高，微破裂的频次和强度就不断加强，于是整个系统的宏观承载能力被减弱，平衡状态的稳定性逐渐减小，向临界平衡状态方向发展，这个变化过程是加速进行的。最终导致拉伸失稳破坏，顶底板岩层突然裂开，产生宏观裂缝，系统储存的弹性能迅速释放，发生冲击地压。

3.3.4.2 顶底板的力学模型及冲击地压发生的判据

顶板可以看做是承受岩层分布荷载及煤柱集中力(一般地，顶板的荷载向下，顶板则向上，煤柱集中力则反之)的共同作用的悬板，周边的全部或部分通常简化为固支，简支和自由，计算时针对实际情况作具体分析，选择合适的模型，当然在实际分析计算过程中还要考虑各种不同的方案，把计算结果做比较，并综合选取。

当取单位宽度板条进行研究时，成为了平面应变问题的岩梁，梁端可以简化为固支，简支和自由甚至是弹性约束。

冲击地压发生的判据，顶底板承受的内力是弯矩，扭矩和剪力。由于岩石材料的抗拉强度极低，当拉应力区域达到一定的范围时，冲击就要发生。于是就可以写出顶底板受拉应力型冲击地压发生的条件：

$$\sigma_m = \sigma_t \tag{3-99}$$

式中 σ_m，σ_t——分别是岩石的等效拉应力和顶底板岩体的抗拉强度。

3.3.4.3 计算数学模型

为了描述岩体结构在拉应力作用下的失稳破坏现象，可以采用分段线性的材料本构关系对于岩层(顶底板)的应力状态和稳定性分析，图 3-73*a* 所示是岩石材料受拉时的应力应变全程曲线，简化后用图 3-73*b* 来近似的描述。压应力与压应变则认为是线弹性的，弹性模量 E_f。

图 3-73*b* 中 σ_f 是岩石抗拉强度，对应的拉应变为 ξ_f，破坏

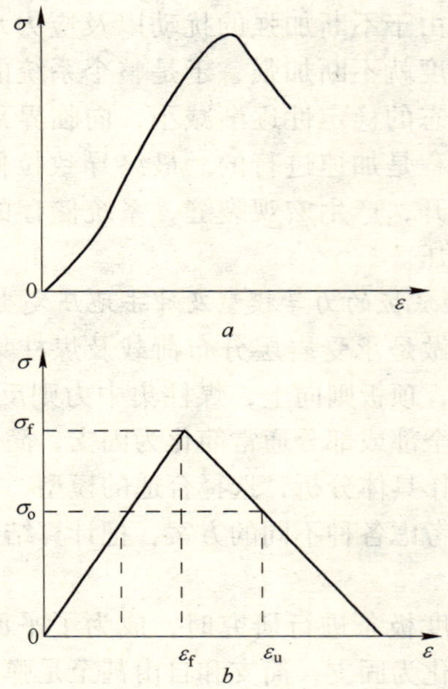

图 3-73　岩石受拉应力－应变关系及其简化

a—岩石受拉应力－应变关系；*b*—岩石受拉段线形本构关系

后完全失去抗拉能力时为 ξ_u。当应力水平在抗拉强度极限之前时，应力应变是线弹性关系，弹性模量为 E_f，当应力水平在抗拉极限之后时，应力应变呈现另一种线性关系，斜率 E_u 为负，即：

$$E_u = -\frac{\sigma_f}{\xi_n - \xi_f} \tag{3-100}$$

图 3-74 所示是岩梁某一特征横截面。根据平面假定，在最大应力达到强度极限之前，横截面上各点的应力沿高度呈现线性分布规律，如图 3-74*b* 所示。当拉应力距离中性轴为 l 处的应力达到 σ_f 时，设横截面上的弯矩达到极限值 M_f 应力分布将如图 3-74*c* 所示。受压应力区合力为：

$$N_o = \frac{1}{2}\sigma_0(h - b) = \frac{1}{2}\frac{(h - b)}{l}(h - b) = \frac{(h - b)^2}{2l}\sigma_f$$

(3-101)

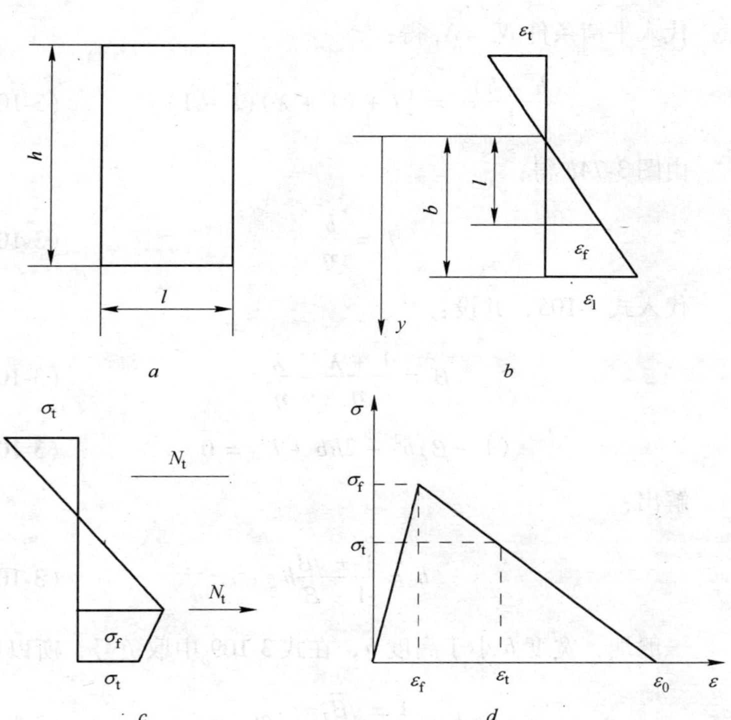

图 3-74　岩梁特征截面及其应力应变分布

a—岩梁某横截面；*b*—横截面上各点的应力沿高度呈现线性分布规律；

c—横截面上的弯矩达到极限值 M_f 应力分布；

d—应力与应变关系

受拉区拉应力的合力为:

$$N_t = \frac{1}{2}\sigma_f l \frac{1}{2}(\sigma_f + \sigma_t)(b - l) \qquad (3\text{-}102)$$

设
$$\alpha = \frac{\xi_n}{\xi_f}, \eta = \frac{\xi_n}{\xi_f}, \lambda = \frac{\alpha - \eta}{\alpha - 1} \qquad (3\text{-}103)$$

由图 3-74d 的三角形相似，则有：

$$N_t = \frac{1}{2}\sigma_f[\alpha + (1 + \lambda)(b - 1)] \tag{3-104}$$

代入平衡条件 $N_c = N_t$ 得：

$$\frac{(h - b)^2}{l} = [l + (1 + \lambda)(b - 1)] \tag{3-105}$$

由图 3-74b 得：

$$l = \frac{b}{\eta} \tag{3-106}$$

代入式 3-105，并设：

$$\beta = \frac{1 + \lambda}{\eta} - \frac{\lambda}{\eta^2} \tag{3-107}$$

$$(1 - \beta)b^2 - 2hb + h^2 = 0 \tag{3-108}$$

解出：

$$b = \frac{1 \pm \sqrt{\beta}}{1 - \beta}h \tag{3-109}$$

一般地，宽度 b 小于高度 h，在式 3-109 中取负号，所以：

$$b = \frac{1 \pm \sqrt{\beta}}{1 - \beta}h = \theta h \tag{3-110}$$

$$\theta = \frac{1 \pm \sqrt{\beta}}{1 - \beta} \tag{3-111}$$

于是截面上的弯矩为：

$$M_f = \frac{1}{6}h^2\sigma\Big[2\frac{\eta}{\theta}(1 - \theta)^3 + 2\frac{\theta^2}{\eta^2} + 3\lambda\theta^2\Big(1 - \frac{1}{\eta^2}\Big) + \theta^2(1 + \lambda)\Big(1 - \frac{1}{\eta}\Big)\Big(1 + \frac{2}{\eta}\Big)\Big] \tag{3-112}$$

设

$$r = 2\eta(1-\theta)^3 + 2\frac{\theta^2}{\eta^2} + 3\lambda\theta^2\left(1-\frac{1}{\eta^2}\right)$$

$$+\theta^2(1-\lambda)\left(1-\frac{1}{\eta}\right)\left(1+\frac{2}{\eta}\right) \quad (3\text{-}113)$$

如果顶底板承受的最大弯矩为 M_m，当按照梁的线性理论分析，则煤层顶板所受的最大应力是:

$$\sigma_m = \frac{6M_m}{h^2} \quad (3\text{-}114)$$

采用式 3-111 M_f 来计算梁的拉应力，则:

$$\sigma_m = \frac{6M_f}{h^2 r} \quad (3\text{-}115)$$

当 $\varepsilon_u - \varepsilon_f = 0$ 时，式 3-114 与式 3-115 成为同一结论。若计算得到的 σ_m 满足式 3-99。理论上要发生顶底板受拉应力型冲击地压。

3.4 冲击地压启动时几个控制临界值的分析

3.4.1 冲击地压发生时临界软化深度 ρ^*

由分析式 3-64 可见临界软化区深度 ρ^* 是一个只取决于结构本身煤岩力学性质和几何尺寸的常数，只要塑性软化区深度达到这个临界值时，就会发生冲击地压，这个常数为现场预报冲击地压带来了极大的方便，因为在实际煤矿现场很难测定采煤工作面所受应力大小，但应力作用使上工作面或巷道煤体产生的塑性软化区深度可以很方便地测量，例如通过钻屑法，钻屑量峰值位置即为软化区深度。为此，潘一山教授等学者认为，只要把这个测量值和计算的临界值对比，即可预测冲击地压。

根据抚顺龙凤实际测定数据，取 $\alpha = 0.1124(1/m)$ 煤层高度为 $H = 2\text{m}$，顶板厚度为 $h = 10\text{m}$，顶板弹性模量和煤层弹性模量之比为$E_d/E=10$，则工作面发生冲击地压临界软化区深度ρ^*随煤层弹性模量与降模量之比E/λ的变化规律如图 3-75 所示。

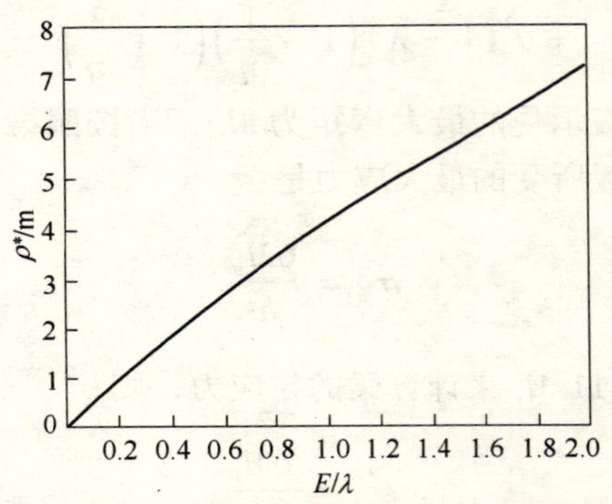

图 3-75　工作面发生冲击地压临界软化区深度ρ^*与E/λ的关系

分析图 3-75 可见：若E/λ较小，即煤的降模量较大，煤的应力应变曲线峰值后期曲线较陡，煤的脆性大；此时临界软化区深度较小。极限情况是$E/\lambda=0$，$\lambda=\infty$。即煤在超过极值强度后就迅速破坏，煤体极脆，此时对于采煤工作面临界软化区深度$\rho^*=0$，对于巷道临界软化区深度$\rho^*=a$，即开采影响使煤壁或巷道内表面刚有软化区出现时，就能发生冲击地压。这种情况多发生在脆性极强的煤壁工作面或巷道中，冲击地压表现为煤壁表面煤的噼啪飞出，抛射和剥落。若E/λ较大时，则煤的降模量λ较小，煤的脆性弱，塑性变形较大，冲击低压发生时对应的临界软化区深度较深，所以这种情况不易发生冲击，但如果发生冲击地压，将是雪崩式破坏，破坏的煤岩体将瞬间充满采场或巷道。当$E/\lambda=\infty$，$\lambda=0$，对应于理想弹塑性材料，临界软化区深度为无穷大，即不可能发生冲击地压。

当煤质中硬以下，弹性、脆性较大，光泽性较强的煤易发生煤爆及小型冲击地压；当煤质中硬，较均匀，较致密，裂隙、节理较不发育的煤冲击地压强度就较大。硬度很高的煤不易冲击。

经常大量发生的是煤爆，发生时有片帮和煤块抛射现象，威力不大，根据前面分析，煤爆对应于E/λ较小的情况，临界软化区较小，所以容易发生冲击，但冲击破坏强度不大，浅部冲击和深部冲击均属较强烈的冲击。浅部冲击发生在距煤壁表面一定深度，破坏性较大，有时造成严重片帮、冒顶和底鼓。浅部冲击对应于E/λ较大的情况，此时临界软化区深度较大，破坏性较大。深部冲击是指发生在距煤壁表面很深的地方，对应于E/λ很大的情况，临界软化区深度很大，冲击发生时深部弹性区释放的能量有很大一部分消耗在对软化区的变形和破坏上，所以从宏观上看破坏并不大；由上述分析可见影响冲击地压发生类型的最重要参数是E/λ。

3.4.2 冲击地压发生时临界荷载

暂不考虑支护应力，巷道冲击地压发生时对应的临界荷载也是取决于巷道本身煤岩力学性质的一个固有常数。只要根据实验得到巷道围岩的E/λ，σ_c，φ 即可计算出临界荷载。当巷道所受外载荷达到临界荷载时就会发生冲击地压，图 3-76 给出了临界载荷随E/λ，φ 之间变化规律。当煤岩越脆，λ 越大，E/λ越小，则临界载荷 ρ^*/σ_c 越小，这种岩体中的巷道越容易发生冲击地压。其极限情况是 $\lambda=\infty$，$E/\lambda=0$ 则临界荷载为

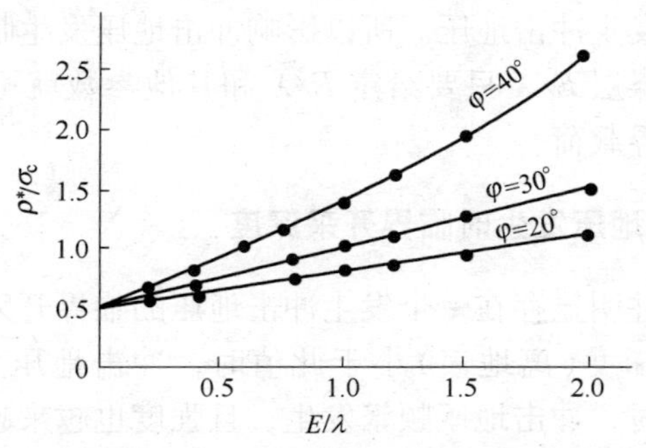

图 3-76 临界荷载 ρ^*/σ_c 随 E/λ 及 φ 的变化规律

$\rho^{*}=0.5\sigma_{c}$。若 E/λ 在 0 ~ 1 之间变化叫临界荷载 $\rho^{*}=(0.5-1)\sigma_{c}$。可见，布巷道作用应力小于抗压强度时即可达到临界荷载。对于坚硬完整的煤，其脆性强，E/λ 较小，一般小于1，所以临界载荷较低，因而这种煤体中的巷道容易发生冲击地压。但由于临界载荷不大，所以冲击地压的震级并不高。相反，煤岩的脆性越弱，则降模量 λ 越小，E/λ 越大，则临界载荷也越大。在实际工程中岩体应力很难达到这样大的数值，所以外击地压不易发生。其极限情况是 $\lambda=0$，$E/\lambda=\infty$，相应于理想弹塑性材料，其临界荷载 $\rho^{*}=\infty$，所以对于理想弹塑性材料根本不会发生冲击地压。当煤岩完整性差，裂隙发育，则 E/λ 一般较大，此时临界荷载大于煤岩的强度。在这种煤岩中的巷道不易发生冲击地压；但如果发生，震级将是很大的。由于煤矿中遇到的煤岩一般比水电洞室中遇到的完整岩石 E/λ 大，所以煤矿小冲击地压的破坏性一般比水电洞室岩爆的破坏性大。

由上述分析可见是否发生冲击地压取决于外界载荷是否达到临界值。E/λ 很小的煤岩体或通常认为冲击性很强的煤岩体，在很小的载荷下也不会发生冲击地压；E/λ 很大或通常认为没有冲击倾向性的煤岩体，当载荷达到临界值时也会发生冲击，而且由于临界载荷较大，冲击发生的震级将会很高，这就解释了为什么一些软煤层的矿井也频繁发生冲击地压，而通常认为冲击性很强的煤层却不发生冲击地压。所以影响冲击地压发生临界载荷的最重要参数是煤层 E/λ 只要给定 E/λ 和其他参数就可确定发生冲击地压的临界载荷。

3.4.3 冲击地压发生时临界开采深度

不同矿井明显存在一个发生冲击地压的临界开采深度，即开采煤层所处深度(离地表)小于此值时，冲击地压几乎不发生，大于此深度时，冲击地压频繁发生，且强度也越来越大。

以前对此现象只有简单的定性解释，因而对于新矿区无法预测这一临界值。下面对这一问题采用上述结果进行理论分析，找出定量化公式。

$$\frac{p^*}{\sigma_c} = -\frac{1}{q-1}\left(1+\frac{\lambda}{E}\right)+0.5\times\frac{q+1}{q-1}\left(1+\frac{\lambda}{E}\right)\left(1+\frac{E}{\lambda}\right)^{\frac{q-1}{2}} - 0.5\frac{\lambda}{E}\left(1+\frac{E}{\lambda}\right)^{\frac{q-1}{2}} \tag{3-116}$$

由式 3-116 给出了发生冲击地压的临界作用荷载，如不考虑构造应力，则此荷载由上覆岩层自重产生。设岩石密度为 γg，巷道埋深为 h，则巷道作用荷载 p 可以写成 $p=\gamma gh$，代入式 3-116 得发生冲击地压临界开采深度为：

$$h = p^*/\gamma g \tag{3-117}$$

表 3-21 给出了几个矿井冲击地压发生时的临界开采深度的观测值和计算值的对比，可见得到了较好的一致性。由式 3-117 可以看出冲击地压发生临界开采深度的重要参数是 E/λ。

表 3-21　冲击地压开采临界深度的实测值和理论值的比较

矿别参数	E/λ	φ	σ_c	h 理论值 /m	h 实测值 /m
抚顺龙凤煤矿	0.95	30	9	351	250～300
四川天池煤矿	0.74	30	12	418	370～400
枣庄陶庄煤矿	0.50	30	18	540	480
北京门头沟煤矿	0.42	30	14	397	150～200
开滦塘山煤矿	1.13	30	10	426	500

3.4.4　冲击地压发生时释放的能量

冲击地压发生时，假设储存弹性区的能量完全释放出来，则该能量一部分用于破坏软化区煤体，剩余能量以冲击地压震级形式表现出来。所以计算临界状态下弹性储存的能量，可以对冲击地压发生震级进行估计。

弹性区内应变分量为：

$$\varepsilon_r = \frac{1+\mu}{E}[\sigma_r^p - p]\frac{\rho^2}{r^2} + \frac{(1+\mu)(1-2\mu)}{E}p \quad (3\text{-}118)$$

$$\varepsilon_\theta = \frac{1+\mu}{E}[p - \sigma_r^p]\frac{\rho^2}{r^2} + \frac{(1+\mu)(1-2\mu)}{E}p \quad (3\text{-}119)$$

其中第二项是巷道形成前在原岩应力场 Π 作用下已发生的应变，去掉该项得到由于巷道开挖而产生的应变：

$$\varepsilon_r = \frac{1+\mu}{E}[\sigma_r^p - p]\frac{\rho^2}{r^2} \quad (3\text{-}120a)$$

$$\varepsilon_\theta = \frac{1+\mu}{E}[p - \sigma_r^p]\frac{\rho^2}{r^2} \quad (3\text{-}120b)$$

则储存在弹性区内的应变能为：

$$\Pi = \int_0^{2\pi}\int_\rho^{+\infty}\left(\frac{1}{2}\sigma_r\varepsilon_r + \frac{1}{2}\sigma_\theta\varepsilon_\theta\right)r\mathrm{d}r\mathrm{d}\theta = \frac{(1+\mu)\pi}{E}(\sigma_r^p - p)\rho$$

将 σ_r^p 和 ρ^2 代入得临界状态如下：

$$\Pi^* = \frac{(1+\mu)\pi}{E}\left[\frac{1-q}{1+q}p^* - \frac{\sigma_c}{1+q}\right]^2\left(1+\frac{E}{\lambda}\right)$$

上式两边同除 $\sigma_c^2 a^2/E$ 得无量纲量：

$$\Pi^* = (1+\mu)\pi\left[\frac{1-q}{1+q}\cdot\frac{p^*}{\sigma_c} - \frac{1}{1+q}\right]^2\left(1+\frac{E}{\lambda}\right) \quad (3\text{-}121)$$

分析上式可见，E/λ 越大，即煤塑性越强，ρ^*/σ_c 也越大，这种情况下 Π_0^* 越大，即冲击地压发生的震级越大。反之 E/λ 越小，即煤脆性越强，ρ^*/σ_c 越小，Π_0^* 越小，冲击地压发生的震级越小，极限情况是 $\lambda=\infty$，$E/\lambda=0$，$\rho^*/\sigma_c=0.5$（$p_0=0$），则有：

$$\Pi_0^* = \frac{1}{4}(1+\mu)\pi \quad (3\text{-}122)$$

此为冲击地压发生时释放的最小能量。可见 E/λ 是影响冲击地压发生震级的重要参数。

3.4.5 冲击地压发生时临界阻力区深度

由上述分析可见，冲击地压的发生是煤岩体结构失稳的结果，而冲击地压产生的巨大破坏是失稳后煤岩体结构弹性区释放其储存弹性能的结果，因而可以把煤岩体结构的弹性区称为冲击地压发生的动力区，一方面，煤岩体结构的应变软化区在冲击地压发生过程中起着消耗弹性区释放的能量、阻止破坏进一步发展的作用，因而可以把软化区称为阻力区。发生冲击地压时阻力区称为临界阻力区，大小为 Π。根据前面的结果，对于圆形巷道临界阻力区深度 R^* 为：

$$R^* = \rho^* = a\sqrt{1 + \frac{E}{\lambda}} \tag{3-123}$$

对于采煤工作面临界阻力区深度为：

$$R^* = \frac{1}{2a}\ln\frac{\dfrac{\lambda}{E} + 1}{\dfrac{\lambda}{E} - \dfrac{1}{16}\dfrac{E_{\mathrm{d}}}{E}\alpha^4 h^3 H} \tag{3-124}$$

阻力区概念，物理意义清楚，其大小易于检测。临界阻力区深度指标为冲击地压的预报和防治提供了理论依据。

3.4.5.1　在冲击地压预报的应用

根据煤岩结构和几何性质，计算出临界阻力区 Π 的值。煤岩结构实际阻力区深度 R^* 可以通过钻屑法测得，钻屑量峰值位置即为 R。若 R 远小于 R^* 时，则可预报不会发生冲击地压。当 R 接近 R^* 时，则具有冲击地压危险，此时若有扰动，可能使阻力区深度达到临界值而发生冲击地压。根据 Π 值逼近 Π^* 的程度可以分为几个危险等级，进而对冲击地压进行预报。

3.4.5.2　冲击地压防治的应用

防治冲击地压最常用的两种方法是注水和卸压爆破。究竟注水、卸压爆破到什么程度才能解除冲击地压危险，长期以来一直没有理论依据，只能凭借经验摸索。因而使得不同矿井，有时同一矿井不同煤层，采用同一种方法进行防治时，都要完全从头开始试验。实际上根据前面的分析，无论注水法还是卸压爆破法，都是通过外界主动干扰手段增大阻力区深度，使煤体结构从原来的阻力区深度接近临界阻力区深度这样的危险状态，跳过临界阻力区深度，使干扰后的阻力区深度远大于临界阻力区深度，这样就消除了冲击地压危险。所以现场操作时，可以通过钻屑法检测防治后的阻力区深度，如果 R 远大于 R^*，则表示已解除冲击地压危险，否则需进一步采取措施。由式 3-123 和式 3-124 可见影响临界阻力区深度的最重要参数是E/λ。

3.4.6 冲击地压发生时支护的影响

一般情况下，支护应力 p_0 与降模量 λ 相差两个以上的数量级。由前述分析：

$$\frac{\rho^{*2}}{a^2} = 1 + \frac{E}{\lambda} + \frac{p_0}{\lambda}(q - 1) \tag{3-125}$$

支护应力 Π 对临界软化区深度的影响可以忽略不计，但支护应力 p_0 对临界荷载却有较大影响。对于 $\varphi = 30^{\circ}$ 情况有：

$$\frac{p^*}{\sigma_c} = \frac{1}{2} + \frac{1}{2} \cdot \frac{E}{\lambda} + \frac{p_0}{\sigma_c} + \frac{p_0}{\sigma_c} \cdot \frac{E}{\lambda} + 2\frac{p_0^2}{\lambda\sigma_c} - 2\frac{p_0^2}{E\lambda} \tag{3-126}$$

由于 p_0 和 λ 一般情况下相差几个数量级，式中后两项可以略去不计则有：

$$\frac{p^*}{\sigma_c} = \frac{1}{2}\left(1 + \frac{E}{\lambda}\right) + \frac{p_0}{\sigma_c}\left(1 + \frac{E}{\lambda}\right) \tag{3-127}$$

式中右端第一大项是不考虑支护应力时的巷道临界载荷，第二大项是考虑支护应力的影响，可以看出支护应力的存在使临界载荷的增加量为：

$$\frac{\Delta p^*}{\sigma_c} = \frac{p_0}{\sigma_c}\left(1 + \frac{E}{\lambda}\right) \tag{3-128}$$

若 $p_0/\sigma_c = 10\%$，则和没有支护相比，支护应力使巷道临界载荷提高 20%，所以，支护作用对冲击地压的发生影响很大。例如，在唐山矿冲击地压观测发现，一般情况下是巷道支护先坏了。可见，加强支护也是防治冲击地压的一项重要措施。而且

E/λ越大，则支护对临界载荷的影响越大，E/λ越小支护对临界载荷的影响越小。可见E/λ是决定支护应力对临界载荷影响程度的重要参数。

3.5 冲击地压判别准则及发生必要条件

冲击地压是否发生，取决于煤岩结构平衡状态的稳定性质。因此煤岩结构平衡状态稳定性准则也是冲击地压是否发生的判别准则。冲击地压发生前，煤岩体在外力作用下的变形过程，即冲击地压的孕育过程，可以认为是一个准静态过程；冲击地压发生后煤岩体则处于新的稳定的平衡状态。但是冲击地压发生过程中，伴随着煤岩体的震动，却是一个动态过程。因此，冲击地压是由发生前的准静态平衡状态转变到动态失稳过程。

3.5.1 能量准则

从能量角度讲，煤岩体结构平衡状态的稳定性，取决于系统总势能的性质。当结构平衡状态总势能为极小时，系统是稳定的，反之是非稳定的。设煤岩变形系统在外载荷面力向量$\{\boldsymbol{P}\}$和体力向量 $\{\boldsymbol{F}\}$ 的作用下，产生的应力向量为$\{\boldsymbol{\sigma}\}$应力变向量为$\{\boldsymbol{\varepsilon}\}$，产生的塑性软化区大小为$V_s$，其余的弹性区大小为$V_e$，此时系统处于平衡状态，则其总势能为：

$$\Pi = \iint_{V_e}\{\boldsymbol{\sigma}\}^T\{d\boldsymbol{\varepsilon}\}\mathrm{d}v + \iint_{V_s}\{\boldsymbol{\sigma}\}^T\{\mathrm{d}\boldsymbol{\varepsilon}\}\mathrm{d}v - \iint_{V_s+V_e}\{\boldsymbol{F}\}^T\{\mathrm{d}\boldsymbol{u}\}\mathrm{d}v - \iint_{\Gamma}\{\boldsymbol{P}\}^T\{\mathrm{d}\boldsymbol{u}\}\mathrm{d}s \tag{3-129}$$

式中，Γ 为面力 $\{\boldsymbol{p}\}$ 的作用边界，$\{\boldsymbol{u}\}$ 为位移向量，式中第一、第二项为应变能，第三、第四项分别为体力和面力的外力功势能，T 代表向量的转置。

变形系统的平衡状态取决于系统势能泛函驻值的性质。当驻值为非极小值时，其平衡状态是非稳定的，其物理意义是系统势能在平衡状态位置的领域内，其势能不是极小，即可能自行释放能量，偏离初始位置，所以为非稳定的。根据变分学原理，泛函驻值为非极小值时，必须满足以下条件：

$$\delta \Pi = 0 \tag{3-130}$$

$$\delta^2 \Pi \leqslant 0 \tag{3-131}$$

式中，Π 为变形系统的总势能。即势能的一次变分等于零，二次变分不小于零，变形系统处于非稳定平衡状态。式 3-130 即为弹塑性力学中的最小势能原理，是系统的平衡条件。式 3-131 为变形系统平衡状态稳定性的判别准则。将式 3-3 写成应变增量的形式，有：

$$\delta^2 \Pi = \int_{V_e} \delta\{\mathrm{d}\boldsymbol{\varepsilon}\}^T [\boldsymbol{D}] \delta\{\mathrm{d}\boldsymbol{\varepsilon}\} \mathrm{d}V + \int_{V_s} \delta\{\mathrm{d}\boldsymbol{\varepsilon}\}^T [\boldsymbol{D}^{ep}] \delta\{\mathrm{d}\boldsymbol{\varepsilon}\} \mathrm{d}V \leqslant 0 \tag{3-132}$$

式中，V_s 表示应变软化介质的体积，V_e 表示非应变软化介质的体积，第二项为具有应变软化性质的煤岩介质总势能的二次变分，第一项为其余煤岩介质的总势能的二次变分，$\{\mathrm{d}\boldsymbol{\varepsilon}\}$ 为应变增量矩阵，$[\boldsymbol{D}]$ 和 $[\boldsymbol{D}^{ep}]$ 为介质材料性质矩阵。

设在某一平衡状态上，给煤岩结构体施加一个微小的且不违背几何约束条件的虚位移而得到一个新的状态。根据稳定性的能量准则，若外载所做的虚功大于应变内能的增加，则失稳平衡状态是非稳定的，即失稳准则为：

$$\int_{V_s+V_e} \{\boldsymbol{F}\}^T \{\Delta \boldsymbol{u}\} \mathrm{d}v + \int_{\Gamma} \{p\}^T \{\Delta \boldsymbol{u}\} \mathrm{d}s \geqslant \int_{V_e} \{\boldsymbol{\sigma} + \Delta\boldsymbol{\sigma}\}^T \{\Delta\boldsymbol{\varepsilon}\} \mathrm{d}v + \int_{V_s} \{\boldsymbol{\sigma} + \Delta\boldsymbol{\sigma}\}^T \{\Delta\boldsymbol{\varepsilon}\} \mathrm{d}v$$

由于所研究的煤岩体结构处于平衡状态，满足虚功方程即外力在虚位移上所做的虚功等于应力在虚应变上所做的虚功。

$$\int_{V_s+V_e} \{\boldsymbol{F}\}^T \{\Delta \boldsymbol{u}\} \mathrm{d}v + \int_{\Gamma} \{p\}^T \{\Delta \boldsymbol{u}\} \mathrm{d}s = \int_{V_e} \{\boldsymbol{\sigma}\}^T \{\Delta\boldsymbol{\varepsilon}\} \mathrm{d}v + \int_{V_s} \{\boldsymbol{\sigma}\}^T \{\Delta\boldsymbol{\varepsilon}\} \mathrm{d}v$$

由此可得由应力增量和应变增量表述的冲击地压发生启动准则：

$$\int_{V_e}\{\Delta\boldsymbol{\sigma}\}^T\{\Delta\boldsymbol{\varepsilon}\}\mathrm{d}v+\int_{V_s}\{\Delta\boldsymbol{\sigma}\}^T\{\Delta\boldsymbol{\varepsilon}\}\mathrm{d}v\leqslant 0 \tag{3-133}$$

下面对冲击地压的启动准则做进一步讨论，设在弹性区 V_e 岩石体本构关系为：

$$\{\Delta\boldsymbol{\sigma}\}=[\boldsymbol{D}^e]\{\Delta\boldsymbol{\varepsilon}\} \tag{3-134}$$

在塑性软化区 V_s 内岩石本构关系为：

$$\{\Delta\boldsymbol{\sigma}\}=[\boldsymbol{D}^{ep}]\{\Delta\boldsymbol{\varepsilon}\} \tag{3-135}$$

式中，$[\boldsymbol{D}^e]$，$[\boldsymbol{D}^{ep}]$ 分别为弹性矩阵和弹塑性矩阵。代入式 3-133：

$$\int_{V_e}\{\Delta\boldsymbol{\varepsilon}\}^T[\boldsymbol{D}^e]\{\Delta\boldsymbol{\varepsilon}\}\mathrm{d}v+\int_{V_s}\{\Delta\boldsymbol{\varepsilon}\}^T[\boldsymbol{D}^{ep}]\{\Delta\boldsymbol{\varepsilon}\}\mathrm{d}v\leqslant 0 \tag{3-136}$$

由式 3-136 可见，只有介质中出现应变软化区，变形系统平衡状态才是非稳定的。这是因为只有应变软化力学性质的材料性质矩阵才是负的，其势能泛函的二次变分也是负值。因此，煤岩体出现应变软化区是使变形系统平衡状态处于非稳定的必要条件，也是冲击地压发生的必要条件。但是仅出现应变软化区只能保证式 3-136 的第二项为负值，只有其绝对值足够大，大于第一项的绝对值，才能保证满足 $\delta^2\Pi\leqslant 0$。而第二项绝对值的大小又取决于软化区的大小和应变软化区材料性质矩阵 $[\boldsymbol{D}^{ep}]$。$[\boldsymbol{D}^{ep}]$是与介质超过峰值强度后材料本构关系有关，也就是和材料固有的力学性质有关，应变软化区只能在进入峰值后才可能出现。在一维情况下，$[\boldsymbol{D}^{ep}]$即为岩石峰值强度后下降段的模量，其绝对值越大，越容易发生冲击地压。所以冲击地压与煤岩的固有性质有关，这与冲击倾向性理论是一致的。所以煤岩结构产生应变软化区只是发生冲击地压的必要条件，而不是充分条件。这也解释了为什么大多数井下煤岩体结构，虽然其局部应力超过峰值强度，产生了塑性应变软化区，但又能稳定的工作而不发生冲击地压 。

由此可见，最早从强度观点出发建立的冲击地压与煤岩破坏相联系的假说，以及冲击地压的发生是由煤岩介质的固有性质决定的观点，都只是冲击地压发生的条件之一，是不够完善的。

冲击地压可以理解为煤岩体变形系统从静态转变为动态的失稳过程。设变形系统在失稳过程中所释放的能量为 ΔE，由于煤岩发生动态破裂、滑移等耗损的能量为 ΔG。若考虑外力所做的功为 ΔW，只有在满足式 3-137 时，才有可能驱动冲击地压。否则，煤岩体只能作稳定的滑移或挤出（这种现象在矿井中经常可以见到）。式 3-136 和式 3-137 即为冲击地压失稳理论的数学模型：

$$\Delta K = \Delta W - \Delta E - \Delta G \geqslant 0 \tag{3-137}$$

若忽略外力所做的功，式 3-137 即变为：

$$-\Delta E \geqslant \Delta G \tag{3-138}$$

即系统释放的能量大于所消耗的能量时，将发生冲击地压。这就是库克提出的冲击地压发生理论的准则，可见它只是冲击地压失稳理论中简化的一个特例。

3.5.2 扰动响应判别准则

这是根据李雅普诺夫关于受扰运动的有界性概念提出的。李雅普诺夫的稳定性理论是研究干扰性因素对系统运动（平衡）的影响。所谓干扰因素就是在描述系统方程时与基本力相比甚小而未曾加以考虑的力。这些力通常是不曾确切知道的，它们可以是巷道的开挖、工作面的推进、开采、顶板岩层微裂纹的突然断裂、地震和放炮等，这些扰动因素在实际工程中是不可避免的。事实上，微小的干扰因素对不同的系统，或对同一系统在不同的平衡状态下，所产生的响应是不同的。若一个处于静态或动态平衡的系统受到一个任意微小扰动后，与不受干扰的状态相差很小，即扰动状态始终保持在原形态附近一个小领域内，则这个系统是稳定的。反之，系统在某些情况下，干扰对其的影响就很显著，以至于无论干扰多么小，受扰动系统的状态与未受扰动系统的状态可能相差极大，则这个系统是非稳定的。

对于煤岩体结构，在外载荷 p 作用下，产生的塑性软化变形区特征深度为 ρ，产生的特征位移为 u。u 可以是顶板下沉量或巷道收敛位移。如图 3-77 和图 3-78 所示，假设某时刻岩体结构处于平衡状态，对于外载荷 p 的一个微小扰动 Δp，或者是巷道开挖 Δa 一个微小扰动，工作面开采进尺 Δa 的一个微小扰动，这时煤岩体塑性软化变形区由 ρ 增加到 $\rho+\Delta\rho$，位移由 u 增加到 $u+\Delta u$。若响应 $\Delta\rho$ 或 Δu 是有界的或有限的，则此时平衡状态是

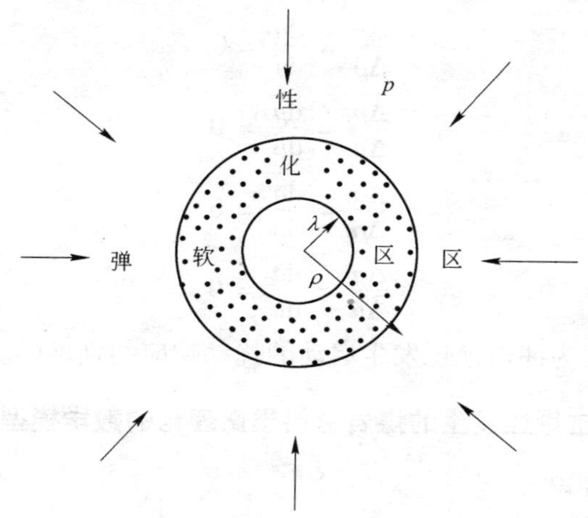

图 3-77　巷道的软化区和弹性区

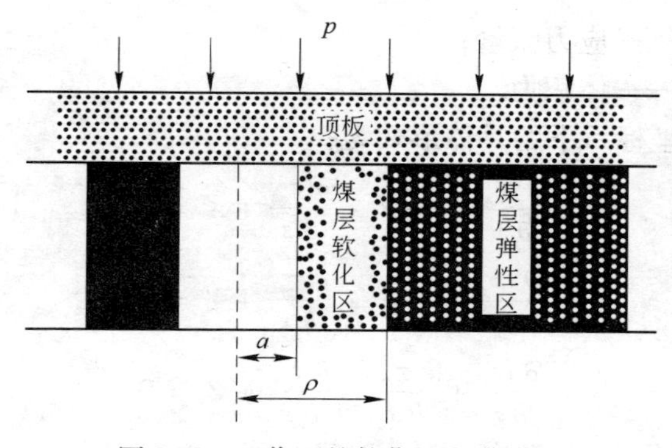

图 3-78　工作面的软化区和弹性区

稳定的，扰动消失后又处于新的平衡状态。即对于任意给定小数 $\varepsilon \geqslant 0$，总有 $\delta \geqslant 0$ 存在，使得当扰动 Δp 或 Δa 满足条件：

$$|\Delta p| \leqslant \delta, |\Delta a| \leqslant \delta \tag{3-139}$$

则响应 Δp 或 Δu 总可以满足下面不等式：

$$|\Delta \rho| \leqslant \varepsilon, |\Delta u| \leqslant \varepsilon \tag{3-140}$$

若煤岩体结构处于非稳定平衡状态，则无论扰动 Δp 或 Δa 多么小，都会导致塑性软化变形区或特征位移的无限增长，即：

$$\frac{\Delta p}{\Delta \rho} = \frac{\mathrm{d}p}{\mathrm{d}\rho} = 0 \tag{3-141}$$

或

$$\frac{\Delta p}{\Delta u} = \frac{\mathrm{d}p}{\mathrm{d}u} = 0 \tag{3-142}$$

或

$$\frac{\Delta a}{\Delta \rho} = \frac{\mathrm{d}a}{\mathrm{d}\rho} = 0 \tag{3-143}$$

或

$$\frac{\Delta a}{\Delta u} = \frac{\mathrm{d}a}{\mathrm{d}u} = 0 \tag{3-144}$$

上式即为冲击地压发生启动的扰动响应判别准则。

3.5.3 冲击地压发生的煤岩材料损伤理论的数学模型

平衡方程：

$$\frac{\partial \sigma_{ij}}{\partial x_j} + f_i = 0 \tag{3-145}$$

式中 σ_{ij}——应力张量；

f——体积力。

直角坐标系下的具体形式为：

$$\frac{\partial \sigma_x}{\partial x} + \frac{\partial \tau_{xy}}{\partial y} + \frac{\partial \tau_{xz}}{\partial z} + X = 0$$

$$\frac{\partial \sigma_y}{\partial y} + \frac{\partial \tau_{yz}}{\partial z} + \frac{\partial \tau_{yz}}{\partial x} + Y = 0$$

$$\frac{\partial \sigma_z}{\partial z} + \frac{\partial \tau_{zx}}{\partial x} + \frac{\partial \tau_{zy}}{\partial y} + Z = 0$$

轴对称平面应变问题的具体形式为：

$$\frac{d\sigma_r}{dr}+\frac{\sigma_r-\sigma_\theta}{r}+R=0$$

几何方程：

$$\varepsilon_{ij}=\frac{1}{2}(u_{i,j}+u_{j,i}) \tag{3-146}$$

式中 ε_{ij}——应变；

u——位移。

直角坐标系下的具体形式为：

$$\varepsilon_x=\frac{\partial u}{\partial x},\varepsilon_y=\frac{\partial v}{\partial y},\varepsilon_s=\frac{\partial w}{\partial z}$$

$$\gamma_{xy}=\frac{\partial u}{\partial y}+\frac{\partial v}{\partial x},\gamma_{yz}=\frac{\partial w}{\partial y}+\frac{\partial v}{\partial z},\gamma_{zx}=\frac{\partial w}{\partial x}+\frac{\partial u}{\partial z}$$

轴对称平面应变问题的具体形式为：

$$\varepsilon_r=\frac{du}{dr},\varepsilon_\theta=\frac{u}{r},\varepsilon_s=0$$

煤岩材料的损伤本构方程：

$$\sigma_{ij}=2G\varepsilon_{ij}M_G(D)+\lambda\varepsilon_{kk}\delta_{ij}M_\lambda(D)=2\widetilde{G}(D)\varepsilon_{ij}+\widetilde{\lambda}(D)\varepsilon_{kk}\delta_{ij} \tag{3-147}$$

式中，$\widetilde{\lambda}(D)$ 与 $\widetilde{G}(D)$ 分别为材料受损后的有效弹性常数，与材料的损伤程度有关。

$$\widetilde{\lambda}(D)=\lambda M_\lambda(D),\widetilde{G}(D)=GM_G(D) \tag{3-148}$$

$$M_\lambda(D)=1-\sum_{n=1}^{N}\alpha^{(n)}D^{(n)} \tag{3-149}$$

$$M_G(D)=1-\sum_{n=1}^{N}\beta^{(n)}D^{(n)} \tag{3-150}$$

式中 $\alpha^{(n)}$，$\beta^{(n)}$——分别为无量纲材料参数。

煤岩材料的损伤演化方程：

$$D=0 \qquad (0\leqslant\varepsilon\leqslant\varepsilon_c)$$

$$D=\frac{\widetilde{E}}{E}\left(\frac{\widetilde{\varepsilon}}{\varepsilon_c}-1\right) \qquad (\varepsilon\leqslant\varepsilon_c) \tag{3-151}$$

以上方程与冲击地压的判别准则一起构成冲击地压发生的煤岩材料损伤理论的数学模型。

3.5.4 简单煤岩结构冲击地压分析

下面分别采用能量准则和扰动响应准则，对图 3-79 进行冲击地压分析，图中 A 为均匀的岩石试件，高度为 h，横截面为 S，其应力应变关系如图 3-79d 所示，B 为弹簧，刚度为 K 在荷载 p 作用下，该结构产生的下沉位移为 u，且有关系 $u=\varepsilon h$，ε 为岩石应变。结构上压板绝对刚性，在下沉过程中始终保持

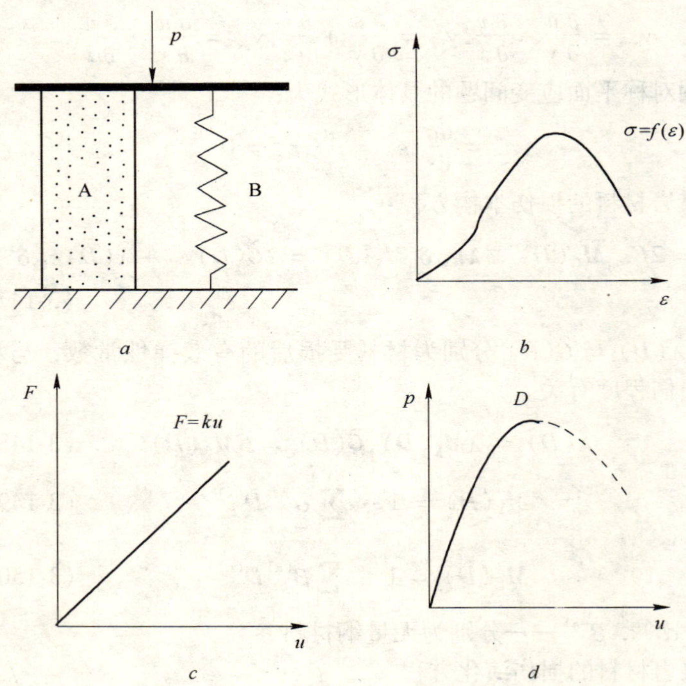

图 3-79 采用能量准则和扰动响应准则的冲击地压分析结果

a—试件；b—全应力应变曲线；c—应力应变弹性阶段；

d—坚硬岩石应力应变曲线

水平。

选 u 作为状态变量，则结构总势能：

$$\Pi(u) = \int_0^{\frac{u}{h}} Sf\left(\frac{u}{h}\right)\mathrm{d}u + \frac{1}{2}Ku^2 - \int_0^u p du \tag{3-152}$$

由 $\Pi'(u) = 0$ 可得出结构平衡条件：

$$p = Sf\left(\frac{u}{h}\right) + Ku \tag{3-153}$$

上式对于每个荷载 p 给出了相应的系统位移 u，绘出系统平衡路径如图 3-79d 所示。可见由于岩石的应变软化性质，使荷载路径存在一个极大值。所以，图 3-79d 所示系统到达点 D 将产生极值点失稳。这种失稳不是由于系统的几何原因，而是由于材料应力应变关系的非线性引起的，下面再计算总势能的二阶导数。

$$\Pi''(u) = \frac{S}{h}f'\left(\frac{u}{h}\right) + k \tag{3-154}$$

分析上式可见，当系统作用荷载较小时，岩石处于应力应变曲线的峰值强度 C 之前的阶段，此时随着变形的增加，岩石承载能力上升，上式中第一项 $f'\left(\frac{u}{h}\right) \geqslant 0$，因而 $\Pi''(u) \geqslant 0$，所以平衡状态是稳定的。当岩石达到峰值强度时，$f'\left(\frac{u}{h}\right) = 0$。超过峰值强度后，随着变形增加岩石承载能力下降，$f'\left(\frac{u}{h}\right) \leqslant 0$，此时 $\Pi''(u) \leqslant 0$ 才有可能。当 $\frac{S}{h}f'\left(\frac{u}{h}\right) + K \leqslant 0$ 时，$\Pi''(u) \leqslant 0$，系统平衡成为非稳定状态，遇扰动将发生失稳。事实上满足上式的点也即图 3-79d 平衡路径的极大值点。系统失稳后储存在弹簧 B 中的弹性势能将被释放冲击破坏试件 A，这就发生了冲击地压。同样我们可以采用式 3-133 得到冲击地压发生的临界条件。

对于试件 A：

$$\int \{\Delta\sigma\}\{\Delta\varepsilon\}\mathrm{d}v = f'\left(\frac{u}{h}\right)\left(\frac{\Delta u}{h}\right)^2 S = \frac{S}{h}f'\left(\frac{u}{h}\right)(\Delta u)^2 \tag{3-155}$$

对于试件 B：

$$\int\{\Delta\sigma\}\{\Delta\varepsilon\}\mathrm{d}v = K(\Delta u)^2 \tag{3-156}$$

代入式 3-133 得到发生冲击地压的条件为：

$$\frac{S}{h}f'\left(\frac{u}{h}\right) + K \leqslant 0 \tag{3-157}$$

得到了一致的结果。

下面再采用扰动响应准则式 3-142 分析煤岩结构的稳定性，由平衡条件：

$$p = Sf\left(\frac{u}{h}\right) + Ku \tag{3-158}$$

得到增量的表达式：

$$\frac{\Delta u}{\Delta p} = \frac{1}{\frac{S}{h}f'\left(\frac{u}{h}\right) + K} \tag{3-159}$$

当 $\frac{\Delta u}{\Delta p} \to \infty$ 时结构将失稳，所以失稳临界条件为：

$$\frac{S}{h}f'\left(\frac{u}{h}\right) + K = 0 \tag{3-160}$$

这也和能量准则分析得到了相同的结果。

4 冲击地压的防治措施

4.1 区域性防治措施

4.1.1 采场地压管理方法

地下工程岩体开挖以后，破坏了原岩应力平衡状态，岩体中应力重新分布，产生了次生应力场，使巷道或采场周围的岩石发生变形、移动和破坏，这种现象称为地压显现。进行地压管理所采取的各种技术措施称为地压管理方法。目前常用的管理方法主要有如下几种：

（1）利用岩体自身的强度、并保留一定宽度的支撑矿柱，以保持采场的稳定性；

（2）采取各种支护方法维持其稳定性，确保回采工作面的安全；

（3）充填采空区，减小岩体移动和变形，保持围岩稳定性；

（4）崩落围岩，使应力降低，使应力重新分布，并达到新的应力平衡状态；

（5）提高开采强度，缩短开采时间，减少巷道及地下工程结构的服务时间；

（6）选用适宜回采顺序，减小围岩的变形；

（7）选用科学的爆破技术，减弱爆破震动效应。

4.1.1.1　影响采场地压的因素

影响采场地压的因素非常多，其主要影响因素表现在如下几个方面：

（1）采空区因素：一般采空区体积越大，岩体的稳定性越差；连续采空区越大，地压活动表现越明显。

（2）开采深度因素：开采深度越大，地压明显增加。由于上覆岩层的重力与地压成正比，如果有构造影响，水平应力往往大于垂直应力。

(3) 地下水因素：地下水一方面对岩体结构面起溶蚀、软化和泥化的作用，降低了弱面的强度；另一方面，在裂隙水压的作用下，减少了作用于裂隙表面的摩擦阻力，降低了岩体的抗剪强度，因而有些矿山的大面积地压往往发生在冬季解冻期和雨季；

(4) 时间因素：一般来说在其具备发生应力集中的条件下，时间是一个重要的可变因素；

(5) 结构弱面因素：大型连续结构弱面，一方面对大范围破坏起控制作用，即成为岩体移动边界的切割面和滑动面，另一方面对其发生和发展也起加速作用。

(6) 采矿方法、回采顺序、矿体的结构参数、回采工艺等对地压有着重要的影响。

(7) 岩石物理和力学性质、矿物组成、结晶程度、矿物颗粒之间的连接特征以及地质构造等对地压均有影响，有时甚至起到控制作用。

(8) 相邻采空区的处理方法及处理质量的影响，若相邻空区充填体强度大，接顶程度好，对空区稳定性有利。若相邻空区处理的质量不好，仍有较大的地压活动，则对采空区稳定不利。

4.1.1.2 采场大面积地压的特征

采场大面积地压一般有如下3个发展阶段：

(1) 发生和缓慢发展阶段。这个阶段发展很缓慢，短者数月，长者几年甚至十几年，这个时期的主要特征表现为围岩发生地音，采场顶板局部冒落，矿柱压坏，近矿巷道变形和破坏。

(2) 加速发展、岩石移动和崩塌阶段。这个阶段巷道和围岩变形明显，地音剧烈，巷道、矿柱或夹墙压坏、倒塌，大面积地压活动发生，岩层移动剧烈，采场巷道坍塌，地表下沉变形大。

（3）衰减稳定阶段。大面积地压活动后，采场和巷道变形及破坏趋于缓和，而地表开裂和下沉一般还要持续一段时间，但其速度逐渐减缓，围岩应力达到新的平衡状态，从而形成新的相对稳定阶段。

随着开采工程的进行，采区范围扩大，岩体平衡状态又继续受到破坏，地压活动再次发生，并由此重复上述的变形与破坏过程。

4.1.2 生产技术措施

4.1.2.1 合理开采区部署

开拓大巷和主要巷道及硐室要选择在底板坚硬、稳定的岩层中。如系煤巷必须选择在非冲击煤层中，要尽量少掘煤巷，特别是工作面前方支撑压力区内掘巷，应不留或少留煤柱。正确选择采煤方法和顺序，以防止采场应力的叠加。

对于有冲击倾向的煤层，应采取综合技术措施防止发生冲击地压，使应力集中程度或使应力峰值向煤体深部转移；改变煤岩的力学性能，削弱其积蓄和骤然释放弹性能的能力；减轻冲击地压的危害程度。

图 4-1 所示为分层开采上分层工作面支撑压力分布。取工作面前方一微小单元体，单元体的宽度为 $\mathrm{d}x$，由此可建立 x 方向的极限平衡方程，由图 4-1 可建立平衡方程：

$$M(\sigma_x + \mathrm{d}\sigma_x) - M\sigma_x - (f_1 + f_2)\sigma_y \mathrm{d}x = 0 \qquad (4\text{-}1)$$

式中 M——分层采高；

σ_x，σ_y——分别为煤体中在 x，y 方向上的应力；

f_1——煤层与顶板间的摩擦系数；

f_2——上分层煤与下分层煤间的摩擦系数。

根据极限平衡区内的应力条件，得：

$$\sigma_y = \sigma_c + \frac{1 + \sin\phi}{1 - \sin\phi}\sigma_x \qquad (4\text{-}2)$$

式中 σ_c——煤体单轴抗压强度；

ϕ——煤体内摩擦角。

由式 4-1、式 4-2 联立解微分方程可得出：

$$\sigma_y = \frac{Ne^{(f_1+f_2)}x}{M} \cdot \frac{1+\sin\phi}{1-\sin\phi} \tag{4-3}$$

式中　N——煤壁上的支撑力。

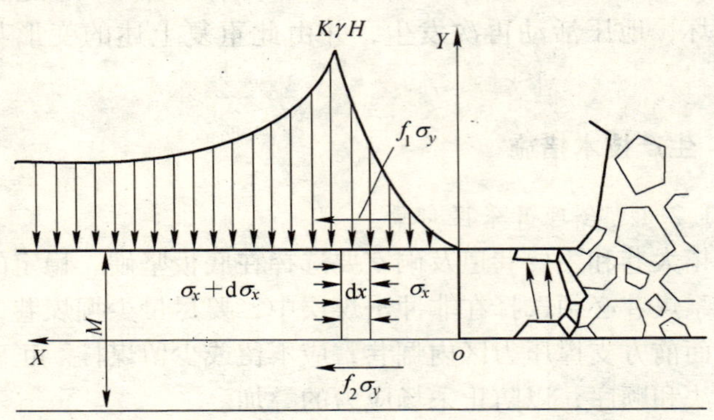

图 4-1　分层开采工作面支撑压力分布

一般情况下，如果认为 $f_1 \approx f_2 = f$，（煤岩间的摩擦系数）则：

$$\sigma_y = Ne^{\frac{2f_x}{M}\cdot\frac{1+\sin\phi}{1-\sin\phi}} \tag{4-4}$$

这就是分层开采时上分层工作面前方塑性区内支撑压力表达式。一般在工作面煤壁处的煤体被扰动，支撑能力很小，N 可近似等于 0，$\sigma_y = 0$。

图 4-2 所示为放顶煤开采时工作面支撑压力分布图，同样方法可推导出放顶煤工作面前方塑性区的支撑压力分布表达式：

$$\sigma_y = Ne^{\frac{2f_Y}{M+M_d}\cdot\frac{1+\sin\phi}{1-\sin\phi}} \tag{4-5}$$

公式中的 N 为煤壁上顶煤的支撑力，即：

$$N = \tau_0 \cot\phi \cdot \frac{1+\sin\phi}{1-\sin\phi} \tag{4-6}$$

$$\tau_0 \cot\phi \cdot \frac{1+\sin\phi}{1-\sin\phi} \cdot e^{\frac{2f_{x1}}{M+M_d}\cdot\frac{1+\sin\phi}{1-\sin\phi}} \tag{4-7}$$

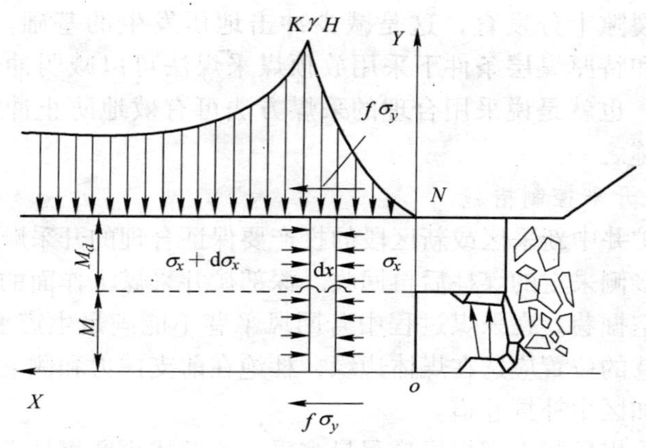

图 4-2　放顶煤开采工作面支撑压力分布

从公式 4-5 可知，放顶煤的支撑压力与顶煤在工作面上方的支撑能力直接相关，即与 τ_0 和 ϕ 值相关。这就决定了煤层本身是否有发生冲击地压的倾向。首先比较公式 4-6 和式 4-7 可以看出分层开采与放顶煤相比，其 M 和（$M+M_{\mathrm{d}}$）值相差很大，可以说顶煤厚度 M_{d} 愈大，σ_{y} 值愈小，也就是高应力区的应力降低。因此大量积聚弹性能的可能性降低了，发生冲击地压的可能性减少了。其次分层开采的上分层工作面底板为煤体，整个煤层在支撑压力作用下其压缩膨胀的空间小，容易在工作面前方高应力区内积蓄能量，而放顶煤工作面的顶板为煤体，顶煤在支撑压力作用下的变形膨胀空间大，因此在高应力区容易提前变形膨胀，不宜积蓄起大量的弹性变形能，这正是冲击地压减少、甚至消失的原因。

通过对不同采煤方法冲击地压发生频率的研究表明：放顶煤开采使煤岩体变形膨胀提前释放围岩内的弹性能，所以在厚煤层开采过程中采用放顶煤开采可以使冲击地压发生的频率降低或消失。放顶煤开采由于顶煤的变形较大，使支撑压力的分布峰值降低，分布范围扩大，从而减少了能量积聚和冲击地压发生。放顶煤开采由于顶煤压裂或人为措施弱化顶煤强度，致使煤体裂隙十分发育，这是减少冲击地压发生的基础。总之，厚煤层和特厚煤层条件下采用放顶煤采煤法可以减弱冲击地压的发生，也就是说采用合理的采煤方法可有效地防止冲击地压灾害措施之一。

A 开采控制措施

深矿井中新采区或新区段的投产要保证合理的开采顺序，避免形成多侧采空的煤柱后再回收。深部矿井采煤工作面的回风平巷应沿空掘巷。在采煤过程中若回风平巷不能满足生产要求时，重新掘巷的位置应选在煤体边缘，杜绝在前支撑力和侧支撑压力峰值叠加区中补掘巷道。

首采煤层或上部煤层应尽量多采，不留或少留煤柱。在没有进行有效的处理前，避免在侧压力峰值区开掘本煤层的巷道或在同组底部煤层开掘巷道。深部开采，应尽量布置岩石上下山附近杜绝两侧同时开采。深矿井不宜采用柱式体系采煤法，杜绝采用房柱式采煤法回收已留的煤柱。

（1）合理布置巷道，不留中间煤柱，风道与上段净煤柱应留 5~7m，避开应力峰值区，石门绕道等应与上下两巷垂直；

（2）工作面及两巷超前的支柱、顶梁要拴防倒绳，工作面内挂梁随插防飞楔，并用防飞钩挂在顶网上。

（3）工作面及两巷要求不得有闲置设备，正在使用设备生根（即用锚链将机电设备拴牢在棚上）。

（4）工作面躲炮时间不少于 30min，躲炮距离半径不小于 150m。

（5）地下工程尽量布置在地应力分布比较均匀的地段，避免地下工程围岩应力集中效应带来的地质灾害。

（6）地下工程轴线方向尽可能与该工程布置区域的最大主应力方向保持平行或小角度相交（≤30°），以降低掘进后围岩应力分布的不均匀性。

（7）遇到不利的情况下，可以通过改变地下工程横断面的形状，如采用圆形、椭圆形、帐篷形或其他有利于稳定的多边形断面来达到减少应力集中效应。

（8）在可能发生冲击地压的地段尽量采用短进尺掘进，减少爆破炸药的用量，必要时采用分步开挖掘进方式，同时搞好光面爆破，严格控制爆破造成的超挖和欠挖现象，以减少掘进程序本身造成的地下工程围岩表层应力集中效应。

（9）在冲击地压可能发生的地段，爆破后立即向工作面新出露围岩表面进行喷水，降低地下工程表部岩体储备应变能的能力。在工作面喷水时，由于进入到岩石孔隙中的水与岩石矿物中的一些离子发生作用，从而造成岩石软化、膨胀以及溶蚀作用，使得岩石的强度降低。

软化系数越小，说明采用喷水方式对岩石的强度影响越大，其效果越好。而对于软化系数很高的脆性岩石，采用喷水的方式往往不能达到预期的效果。在采用高压喷水的情况下，水的劈裂作用可以在岩石内部产生新裂缝并使岩石内原有的裂缝进一步扩展，从而降低岩体储备弹性应变能的能力。

（10）对地下工程采用柔性支护，在冲击地压发生的地段，支护必须能够承受大的位移并且能够吸收岩层向开挖面外运动趋势的部分能量，为此采用喷射混凝土层加上挂网和菱形方式布置的锚杆，可以有效地防止冲击地压。

（11）做好冲击地压的超前预测预报工作，以提前准备相应的防范和应对措施。岩体中的初始地应力是由构造应力、岩体自重应力和浅表层改造产生的分异应力的综合结果，因此对于地下工程的冲击地压判别依据而言，在了解地下工程所在区域的地应力分布的基础上，做好冲击地压的超前预测预报工作，可以减少施工过程中突如其来的冲击地压灾害带所造成的经济损失，保护施工人员的生命安全。

B　地下采矿方法

地下采矿方法就是研究矿块的开采方法，它包括采准、切割和回采三项工作，在矿块中所进行的采准、切割及回采工作的总和称为地下采矿方法。

由于地压管理方法是以矿石和岩石的物理力学性质为依据，同时又与采矿方法的使用条件、结构参数、回采工艺有密切关系，并最终将影响到开采的安全、效率和经济效果，因而采矿方法可分为三大类：空场采矿法、充填采矿法及崩落法。

这三大类采矿方法中又由于采空区的结构特点、回采工作面的形式、落矿方式等不同而分组，具体分组情况见表4-1。

表4-1　金属矿床地下采矿方法分类

采矿方法类别	采矿方法分组	采矿方法名称	采矿方法主要分类
空场法	分层（单层）空场法	全面采矿法	（1）普通全面法； （2）留矿全面法
		房柱采矿方法	（1）浅孔落矿房柱法； （2）中深孔落矿留矿法
		留矿采矿法	（1）极薄矿脉留矿法； （2）浅孔落矿留矿法
	分段空场法	分段采矿法	（1）有底柱分段采矿法； （2）连续退采分段采矿法
		爆力运矿采矿法	
	阶段空场法	阶段矿房法	（1）水平深孔阶段矿房法； （2）垂直深孔阶段矿房法
崩落法	分层（单层）崩落法	壁式崩落法	（1）长壁崩落法； （2）短壁崩落法； （3）进路崩落法
		分层崩落法	（1）进路回采分层崩落法； （2）长工作面回采分层崩落法
	分段崩落法	无底柱分层崩落法	
		有底柱分层崩落法	
	阶段崩落法	阶段强制崩落法	
		阶段自然崩落法	

续表 4-1

采矿方法类别	采矿方法分组	采矿方法名称	采矿方法主要分类
充填法	分层（单层）充填法	上向分层充填法 上向进路充填法 点柱分层充填法 下向分层充填法 壁式充填法	
	分段充填法	分段充填法	
	阶段充填法	分段空场充填法 阶段空场充填法 V. C. R 充填法 留矿采矿充填法 房柱采矿充填法	

C　空场采矿法

这种方法通常将矿块分为矿房与矿柱，逐步回采，先采矿房，形成的采空区一般先不做处理，这种采矿法要求围岩和矿石稳固。空场采矿法是属于结构最简单的一种采矿方法，易于掌握，生产效率也较高，贫化小，成本低，实践技术也比较成熟，因而应用广泛。现阶段我国有色金属、黄金及化工矿山应用相当普遍。

D　充填采矿法

这类采矿法分为矿房与矿柱，分步回采，或不分房柱连续回采。当矿岩稳固时，可以上向回采，矿岩稳固性较差时可以下向回采，边回采边充填，以此进行地压管理，矿岩稳固与不稳固均可采用此法。

E　崩落采矿法

这类采矿法是矿块按一个步骤开采，回采由上向下不断推进，而且不断崩落围岩处理采空区，地表随之陷落，因此围岩可以崩落，地表也允许塌陷是这类方法的应用条件。

F　控制开采深度和推进速度

众所周知，随着开采深度的增加，煤层中的自重应力随之增加，煤岩体中聚积的弹性能也随之增加。统计分析表明，开采深度越大，冲击地压发生的可能性越大。开采深度与冲击地压发生的概率成正比例关系。考虑到安全界限，可以确定，开采深度 $H\leqslant350\text{m}$ 时，冲击地压发生的概率很低；开采深度 $350\text{m}\ll H\leqslant500\text{m}$ 时，冲击地压的概率将逐步增加；从 500m 开始，随着开采深度的增加，冲击地压的危险性急剧增加；当开采深度达到 800m 时，冲击指数 $W_t=0.57$，比在深度 500m（$W_t=0.04$）时增加了 14 倍。

在有冲击地压危险的区段内进行采掘活动，要有计划地控制采高和推进速度，采高适当降低，以减少冒落带的高度，推进速度适当减慢，给顶板以足够时间冒落，减少上覆岩层突然断裂造成冲击的可能性。

4.1.3 巷道合理布置

4.1.3.1 *矿柱支护防护措施*

矿柱支护在抗冲击地压方面是重要的防护措施。

矿柱按其回收与否可以分为永久矿柱和临时矿柱。根据矿柱的作用和位置的不同可分为：保安矿柱、阶段矿柱、矿块内或采区内矿柱、工作面矿柱。

（1）保安矿柱：用来保护井筒和地表建筑物、构筑物，免遭围岩岩石的影响而留设的矿柱。

（2）阶段矿柱：开采阶段为保护运输巷道在运输巷道水平上部和下部所留的矿柱，简称“底柱”和“顶柱”。

（3）矿块间或采矿区间的矿柱：是指两相邻矿块之间的或采区之间的边界矿柱，也称房间矿柱或区间矿柱，简称“间柱”。

（4）工作面矿柱；是指在矿房或采场范围内，开采空间中留设的单个规则的或不规则的矿柱。

此外还有人工支护：人工支护方式很多，依所用材料可以分为木材支护，金属支护、混凝土和喷射混凝土支护等。

4.1.3.2 *开采保护层*

《煤矿安全规程》规定：“开采煤层群时，首先开采无冲击地压或弱冲击地压煤层作为保护层”。开采保护层的目的是为了消除或减轻邻近煤层发生冲击的危险，煤层开采后在开采区间附近的顶板和底板中形成应力降低区，位于应力降低区内的被保护层所承受的应力下降，发生冲击地压的危险程度也减小。

开采保护层是防治冲击地压的一项有效的带有根本性的区域性防范措施。

如前所述，由于煤层开采的结果，导致上覆岩层变形、断裂或向已采空间移动。根据岩层移动的观测研究，采空区上覆岩层的移动情况如图 4-3 所示。观测研究表明，采空后上覆岩层虽然破断为岩块，但仍处于整齐排列之中，因而在岩层移动过程中仍然能互相制约，形成一系列的力学结构。

一般情况下，可把岩层的排列情况分为冒落带、裂隙带和弯

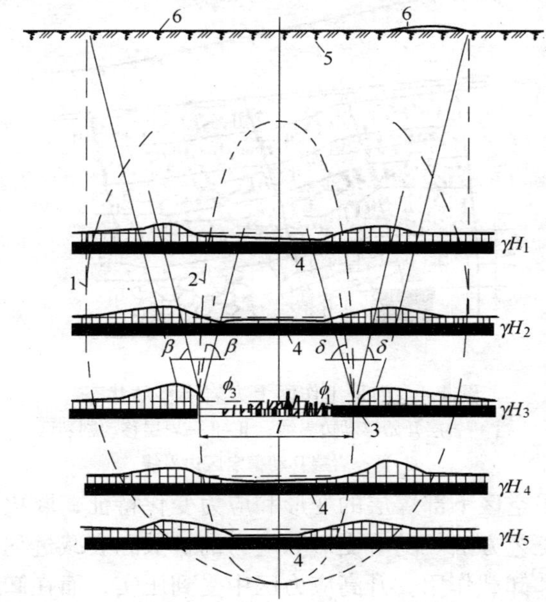

图 4-3　开采保护层卸压带示意图

l—工作面长度；ϕ—充分移动角；δ—断裂角；β—变形滑移角

1—升高应力区边界线；2—卸压带边界线；3—保护层；

4—被保护层；5—压缩变形区；6—拉伸变形区

曲下沉带。紧靠采空区上方岩层剧烈移动和冒落，冒落高度多数情况下不超过采高的 4 ~6 倍。冒落带以上为裂隙带，岩层产生大量裂隙并使天然裂隙张开。虽然岩层在采空区已破断，但仍然是排列整齐的岩层。裂隙带以上至地表的岩层，由于采动后裂隙不发育，为弯曲下沉带。如果从采煤工作面开始分析，则采空区上方岩层的移动形态如图 4-4 所示。一般情况下从 I-I 线开始移动，但变形量很小，待工作面通过时，Ⅱ-Ⅱ线产生离层和剧烈移动，而到Ⅲ-Ⅲ线后才进入稳定移动区。根据国内外实测，一般情况下，上覆岩层下沉始于工作面前方 30 ~40m，终止于工作面后方 100 ~150cm，而剧烈移动在工作面后方 10 ~40m。

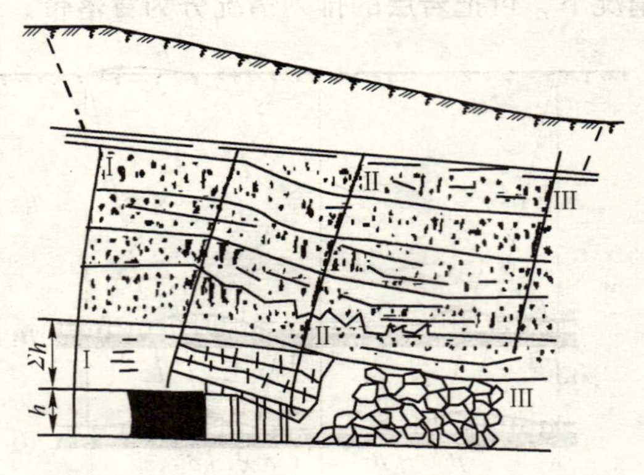

图 4-4　回采工作面上方岩层移动状态

Ⅰ-Ⅰ—岩层开始移动边界线；Ⅱ-Ⅱ—岩层移动剧烈区；

Ⅲ-Ⅲ—岩层移动稳定区边界线

处于采空区下部煤层的变形和应力变化特征，取决于地质条件和开采工艺方法。随着变形和应力的扩散和衰减过程，受到复杂的加载和卸载作用。升高应力区中受到压实，而在卸线区中受到松动。其作用半径一般可达几十米到上百米。如果层间距超过上方采空的作用半径，则下部煤层实际上就不受什么影响了，但是上方采空的作用是不固定的，随着上层工作面的推进或时间的延长而周期性变化，可以引起各种不同的变形，在升高应力区和卸载区邻接处可使已有裂隙张开或产生新的裂隙。试验表明，下部煤岩层中支撑压力扩展范围，可近似地用 $\omega=55°$ 的角度线圈定，如图 4-5 所示。而且在一定条件下可以改变下部煤层的聚合状态和层间岩层性质（裂隙度，透气性等）。但是，对下部煤层开采时影响最大的是上层开采过程中遗留的煤柱，影响深度可达 50～100m，影响宽度将比煤柱宽度大一倍多。

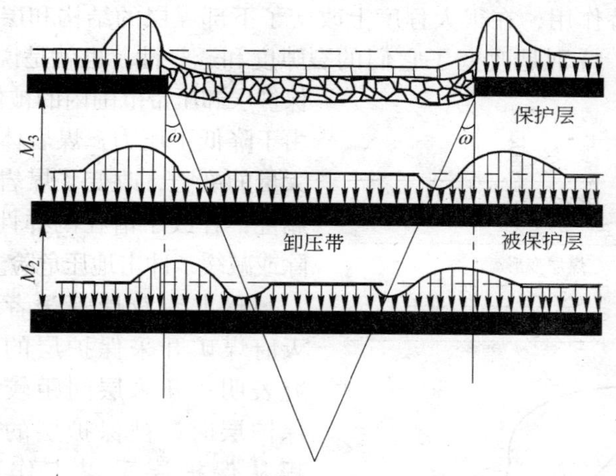

图 4-5 上保护层开采后的卸压示意图

在《暂行规定》中规定的开采设计原则第一条就是首先开采保护层。所谓开采保护层是指一个煤层（或分层）先采，能使临近煤层得到一定时间的卸载。先采的保护层必须根据煤层赋存条件选择无冲击倾向或弱冲击倾向的煤层。实施时必须保证开采的时间和空间同步。不得在采空区内留煤柱，以便每一个先采煤层的卸载作用能依次地使后采煤层得到最大限度的保护。保护层开采后，在其围岩中产生裂隙，引起围岩向采掘空间移动，使采空区上下方的岩层卸载。形成“卸压带”，以及附近岩层产生破裂。刚开始时岩层破裂移动是很剧烈的，特别是离保护层较近的地方。随着与保护层的距离增大而减弱。采空区垮落的矸石或充填料，随着时间的延长逐渐被压实，同时采空区和围岩中的应力相应地逐渐增加，趋于原岩应力水平。所以保护层的作用是有时间性的，卸压作用和效果随时间的延长而减小。因此开采保护层的间隔时间不能太久。一般卸压有效期为：用全部垮落法开采保护层时为三年，用全部充填法时为两年。如保护层上部煤层的老顶已折断，则以后开采时老顶的动态显现要缓和得多。对于下部煤层，由于受到保护层开采时的前后支撑压力产生的加载和卸载的交替作用，在很大程度上改变了下部煤层的结构和层间岩石的性质，特别是改变了它们的裂隙度和透气性。也就是说，处于保护层卸压带范围内的被保护层，由于降低了压力，煤岩体中产生大量的裂隙，改变了煤岩结构和属性，释放了潜在的弹性能，消除或减缓了冲击地压危险。

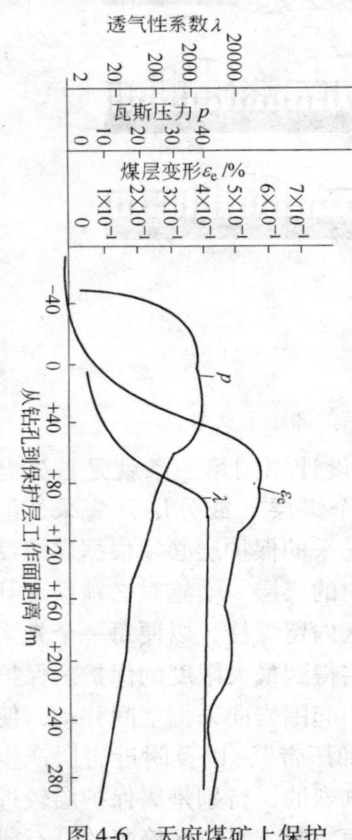

图 4-6　天府煤矿上保护层后危险层变形情况

赵本钧教授等学者通过对天府煤矿开采保护层的观察研究表明：开采层间距较大的上保护层时，被保护层的卸压过程从保护层采煤工作面前方 17～20m 开始，在工作面后方 20～40m（0.3～0.5 倍层间距）左右变形（膨胀）速率加快，至工作面后方 80～120m（1～1.5 倍层间距）处，达到最大膨胀变形量（ε_{emax} 为 0.31%～0.58%），以后逐渐减少，到工作面后方 300m 处，膨胀变形量 ε_e 为 0.24%～0.4%，如图 4-6 所示。上述观测说明，对层间距 80m 左右，且层间存在 16～18m 厚坚硬燧石灰岩的条件下，被保护层仍受到卸压作用。而且通过长期观测证明，保护层开采两年半后，被保护层仍能保持一定的膨胀变形（$\varepsilon_e = 0.1\% \sim 0.2\%$）。被保护层的支撑压力带位于保护层工作面前方20～80m处，最大压缩变形量ε_{emax}为0.05%～0.1%。

对于近距离（层间距10m左右）保护层的开采也进行了试验研究。例如中梁山煤矿的下保护层（层间距3～7m，层间岩石为粉砂岩，保护层厚度0.7m，倾角65°），南桐矿区的上保护层（层间距6～9m），层间岩石为砂岩，保护层厚度0.2～0.4m，倾角30°。由于是近距离保护层，其保护作用是没有问题的。观测表明，被保护层的卸压过程从保护层工作面附近就开始了，如图4-7所示。工作面推过5～10m（1倍层间距）时，膨胀变形速度加快，至工作面后方30～40m（3～4倍层间距）处，基本达到最大膨胀变形量（ε_{emax}为0.6%～1.0%）。支撑压力带位于工作面前方20m范围内，最大压缩变形量为0.05%。

淮南新庄孜矿的观测表明，在支撑压力带底板岩层受到压缩，卸压带岩层产生膨胀，支撑压力带与卸压带之间的底板岩层受到剪切。可见，底板岩层在回采过程中受到压缩、剪切和膨胀等复杂的加载和卸载作用。从钻孔资料看，工作面前方底板岩层大部分处于压缩状态，岩层出位移率变化不大，一般在+0.6‰～-0.6‰之间。在采空区下方接近工作面处，岩层开始膨胀，到工作面后方15～20m处，岩层膨胀率达最大值（2.4‰～5.9‰）。而后趋于稳定变形，如图4-8所示。

上述的观测结果表明，保护层先行开采之后，周围煤岩层向采空区方向移动、变形，其范围可由岩石冒落角和移动角限定，随着层间距加大，岩层移动和变形减弱。由于岩层不断移动变形，在采空区上方形成“压力拱”，使岩层压力转移给采空区以外的岩层承受。在岩层层面方向呈现膨胀变形，在煤岩层内不仅产生大量新裂隙，而且原有裂隙也张开扩大。导致煤岩结构和属性的变化，裂隙度增加，透气性增大，从而消除或减缓了冲击地压和瓦斯突出的危险。

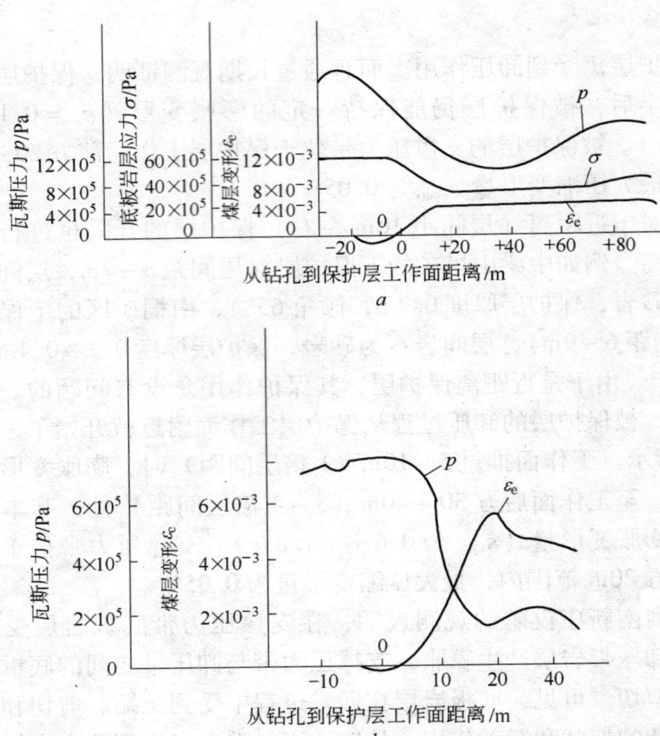

图 4-7 近距离保护层开采后煤层变形等情况

a—南桐矿区；*b*—中梁矿山区

但是，在卸压带范围内，卸载作用随着向上或向下远离保护层而衰减。所以层间距大的煤层虽然处于卸压带范围，但开采时也不能绝对保证不发生冲击地压。只有在卸压带的某些范围内，应力降低到一定程度时，开采工作才会免遭冲击地压的危害。在高度上达到 20 ~ 30 倍采高的范围内的岩层中，由于产生大量裂隙，基本上消除了冲击地压危险。但要注意岩石组成和岩层排列次序，可能对卸压带尺寸和卸压作用有影响，例如存在坚硬厚层岩层就可能会起隔离作用。此外，为了不使卸压带煤层重复加载，必须在空间上和时间上保证合理的开采顺序。相邻煤层的回

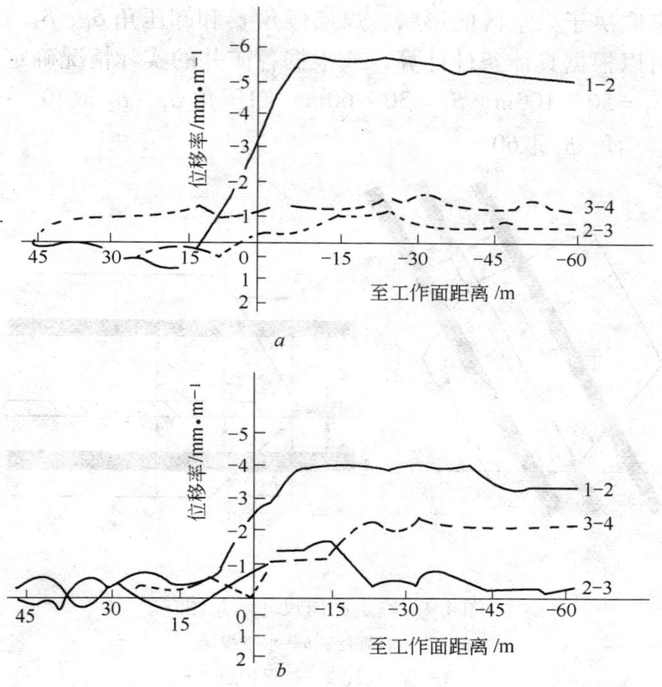

图 4-8　底边岩层位移率变化情况

a—1 号岩层移动观测孔；*b*—2 号岩层移动观测孔

（1-2、2-3、3-4 为测点号）

采工作线不许超出有效卸压带范围，否则将造成更为不利的条件。

实际上，根据保护层所在位置不同，煤层可以按下行顺序开采，也可以上行顺序开采，或者是按混合顺序开采。其主要原则是选冲击危险性最小的煤层，或能保证安全开采的煤层作为保护层。在安排保护层和被保护层中的采掘工作时，首先要确定保护层的卸压范围和卸压程度，卸压带的结构尺寸如图 4-9 所示。垂直于保护层方向上的最大卸压距离 S_1 和 S_2，取决于开采深度、采空区处理方式和围岩种类等。在平行于保护层方向上的最大卸压距离取决于采空区的形状、煤层倾角 α 和卸压角 δ_1、δ_2。上述参数可以根据具体条件计算，或根据各矿井的实际情况确定。一般取 $S_1=50\sim100\text{m}$，$S_2=30\sim60\text{m}$。卸压角 $\delta_1\sim\delta_2$ 取$70^\circ\sim80^\circ$，充分移动角 ϕ_3 取60°。

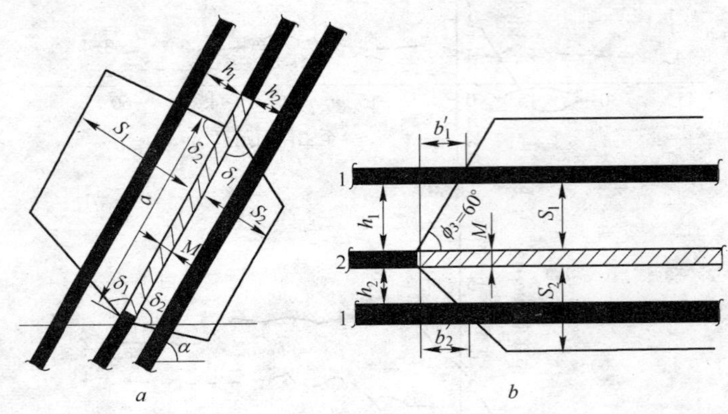

图 4-9　确定卸压尺寸示意图

a—急倾斜煤层；*b*—水平煤层

1—保护层；2—被保护层

波兰、前苏联等国家在开采冲击地压煤层规程中，具体规定了确定保护层的卸压范围及其参数。

开采保护层的常用方案如图 4-10 所示。为了有效利用保护层的作用，可以采用开采上保护层、开采下保护层或混合开采形

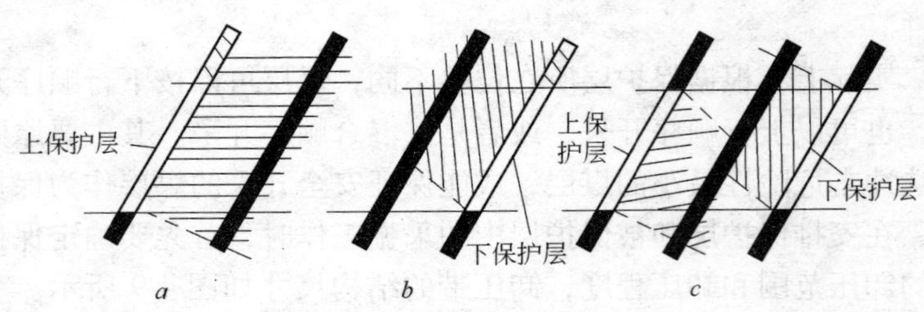

图 4-10　保护层开采方案

a—开采上保护层；*b*—开采下保护层；*c*—开采上、下保护层

式。煤层群开采时可以采用上行、下行或混合的开采顺序。在层间距合适的情况下，应优先考虑开采下保护层，其基本原则是不能破坏上层煤的开采条件。

抚顺胜利矿开采煤层群时，通常的开采顺序是采非近顶板的三分层，然后顺序开采四、五、六分层，每个分组中的各分层从下而上开采。先采的三分层头幅（第一分层）就是保护层。由于该层冲击地压严重，后来就打破通常的开采顺序，改为先采冲击性较小的五分层作为保护层。采完五分层后或先采完五分层的一、二层后停下，再按原顺序开采。这样的效果较为明显，冲击地压大为减缓。

在急倾斜条件下，下保护层的开采并不能保证被保护层在开采水平上完全被保护，如图 4-11*a* 所示。为了安全开采，可以采取多种措施，一是开采上、下保护层，如图 4-10*c* 所示；二是在下水平超前开采保护层，如图 4-10*b* 所示；三是采用局部措施（卸压钻孔等）。

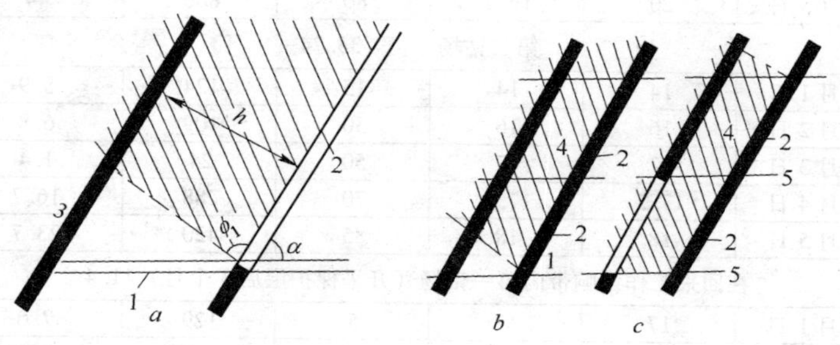

图 4-11　急倾斜条件下开采保护层方案

a—开采下保护层；*b*—下水平超前开采保护层；*c*—开采上、下保护层

1—石门；2—保护层回采工作面；3—未被卸压部分煤层；

4—卸压范围；5—开采水平

开采保护层在前苏联新矿区得到深入研究和广泛的应用。在相应的开采冲击地压煤层规程中，对开采保护层的工艺方法和参数作了具体规定。在实际应用中取得相当好的成效。例如顿巴斯中央区“煤仓”矿，在860m水平利用开采保护层以解除上层砂岩顶板的冲击和突出危险。在开采保护层前后用钻孔岩芯进行检查表明，开采保护层以前，钻孔岩芯分裂成单个圆片，证明砂岩的冲击和突出危险性很大，开采保护层3个月时岩芯中的圆片数明显减少，5个月后已经得到完整岩芯，岩石的冲击和突出危险已经解除。开采保护层前后钻孔岩芯中的圆片数变化情况见表4-2。

表4-2　开采保护层前后钻孔煤芯中的圆片数变化情况

钻孔编号	钻孔长度/m		倾角/（°）	岩芯中圆片数/个	
	沿长度	沿砂岩		总数	每米岩芯数
在回采工作影响带以外第一钻场					
1月1日	29	20	5	562	28.1
1月2日	20	16.5	27	493	29.9
1月3日	20	17.7	47	402	22.7
1月4日	20	18.5	67	814	44
1月5日	20	19.7	80	866	44
第二钻场　33.74					
2月1日	14	14	15	124	8.9
2月2日	16	16	30	109	6.8
2月3日	17	17	50	24	1.4
2月4日	17.2	17.2	70	288	16.7
2月5日	18	18	85	420	23.7
在回采工作影响带内第一钻场（开采保护层后3个月）11.4					
3月1日	17	17	5	129	7.6
3月2日	15	14.7	27	25	1.7
3月3日	15	15	47	环状裂缝	
3月4日	16	16	67	0	
3月5日	20	20	80	0	
第二钻场（开采保护层后5个月）　1.86					
4月1日	15	15	15	0	
4月2日	16	16	30	29	1.8
4月4日	17	16	60	0	
4月4日	17	16	70	0	
4月5日	18	18	85	0	0.36

4.1.3.3 巷道围岩支护

有冲击危险煤层的巷道要保证足够的支护强度，提高抗冲击变形能力。如采用单体液压支柱加强支护；加强支架间的整体结构，提高稳定性；加强巷道清理，保持巷道断面；支架与煤壁之间铺设金属网，缓冲煤体冲击能量等，以减少冲击危险和损失。

几种典型的巷道围岩支护方式：

（1）拱形可缩性金属支架。这种支架侧向和垂直向可缩性能都较好，特别能抵抗顶部来压。

（2）环状封闭形可缩性金属支架。为方环形可缩性金属支架具有四周可缩性，能抵抗四周来压，特别是抵抗底鼓变形。

（3）新奥法。新奥法是由奥地利学者拉布希维兹（L. V. Rabcewicz）教授总结前人在隧道施工方面大量实践经验后于1964年定名创立的。它既不是单纯的施工方法也不是单纯的支护方法，它是充分利用和调动巷道围岩强度与自身承载能力，按岩石力学、围岩支护共同作用原理制定的一套完整的地下工程设计、施工、支护、监测新概念。按新奥法的基本原则制定的施工方法和支护措施有效地适应和控制地下工程设计、施工、支护、监测技术。

4.1.3.4 锚注加固技术

A 锚杆的应用

锚杆是一种锚固在岩体内部的杆状支架。锚杆支护可以节约大量的木材和钢材，降低支架成本，减小掘进断面，施工工艺简单，可以减小劳动强度，有利于一次成巷施工和加快施工速度，减小通风阻力。

锚杆通过岩体软弱结构面并锚入岩体内，提高了岩体节理裂隙面的抗剪强度，改善了围岩的应力状态，使一定范围内的岩体形成岩石拱或组合梁。

锚杆按锚固原理可分为：机械锚固型、全面胶结型以及处于两者之间的机械和膨胀结合型。

在各种地质条件下，特别是在不良地质条件下，全面胶结型锚杆的锚固能力比机械锚固型要强，因而现在我国冶金矿山对全面胶结型钢筋砂浆锚杆的使用十分普遍，而且效果很好，锚杆分类见表 4-3。

锚杆支护可应用到下面的情况下：

(1) 软弱岩层中的直墙拱形巷道；

(2) 有底鼓的膨胀性围岩；

(3) 较高的垂直边墙；

(4) 高低拱联结处、岔口、马头门等围岩应力集中的地方。

其力学作用主要有 3 个方面：

(1) 悬吊作用；

(2) 组合作用；

(3) 挤压作用。

通过锚杆加固围岩体可提高围岩的强度，在围岩体中形成一个能承载岩石应力的岩石拱，加固锚杆与被加固围岩一道共同承担围岩传递的应力。这种以提高围岩自承能力为目的的方法为一种广为应用的方法。

表 4-3　锚杆分类

锚固原理	锚固形式	常用锚杆形式
机械锚固型	倒楔型	倒楔式
	楔缝型	楔缝式 双楔式 楔缝胀壳混合式
	胀壳型	胀壳式 双胀壳式 异形胀壳式
	爆固型	用炸药爆炸固定的锚杆
	头部胶结型	用环氧树脂胶结 用聚合酯树脂胶结
全面胶结型	砂浆型	用水泥浆胶结 用水泥砂浆胶结
	树脂型	用环氧树脂胶结 用聚合酯树脂胶结
机械和膨胀结合型	楔缝膨胀型	压缩木锚杆

B　锚杆桁架支护

锚杆桁架是一种矿山顶板支护的新方法，它是用高强度钢杆（直径为18mm，25mm）、两个涨壳式锚杆和拧紧装置组成。由于施加预紧力，在支护范围内的顶板岩层中，形成压缩带，像桁架似的形成一个整体结构，从而加固了顶板岩层。

这种支护方式在井底车场、各种硐室及采场中运用取得了良好的效果；在煤矿和金属矿、非金属矿的宽巷道、斜坡道和顶板支护中，国外使用较多，我国正在进行这方面的尝试。

4.1.3.5　综合支护技术

在矿山中，锚杆常与喷射混凝土、钢筋网配合使用，用来支护各种井筒、巷道、硐室，处理底鼓和冒落，加固基础和边坡，成为喷锚网联合支护。喷锚支护类型有以下5种：

（1）喷射混凝土；

（2）锚杆支护；

（3）喷射混凝土—锚杆联合支杆；

（4）喷射混凝土—钢筋联合支护；

（5）喷射混凝土—锚杆—钢筋网联合支护。

悬吊—承托作用就是通过起悬吊作用的锚杆和承托单元把破碎的岩石限制在深部岩体上。在通常的低应力条件下，这种作用主要是基于安全考虑，而不是对围岩自身的稳定性考虑。但已有研究表明，这种承托作用的锚杆和承托单元（如金属网、喷混凝土）把破裂岩石限制在深部岩体上，在通常的低应力条件下这种作用在保证受高应力作用的巷道稳定性方面可以起到一个非常重要的作用。在高应力作用下，引起明显的岩石破裂且通常伴有较大的岩体变形，岩体的破坏通常伴随岩体剥落的过程而发展，通过保持破裂岩石层来对岩块连续运动过程进行有效的运动控制。深部的节理（或破裂）岩体的强度对侧限压力的增加是极其敏感的，而受限制的破碎岩石正好给深部的岩石提供了这一侧限力。另外，这一层破碎岩石还起到分配荷载到承托结构（金属网）上的作用，来保护承托结构免受集中冲击荷载的作用，同时，它还可以起到耗散（或吸收）传递过来的微震能量作用。

对于前述的各国采用的各种不同支护形式，都可以简化分解成这里所解释的两种支护功能。在某些情况下，这两种功能也不是孤立的，它们可以共同作用来抵御冲击地压，也可能由加固功能向承托—悬吊功能转化。

冲击地压巷道支护结构在性能上必须具有抗动荷作用的能力，也就是说它除了具备静荷条件下的一切功能之外，还必须能抵御动荷作用，这是冲击地压支护的一个根本特点。

喷射混凝土则可以对表层裂隙岩体起加固、锁合作用，它与金属网一起还有较好的抗弯刚度，它可以使冲击荷载较均匀地分摊到加固单元（锚杆）中去；特别是它可以使锚杆处于单拉状态而不是剪切状态，从而使锚杆结构的作用功能得到优化。喷射混凝土与金属网共同作用可起到与锚杆相连的“托盘”作用，以防止托盘与网之间产生扯脱现象。另外，喷射混凝土作为一个整体性支护单元还有一定的支撑效果，使巷道周边更光滑而消除应力集中，通过提供侧向或切向剪切阻力而限制围岩膨胀等作用。

混凝土支护主要是使用素混凝土，在一些关键部位采用配以钢筋或钢轨、工字钢等整体浇灌的支护方法。它具有承压大、整体性好、适应各种漏斗布置形式、支护表面平整利于耙矿等。

喷射混凝土支护主要是将按比例已拌好的干料，送入喷射机(砂、石水泥、速凝剂等)，用压气沿输料管送到工作面，干料在喷嘴的混合室内与水混合，以高速喷射到所支护的岩壁上，形成喷射混凝土支护体。与浇灌混凝土相比，喷射混凝土减少掘进工程量15%～20%，节省劳动力50%，节约混凝土50%，降低成本50%。

金属网主要是一个承托单元，另外，它可以改善喷射混凝土的力学作用功能。但作为动态荷载作用的金属网，它自身亦应有吸收动能的能力和防破坏（防撕扯松散）的能力。

对于有冲击地压岩层的各支护单元来说，必须具有良好的韧性。韧性是指材料或结构在荷载作用下到破坏或失效为止吸收能量的性能，通常多用应力-应变曲线或荷载-变形曲线所围成的面积表示。实际上材料的韧性反映了其吸收弹性应变能的能力，韧性越好吸收能量的能力越强。韧性不仅取决于材料的强度，还取决于材料直至破坏时的变形能力。图 4-12 给出了三种不同韧性的材料的受力-变形曲线图，*A* 为高强低变形能力、*C* 为低强高变形能力的材料，只有 *B* 为理想的高韧性材料，是冲击地压支护中希望获得的材料。

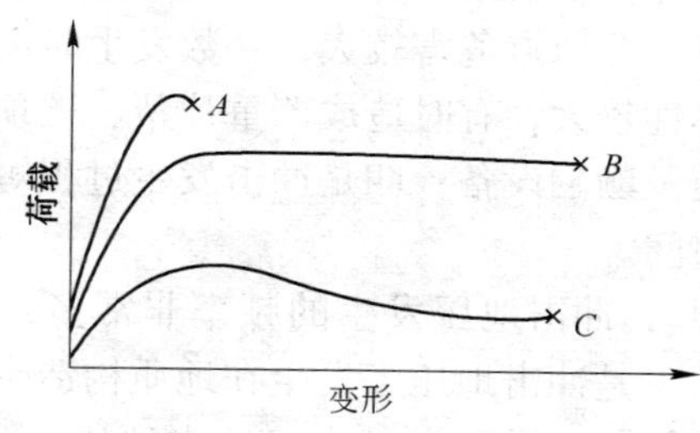

图 4-12　不同韧性材料的荷载-变形曲线

对于易爆岩层的支护来说，支护结构必须具有很好的延展性是一个基本特征。因此，研究支护系统的延展性是必要的。但就材料的力学性质而言，延展性的增大意味着极限强度的减少。对于一个支护系统来说，它是多支护单元的组合，就整体而言仍可以相互弥补强度降低的不足，使整体仍具有较好的承载能力。支护系统在受到冲击地压的冲击作用之后，应当能保证围岩的稳定，或由加固功能转化为悬吊-承托功能而继续保证围岩的稳定。

4.2　老虎台煤矿防治冲击地压的措施

4.2.1　巷道支护措施

由于冲击地压是一种自然灾害。抚顺矿区胜利矿 1933 年就发生过冲击地压，其开采深度在 250 ~ 300m。老虎台矿开采 –225m水平以上浅部煤层时，距地表深度 300m，开始发生冲击地压。随开采深度增加，特别是进入 – 580m 水平下段及北翼开采后，逐渐接触到深部复杂的地质构造及煤层产状，冲击地压显现越来越频繁，冲击强度及破坏程度逐渐加大。冲击地压发展过程分为一般冲击地压期、严重冲击地压期和强烈冲击地压期 3 个阶段。其显现特征：一是震级不大的煤爆发生较为频繁，但量级不大，偶有片帮和煤块抛射现象；二是浅部冲击和深部冲击较为强烈，但深部冲击是发生在煤层深处，虽然震级较大，地面震感明显，但井下破坏性不明显；三是浅部冲击地面震感不明显或无震感，但对井下作业地点危害较大，多数发生时没有宏观前兆而突然发作，破坏性较大，有时造成严重片帮、冒顶和底鼓、摧毁支架、堵塞巷道及颠翻设备；四是冲击发生过程短暂，持续时间一般在几秒或瞬间。

从 1993 年起，冲击地压发生的频率非常多，其主要特点有如下几个方面：一是冲击地压多发生在地质构造带部位，如断层附近、向背斜轴部；二是采深越大，冲击地压发生的频率越多；三是孤岛煤柱区是冲击地压严重地区；四是综放面一分层冲击地压显现强烈；五是综放面一分层开采初期及接近终采时，冲击地压发生的较频繁。六是二分层（缓压带）几乎不发生冲击地压。

随着老虎台矿采深的增大，工程地质条件的变化，采煤工艺也由原来的炮采改为综采放顶煤开采。多年来为了更好地防治冲击地压，不断地进行巷道支护技术方案的研究和探索，大体上可以划分为如下 4 个阶段：

第一阶段是炮采时期主要采用木支护和梯铁棚等刚性支护。这种支护形式没有缓冲能力，在冲击地压发生的瞬间被摧毁或破坏，出现支架被折断，并经常造成冒顶、埋人、堵人、堵塞巷道、中断通风等事故发生（如图 4-13 所示）。

第二阶段是采用 U25 型钢可缩性支护。这种支护形式，克服了刚性支护的缺点；在冲击地压发生时，支架连接处滑动收缩，具有一定的可缩性，一般情况下巷道能保持一定的断面，不会造成巷道冒顶等事故发生，但由于其强度较低，巷道变形比较

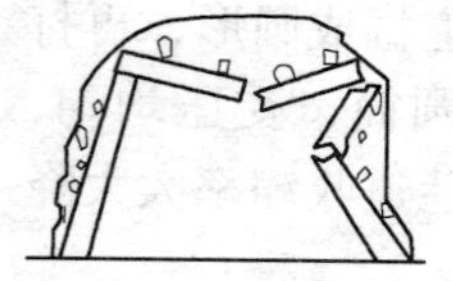

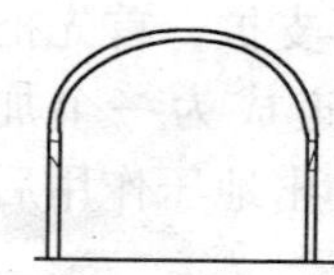

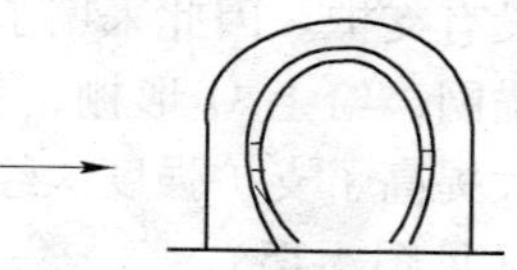

图 4-13　梯形刚性支护及柔性支护

严重（见图 4-13）。

第三阶段是采用主动的锚网支护形式，该种支护主要是对巷道表层的支护。当棚子受压起作用时，顶板已经离层，一经冲击地压即被摧垮，是一种被动的支护方式。采用锚网支护，变被动支护为主动支护，即在掘出断面后及时铺网打锚杆，通过螺母对托盘的预紧力，对煤壁加压，形成一定厚度的煤岩体加固拱，以提高巷壁自身强度来实现主动支护，防止了松动离层，大大提高了支护强度。特别是采取锚网加 U 形支架复合支护，提高了支护强度和抗冲击性能。通过数次冲击地压实践检验，它对保护巷道及人身安全，进行长距离大工作面开采起到了不可替代的作用。但发生严重冲击时会造成巷道底鼓（见图 4-14）。

图 4-14　锚网支护示意图

在第三阶段的巷道支护改革中，为了避免或减轻发生冲击地压造成巷道底鼓现象，支护形式又由帮顶支护变为全断面支护。过去架棚支护无论是梯形还是拱形，都是对巷道帮顶的支护，主要目的是防止冒顶。但进入深部后尤其是冲击地压区，周边都来压，底鼓占巷道收缩率的一半以上。主要就是底板承压力低，并且没有支护。因此采用了圆形支护，首先把巷道掘成圆形，再打上锚网，给上O形棚，使巷道成为一个加固圆筒，受压均匀，大大提高了支护强度。经过冲击地压作用后，巷道收缩率大大降低（见图4-15）。

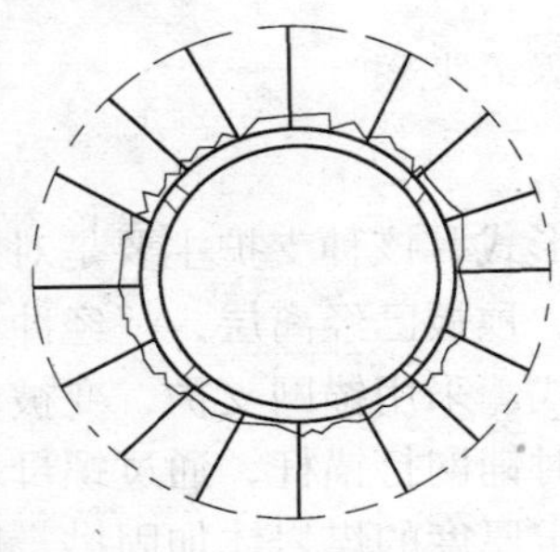

图4-15　全断面支护示意图

第四阶段是采取重型强化支护方式。为了抵御日益严重的冲击地压，保证巷道安全与运输畅通；在高压力部位如四岔口、三岔口处采用重型钢梁，配以液压支柱进行“超强支护”。所有冲击地压的巷道都实行锚网－U形棚复合支护，并逐渐由25U转为29U、并转为36U，向重型化发展。同时辅以棚间采用铁拉杆和刹三帮三顶等措施，抗冲击能力大大加强，较好地解决了巷道底鼓问题。特别是在冲击地压严重的巷道及交叉口处采用了巷道垛式液压支架，使巷道支护具有较强的初撑力和良好的可缩性及较高的支护强度（见图4-16）。

图4-16　巷道垛式液压支架

巷道支护技术方法与措施的应用，基本上控制了以往因巷道冒顶而造成的人身伤亡事故，杜绝了巷道冒顶造成通风系统中断以及瓦斯积聚等重大隐患，为有效防治冲击地压起到了显著作用。

4.2.2 锚杆支护的作用

锚杆支护是一种主动支护形式，它能及时加固围岩，充分发挥围岩的自承能力，减少围岩变形，防止离层和片帮；改善巷道的稳定状态，有利于巷道的长期稳定；大幅度降低巷道支护成本，提高工作面单产和掘进工效；同时也减少了巷道支护材料运输量并大幅度减轻了工人劳动强度。根据原煤炭工业部的统计，1995 年国有重点煤矿掘进的巷道，岩巷锚喷支护占 57.12%，半煤岩巷占 30.107%，煤巷占 15.15%；Ⅰ、Ⅱ、Ⅲ类巷道锚杆支护已推广应用，Ⅳ巷道支护技术已在部分地区试验取得成功经验。但我国煤矿地质条件复杂，许多矿区煤巷锚杆支护技术亟待研究，抚顺矿区属于煤矿地质条件比较特殊的地区。首先是抚顺矿区属冲击地压多发和强冲击地压显现比较严重的地区；而且抚顺矿区煤层属特厚煤层。而对于老虎台矿来说是百年老矿，多水平开采，开采深度近 800m。现以综采放顶煤为主，冲击地压显现的强度和频率在全国少见。据抚顺地震局提供的资料，1994 年 2 级以上的矿震为 22 次，1995 年 2 级以上的矿震为 38 次，1996 年 2 级以上的矿震为 64 次，采准巷道（煤巷）破坏严重，造成财产和人员等多方面巨大的损失，煤巷支护方式亟待改进。

4.2.3 老虎台煤矿锚杆支护技术的实验研究

4.2.3.1 工程地质概况

采区煤层走向近似东西，向北倾斜，倾角 3°～15°，平均 10°。厚度为 30～90m，平均 58.15m。顶板为油母页岩，底板为灰白色凝灰岩，气煤硬度 $f=115\sim210$。煤尘有爆炸危险，其指数为 45%，相对瓦斯涌出量预计 $30m^3/t$，煤炭有自燃发火倾向，发火期一般 1～3 个月，最短 13 天。矿区地质断裂构造发育，受

F15 逆断层（$H=450\sim500$mm）和南部 F7-1 断层（$H=70\sim77$m）的影响，控制区内派生断裂构造发育，落差 110m 以上断层 30 余条。根据初步采样，经捣碎法实验 58008-1 工作面煤的普氏系数 $f=1\sim115$。开采区属原生煤体区，顶板压力大，造成该区域冲击地压较大；特别是在准备过程中，冲击地压显现会相当频繁，对生产安全威胁较大。采区在开采第一分层时，冲击地压显现频繁，强度较大，在实际掘进中也是如此。

4.2.3.2 支护设计简述

巷道断面为矩形，断面净面积 13m^2，支护材料及断面尺寸详见表 4-4、表 4-5。

表 4-4 支护材料表（一）

项目内容	锚杆材质	锚杆长度/mm	锚杆直径/mm	托盘规格/mm × mm
肩角锚杆	螺丝钢	2200	22	120 × 120（斜）
帮顶锚杆	螺丝钢	1800	20	120 × 120（球）
锚索	钢绞线	5000	15	400 × 400

表 4-5 断面及支护表

支护形式	断面形状	排距/m	净尺寸/mm		断面/m^2
			宽	高	
锚网	矩形	锚杆：0.7 锚索：五花布置，3m 的排距	5000	2600	13

4.2.3.3 测面测点的布置

测面测点的布置是随着掘进的进度和开切眼的具体情况而定的。在开切眼掘进 10m 时，在距北顺槽与开切眼转角近 5m 处设置了第一个观测面；当开切眼掘进 35m 时，在距第一观测面 21m 处设置了第二观测面；在开切眼里掘进 70m 处时，设置了第三观测面；把第二观测面 5 个测点的压力盒移至第三观测面，第三测面距第二测面 23m。在开切眼掘进 85m 处时，在距第三观测面 21m 处设置了一个顶板动态观测点；在开切眼将要掘进完时，将第一观测面的 1 号顶板动态观测点移至开切眼里近 96m

处；在每个观测面中设置了 7 个观测点，即顶板动态观测点，两帮移近观测点和 5 个锚杆荷载测试点（共设置了 3 个观测面），具体分布如图 4-17 ~ 图 4-19 所示。锚杆荷载的 5 个观测点分别设在了观测面的顶板、两肩角及两帮。

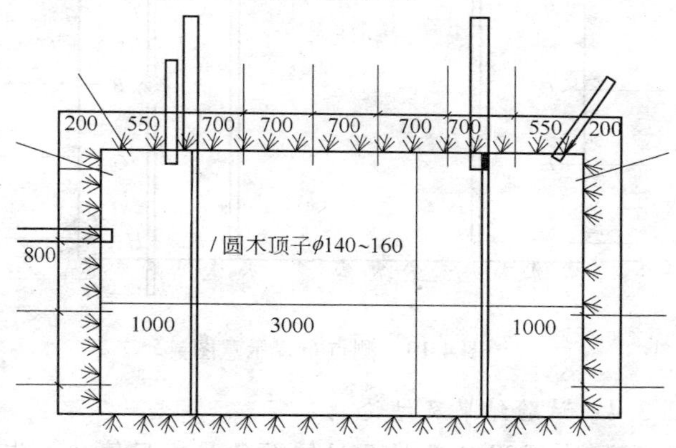

图 4-17　支护情况布置图（顶子每排两个、排距 1m）

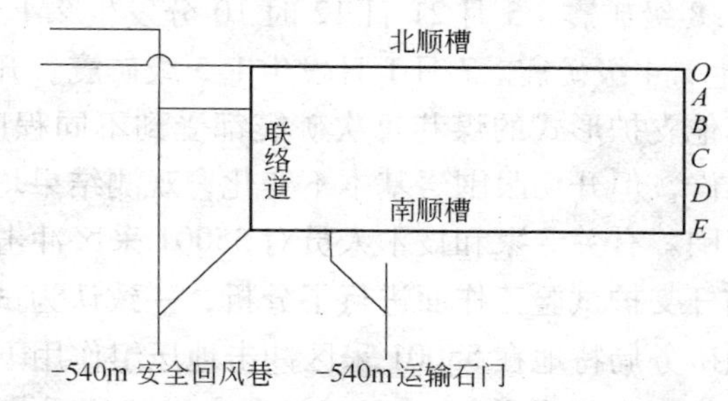

图 4-18　侧面布置示意图

（$AB=21\text{m}$，$OA=5\text{m}$，$BC=23\text{m}$，$DC=21\text{m}$，$ED=26\text{m}$）

A 处为第一观测面，*B* 处为第二观测面，*C* 处为第三观测面，*D* 处为顶板动态观测点，*E* 处为顶板动态观测点，*A* 为顶板锚杆压力盒；*C*、*B* 为肩角锚杆压力盒，*D*、*E* 为两帮锚杆压力盒，*F*、*G* 为围岩收缩试点，*H*、*I* 为动态仪设置点，*E*、*C*、*A*、

B、*D* 分别称为 1 号点、2 号点、3 号点、4 号点、5 号点。

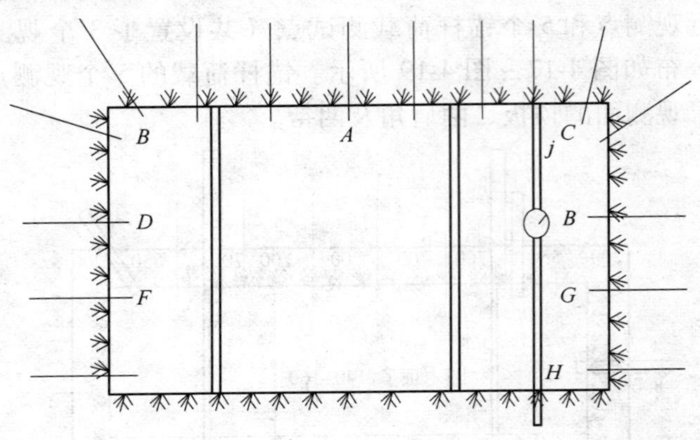

图 4-19　测点布置示意图

4.2.3.4　试验结果及结论

试验观测从 1998 年 5 月 5 日始至 7 月 4 日停止，先后经受了多次强冲击地压，据抚顺地震局提供的监测报告，5 月 20 日 12 时发生 1.8 级矿震，5 月 21 日 12 时 10 分发生 2.1 级矿震，6 月 24 日发生 1.4 级矿震。7 月 1 日发生 1.5 级矿震。开切眼附近地区采用其他支护形式的煤巷每次矿震都受到不同程度的破坏，多次进行维修，但开切眼围岩基本不变化，观测结果均显示在设计要求的范围。有关专家和技术人员对 55001 采区冲击地压作用下，煤巷锚杆支护试验工作面进行了分析，一致认为试验获得了成功。抚顺矿务局特地在 55001 采区冲击地压组作用下煤巷锚杆支护试验工作面进行了总结，1998 年辽宁省经贸委将冲击地压下特厚煤层煤巷锚杆支护技术列为省科学技术推广项目，并在老虎台矿 68001 采区西和首采区二期等工作面进行了推广和应用。

4.2.4　老虎台矿 68001 号工作面锚杆支护试验及支护效果

针对老虎台矿特厚煤层冲击地压对巷道破坏的危害，结合针对老虎台矿 68001 工作面南顺槽工程地质特征进行了试验，试验巷道长度为100m，采用锚杆支护。

4.2.4.1 采区地质概况

煤层走向近似东西，煤层倾向轴南向北倾斜，轴北向南倾斜，南北宽度最大为325m，最小为60m，平均167m。煤层倾角最大65°，最小0°；轴南最大25°，最小0°，平均20°；轴北最大65°，最小0°，平均48°；煤层顶底板直接顶为油母页岩，底板为灰白色凝灰岩。煤层厚度：最大96m，最小75m，平均85m；煤层中夹岩：最大厚度为13m，最小厚度为0.2m，平均2层。

瓦斯相对涌出量为25.5t/m^3；煤尘有爆炸危险，爆炸指数为46.24%；煤层有自然发火危险，发火期1~3个月，最短13天。由于煤层位于F18号断层以南的向斜轴部，且开采深度较大，瓦斯未抽放。因此，在重力，构造应力和瓦斯压力综合作用下，造成该区域内冲击地压较大，特别是在采区准备过程中，冲击地压显现相当频繁，对生产安全威胁较大。

水文地质预测正常涌水量0.0105m^3/s，预计最大涌水量为0.0198m^3/s。本区域地质构造受F18号逆断层和F7-1号正断层影响，形成向斜构造，派生的正逆断层较多，由于正逆断层相互交错，致使地质构造比较复杂，对煤层产生了较大的挤压和揉搓作用，给巷道掘进及回采带来了较大的困难。

4.2.4.2 工作面主要参数

工作面长度90.651m（两顺槽中心距）；工作面倾角6°52′22″；工作面采高最大14m，最小3m，平均12m；日循环数为2个；循环进度为1.2m；日进度为2.4m；正规循环率为0.8；采区煤层走向近似东西，向北倾斜，倾角3°~5°，平均10°，厚度为30~90m，平均58.15m，顶板为油母页岩，底板为灰白色凝灰岩，煤种为气煤，普氏系数$f=1.5\sim2.0$；煤尘有爆炸危险，其指数为45%，相对瓦斯涌出量预计为30t/m^3。煤炭有自然发火倾向，发火期一般为1~3个月，最短13天。本区域地质断裂构造发育，受北部F15逆断层（$H=450\sim500$m）和南部F7-1，断层（$H=70\sim77$m）的影响，控制区内派生断裂构造发育，落差1.0m以上的断层30余条。采区在开采第一分层时，冲击地压显现频繁，强度较大。试验巷道长度为100m。

4.2.4.3　锚杆支护参数确定

根据老虎台矿68001工作面工程地质和采区设计资料，应用工程类比法，确定组合锚杆支护方案。

（1）南顺槽两帮及顶板采用预应力螺纹钢筋树脂锚杆锚固，两帮及顶板辅之W型钢带配合支护，两帮及顶板全部铺设金属网，断面形状为矩形。

（2）南顺槽两帮及顶板采用预应力螺纹钢筋树脂锚杆锚固，两帮及顶板全部铺设金属网，断面形状为直墙半圆拱形。

（3）南顺槽组合锚杆支护设计。

根据“－730水平轴部区68001工作面设计说明书”，南顺槽最小净断面为12.6m^2，原设计为U型钢可缩性金属支架，巷道断面形状为拱形。根据采区工程地质资料，68001号工作面南顺槽围岩属Ⅳ类不稳定围岩，可采用组合锚杆技术进行支护，这样巷道断面形状和尺寸均有变化，在满足最小净断面积不小于12.6 m^{2}的前提下，经研究确定断面形状和尺寸如下：断面形状为矩形；掘进断面尺寸为宽$a=4600$mm、高$h=3000$mm、断面面积$S=13.8$m^2。

考虑顶板设计允许最大下沉量为100mm和两帮设计允许最大变形量合计200mm，并确保有富余条件下，保障最终净断面不小于如下尺寸：宽$a=4400$mm；高$h=2900$mm；断面面积$S=12.76$m^2。

锚杆支护设计参数，顶板支护应用W型钢带和半长锚固螺纹钢筋树脂锚杆支护，并挂金属网；W型钢带规格为BHW-700-250-3-4500型钢带，即钢带长度为4500mm，宽为250mm，厚3mm，锚杆形式和规格为45Mn-ϕ22-M22-2400，杆体长度2400mm，即锚杆杆体为螺纹钢，材质为45Mn，杆体长度为2400mm，杆尾螺栓为M22，滚压而成，杆体直径为22mm。顶板中部锚杆选用 45Mn-ϕ20-M20-2000 锚杆，杆体长度为 2000mm，杆体直径为 20mm。

锚固方式为半长锚固，锚固剂规格为 Z2350 型树脂药卷。锚固剂的使用量为两支。托盘规格：斜角球冠托盘，直角球冠托盘；锚杆布置方式为间距 700mm、排距 700mm。

锚杆安设角度为顶板两肩角倾斜锚杆安设角度 30°。金属网规格为选用网格为 40mm × 40mm 的菱形金属网，钢丝为 10 号，网片规格为 3000mm × 1100mm，两帮支护采用 W 型钢带和半长锚固螺纹钢筋树脂锚杆支护，并挂金属网。

W 型钢带规格为 BHW-800-250-3-2700 型钢带，即钢带长度为 2700mm；锚杆形式和规格为 45Mn-ϕ20-M20-2000，杆体长度 2000mm，材质为 45Mn；锚杆布置方式为间距 800mm、排距 700mm；金属网规格选用网格为 40mm × 40mm 的菱形金属网，钢丝为 10 号，网片规格为 3000mm × 1100mm。锚杆位置布置，如图 4-20 所示，支护材料见表 4-6。

表 4-6　支护材料表（二）

项目内容	锚杆材质	锚杆长度/mm	锚杆直径 ϕ/mm	托盘规格/mm × mm
肩角锚杆	螺纹钢	2200	22	120 × 120（斜）
帮顶锚杆	螺纹钢	1800	20	120 × 122（球）

锚网支护安装示意图，如图 4-21 所示。锚固力设计中，顶板斜边锚杆设计锚固力大于 10t；顶板中部锚杆设计锚固力大于 10t，两帮锚杆设计锚固力大于 10t，预紧力设计为安装锚杆的扭矩大于 100N/m。

4.2.4.4　组合锚杆支护参数校核

顶板围岩荷载估算：

按普氏地压冒落拱理论，有：

$$Q = 2BHN\gamma$$

式中　B——跨度之半；

H——冒落拱高度；$H = B/f$，其中 f 为普氏系数，这里取

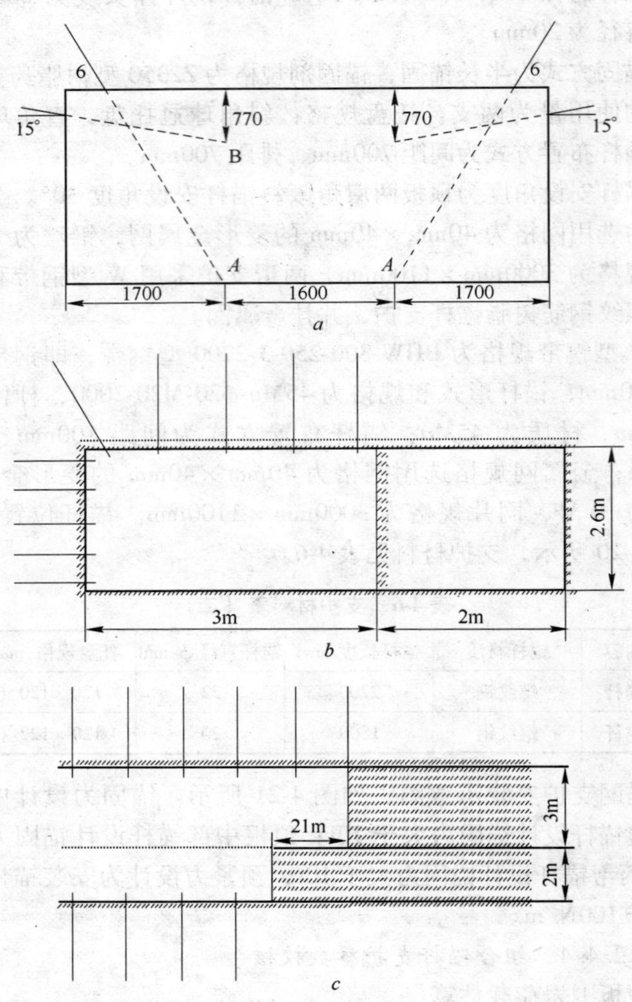

图 4-20　锚杆位置布置

a—锚杆安装角度；*b*—锚杆安装间距；

c—锚杆与巷道掘进关系

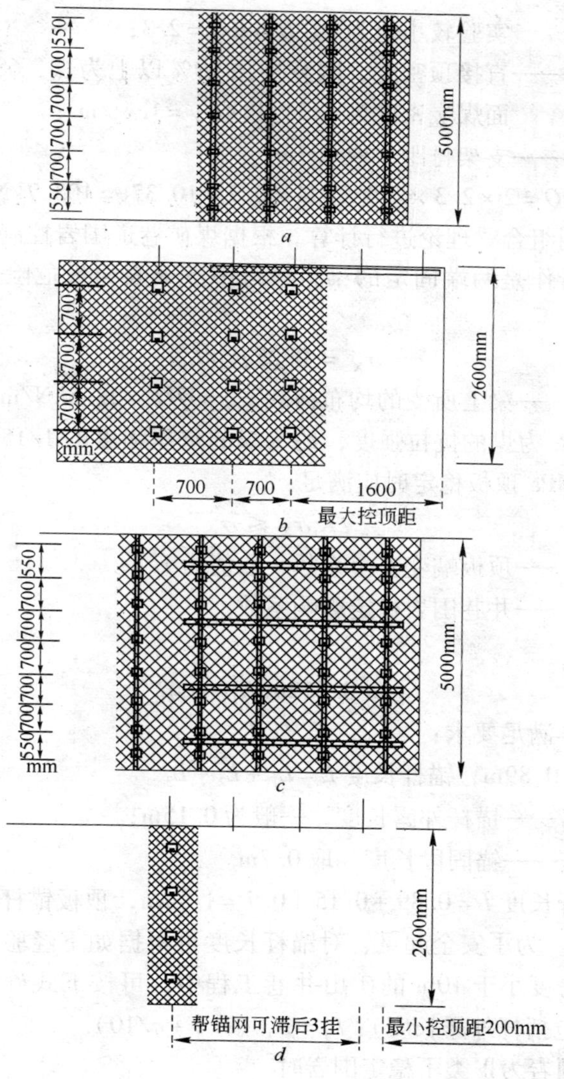

图 4-21　锚网支护安装示意图

a—锚网分布；*b*—锚网最大控顶距分布；*c*—锚网设计尺寸分布；*d*—帮锚网允许滞后距离

实验较小值为 1。$H = B/f = 2.3$；

γ——直接顶密度，因直接顶 90% 以上为煤，68001 工作面煤炭密度为 1.3；故取 $\gamma = 1.4\mathrm{t/m^3}$；

N——支架排距，取 0.7m。

$$Q = 2 \times 2.3 \times 2.3 \times 1.4 \times 0.7 = 10.37\mathrm{t} = 103.7\mathrm{kN}$$

现用组合梁理论进行计算，根据煤矿巷道围岩控制方法，把组合梁看作是两端固定的梁，梁跨中点下表面最危险点的拉应力为：

$$\sigma_X = 0.25qb^2/L_1^2$$

式中 q——梁上所受的均布荷载，$q = Q/b = 22.5\mathrm{kN/m}$。

设 R_t 为煤的抗拉强度，约为煤的抗压强度的 1/15，这里约为 0.67MPa 顶板稳定时应满足：

$$\zeta K_t \sigma_X \leqslant \sigma_t$$

式中 ζ——顶板蠕变安全系数，取值为 1.2；

K_t——井巷围岩稳定影响系数。

即：

$$L_1 \geqslant 0.612b(K_{1q}/\sigma_t)^{1/2}$$

这样满足要求：

$L_1 = 0.89\mathrm{m}$，锚杆长度 $L = L_1 + L_2 + L_3$

式中 L_2——锚杆外露长度，一般为 0.15m；

L_3——锚固段长度，取 0.7m。

锚杆长度 $L = 0.89 + 0.15 + 0.7 = 1.74\mathrm{m}$，顶板锚杆设计最短为 2.0m。为了安全起见，对锚杆长度再根据如下经验公式进行校核在跨度小于 10m 的矿山井巷工程中，可按下式确定锚杆深度（不包括杆外露长度）：$L_1 = K_1\ (1.1 + a/10)$。

当围岩为Ⅳ类不稳定围岩时

$$K_1 = 1.10$$

式中 K_1——抗拉安全系数，取值为 3；

a——巷道宽度，m。

4.2.4.5 安全生产技术措施

（1）生产准备及开采时，必须对工作人员进行防治水、火、瓦斯、煤与瓦斯突出及顶板和冲击地压等事故的安全教育，使其牢固树立安全第一思想；

（2）巷道施工过程中，必须保证设计坡度和标高，以确保流水畅通；

（3）巷道必须确保设计断面，为机械安装创造条件；

（4）巷道过断层、接近煤层顶板时，应加强技术管理，防止冒顶和片帮等事故发生。

4.2.4.6 火灾防治

（1）建立完整的防火监测体系，独立的约束监测系统；

（2）加强巷道防火管理、出现高温火点处的高顶应及时下河砂；

（3）对煤巷和采空区的封堵一定要严谨，防止漏风；

（4）建立完善的灌浆注氮系统，及时对采空区灌浆注氮；

（5）回风巷道应设隔热、隔爆水幕、并配备规定数量的灭火器材。

4.2.4.7 煤尘的防治

（1）开采前必须对煤层进行注水、注水时间不少于1个月，煤层中水分增加值不低于2%。含水量必须达到4%以上；

（2）各煤炭转载点应设降尘喷嘴，利用喷雾降低煤尘发生量；

（3）工作面及巷道设专人定期测尘和洗尘；

（4）在入回风道内设水袋棚和水槽棚等隔尘设施；

（5）巷道掘进时，必须采用湿式打眼，爆破期间使用水幕防止煤尘飞扬。

4.2.4.8 瓦斯的防治

（1）随着巷道的掘进、应在巷道旁的钻场向煤层打钻、预抽煤层中瓦斯、并掩护巷道的掘进；

（2）在开采过程中，在工作面后部尾巷内埋管抽放采空区瓦斯，以此保证工作面正常安全开采；

(3) 在边采边抽过程中，应设专人根据温度、浓度、涌出量等参数变化情况及时检测调控，保证安全抽放瓦斯。

4.2.4.9 锚杆支护巷道的变形观测

A 观测目的

从解决生产实际问题入手，探索矿压显现规律，为安全生产提供可靠的技术保障。

B 观测内容

顶底板移近量、工作面支护阻力、两顺槽离层情况、集中应力变化情况。

C 使用仪器

观测使用了顶板动态仪 4 台，压力盒 10 个，收敛计 1 把，频率计 1 台。圆图自记仪、顶板离层仪、测尺等。

4.2.4.10 监测设计

A 锚杆锚固拉拔力测试

锚杆锚固力试验的目的是检测锚固力是否达到设计要求。采用锚杆拉拔仪进行。每 30m 巷道，同一种锚杆破坏性拉拔试验的数量不少于 3 根。

B 巷道断面收缩率及破坏状况分析

巷道断面收缩率是指巷进断面收缩量和初始断面的比值，它反映巷道断面的收缩程度。根据表面位移观测数据统计该值，主要观测内容有相对位移量（mm）、相对位移速度（mm/d）和相对移近量（%）。在观测过程中还要统计巷道围岩及支护材料的破坏情况，诸如顶板破裂、煤帮片落及锚杆是否滑落、W 型钢带是否断裂等。从掘进后 10m 处开始布置测站，一个测站内设 3 个观测断面，相距 4m 左右，测点布置在巷道断面的两帮及顶底板的中点，采用十字量测法。监测时间为第一周，每天两次；第二周到第六周，每天一次；第七月以后每周一次。

安全控制指标为第一周若顶板下沉量一天大于 10mm，应汇报；第二至第六周，顶板下沉量每天小于 2mm，属于正常；超过 2mm 应加强测量，每天进行两次观测。根据经验巷道位移应控制在以下范围：

（1）巷道掘进 10 天内，顶板累积下沉量 50mm，最大下沉速度 6mm/d；

（2）巷道掘进 50 天内，累积下沉量 150mm，最大下沉速度（不包括前 10 天）3mm/d；

（3）在回采动压影响区，其下沉量和下沉速度与巷道掘进前 10 天相同。组合锚杆承受荷载反映的是锚杆和 W 型钢带对围岩的实际锚固力。观测仪器采用锚杆测力计和频率接收仪。观测频度和围岩表面变形相同，每次测读频率值从掘进后一个断面布置 10m 开始布置测站，一个测站包括 3 个观测断面，相距 4m、5 个测点，对矩形巷道，顶板布置 3 个测点，每边锚杆各一个，顶板中部锚杆一个；两帮中部锚杆各布置一个测点。即对直墙拱型巷道，顶板布置 3 个测点，即和水平线夹角约 45°拱顶两边锚杆各一个测点，拱顶部锚杆一个测点；两帮中部锚杆各布置一个测点，测面布置示意图见图 4-22。

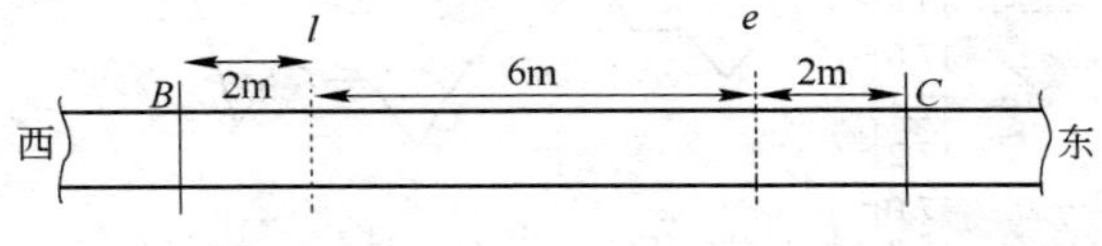

图 4-22　测面布置示意图

C　断面测点的布置与观测的数据分析

断面测点的布置是随着掘进进度的具体情况而定的。当掘进 10m 时，选距南顺槽与开切眼转角里约 5m 处，设置第一个观测断面。南顺槽掘进 35m 时，在距第一个观测面 21m 处设置第二个观测面。在南顺槽里掘进 70m 时，设置第三个观测面。把第二观测断面五个测点的压力盒移至第三观测断面，第三观测断面据第二观测面 23m。在南顺槽掘进 85m 时，在距第三观测面 21m 设置一个顶板的动态观测点，在南顺槽将要掘进完时，将第一观测面的 1 号顶板动态观测点移至南顺槽里 5m 处，在每个观测面中设置了 7 个观测点，即顶板动态观测点，两帮移近观测点和 5 个锚杆荷载测试点（共设置了 3 个观测面）。锚杆荷载的 5 个观测点分别设在观测面的顶板两肩角及两帮。

观测面顶板锚杆荷载变化如图 4-23 所示；观测面北帮肩角锚杆荷载变化如图 4-24 所示；观测面南帮锚杆承受荷载变化如图 4-25 所示；观测面南帮肩角锚杆荷载变化如图 4-26 所示。

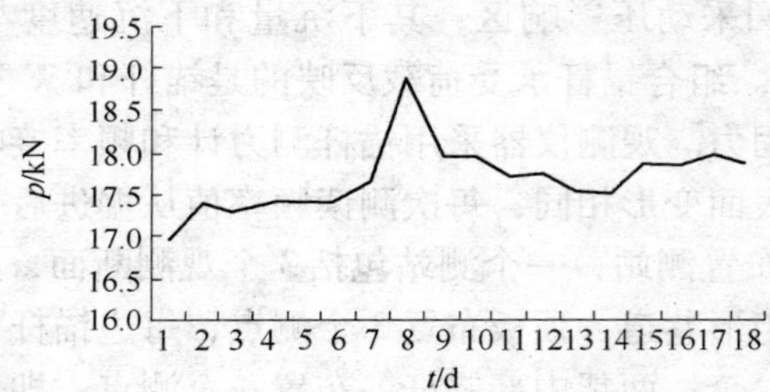

图 4-23 观测面顶板锚杆荷载变化曲线

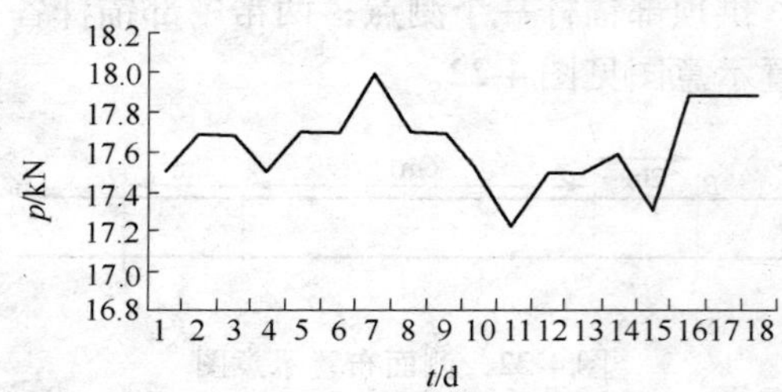

图 4-24 观测面北帮肩角锚杆荷载变化曲线

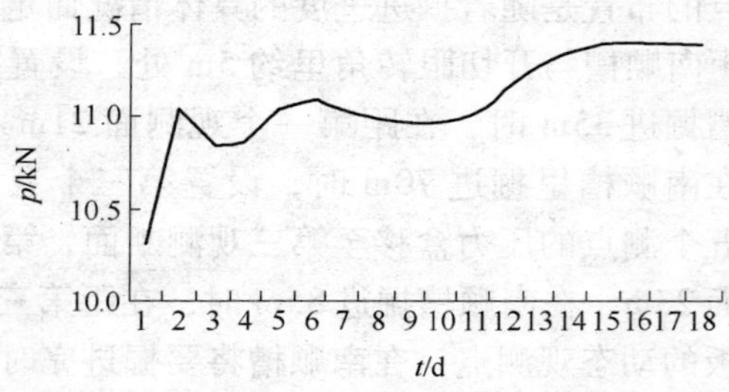

图 4-25 观测面南帮锚杆承受荷载变化曲线

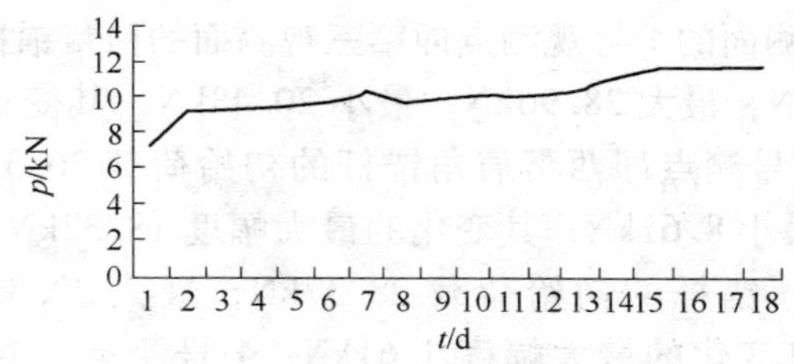

图 4-26　观测面南帮肩角锚杆荷载变化曲线

从图 4-23 ~ 图 4-26 可以看出，第一观测断面的测点即两帮锚杆荷载初始值为 29. 82kN，最大承受荷载 36. 29kN，最小承受荷载 25. 79kN，其变化最大幅度为 11. 13kN。

第一观测断面的 2 号测点即两帮肩角锚杆荷载初始值为 23. 75kN，承受最大荷载 23. 75kN，最小 22. 78kN，其变化最大幅度 11. 8kN；第一观测面的 3 号测点，即顶板锚杆荷载的初始值 26. 67kN，最大承受荷载 39. 68kN，最小 22. 30kN，其变化最大幅度 17. 38kN；4 号测点即东帮肩角处初始荷载 26. 48kN，最大承受荷载 39. 52kN，最小 26. 48kN，其变化最大幅度 13. 04kN；5 号测点即东帮锚杆的初始荷载为 25. 56kN，最大 31. 93kN，最小 23. 21kN，其变化最大幅度 8. 72kN。

第二观测面的 1 号测点，即西帮锚杆荷载初始值 31. 50kN，最大承受荷载 31. 50kN，最小 30kN，变化最大幅度 1. 5kN；2 号测点即西帮肩角锚杆荷载初始值 21. 40kN，最大 30. 26kN，最小 21. 40kN，变化的最大幅度 8. 86kN；3 号测点（顶板锚杆）初始荷载 25kN，最大 26. 87kN，考虑受 5 月 21 日爆破的影响其最小锚杆荷载 2. 36kN，其变化最大幅度 24. 51kN。如果不考虑爆破的影响，其最小承受荷载 23. 66kN。其变化最大幅度 3. 21kN，4 号测点即东帮肩角锚杆荷载的初始值 17. 63kN，最大 24. 03kN，最小 16. 73kN，其变化幅度 7. 3kN；5 号测点（东帮锚杆）荷载的初始值 32. 78kN，最大 44. 82kN，最小 32. 78kN，其变化的最大幅度 12. 04kN。

第三观测面的1号观测点即第三观测面的西帮锚杆荷载的初始值20.48kN，最大38.96kN，最小20.48kN，其变化最大幅度18.48kN，2号测点即西帮肩角锚杆的初始荷载26.37kN，最大26.93kN，最小8.61kN，其变化的最大幅度18.32kN；3号测点（顶板锚杆）锚杆的初始荷载28.37kN，最大29.82kN，最小28.21kN，其变化的最大幅度1.61kN；4号测点（东帮肩角锚杆）锚杆初始荷载25.39kN，最大25.96kN，最小12.91kN，其变化的最大幅度13.05kN，5号初始荷载23.08kN，最大23.49kN，最小12.65kN。

从以上每个锚杆荷载变化情况比较看，第二观测面处的锚杆荷载变化较平稳，第一和第三观测面处的锚杆荷载变化较大，说明开切眼上、下两个拐角处和开切眼的中部矿压显现较开切眼的其他部位活跃，变化也较频繁，其详细情况如图4-27所示。

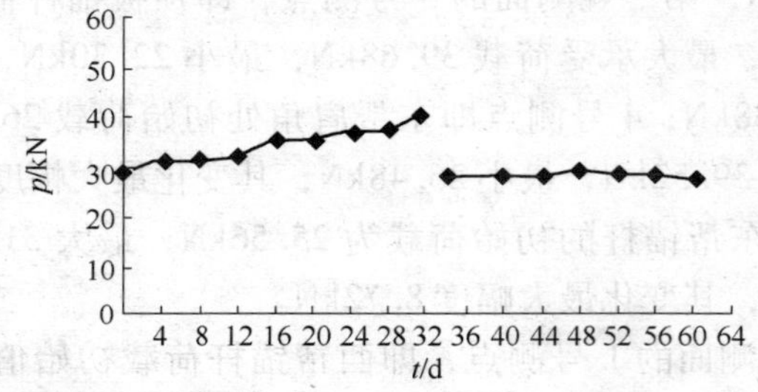

图4-27　锚杆荷载随时间变化情况

由以上各曲线图可以看出，各断面的锚杆承载变化情况的前28天，锚杆承载的总体趋势是上升的，在这个变化阶段又可以分为两个变化阶段，即前16天显著上升阶段，后12天缓慢上升或下降段，在开切眼靠近北顺槽的20m的范围内，顶板上方1.7~1.8m左右有一自然层面，而我们使用的锚杆长度为1.8~2.2m之间，这样锚杆的悬吊作用没有发挥出来，只起到挤压加固作用，通过加上锚索后，即第16天后，压力变化明显减慢。(2号测面的1号、3号测点除外)。

从 6 月 8 日以后锚杆承载情况明显趋于稳定，变化幅度最大值不超过 4. 57kN，即不超过 5t。实测围岩的收缩率，各观测断面测点锚杆荷载变化曲线，如图 4-28 ~ 图 4-34 所示。

第一观测面 5 号测点（顶板）锚杆荷载变化曲线，如图4-29 所示。

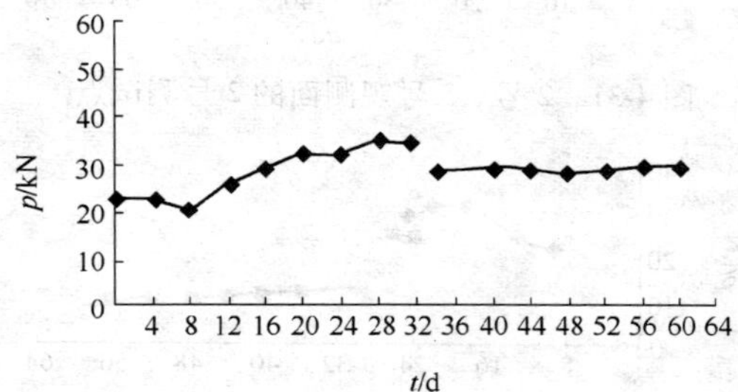

图 4-28　第一观测面 2 号点锚杆荷载变化曲线

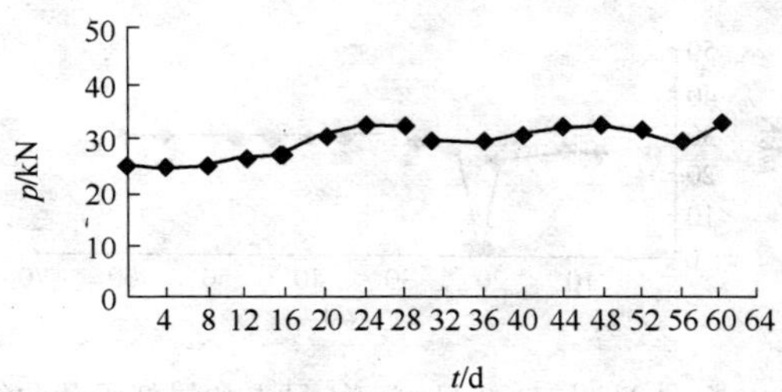

图 4-29　第一观测面 5 号测点（顶板）锚杆荷载变化曲线

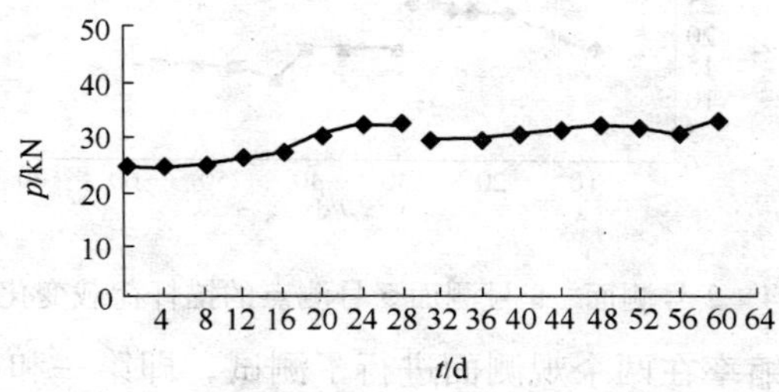

图 4-30　2 号测面 1 号点和 3 号测面 1 号点锚杆荷载变化曲线

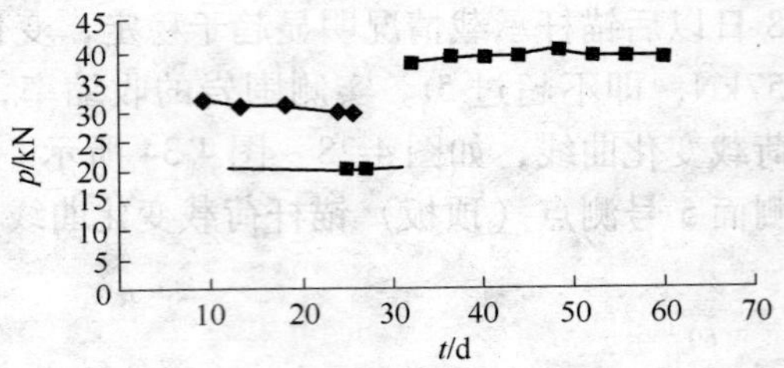

图 4-31　2 号、3 号观测面的 2 号测试点

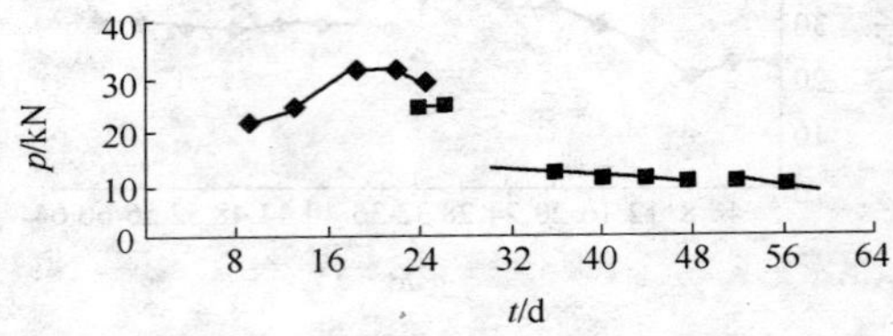

图 4-32　2 号测面、3 号点和 3 号测面 3 号点锚杆荷载变化曲线

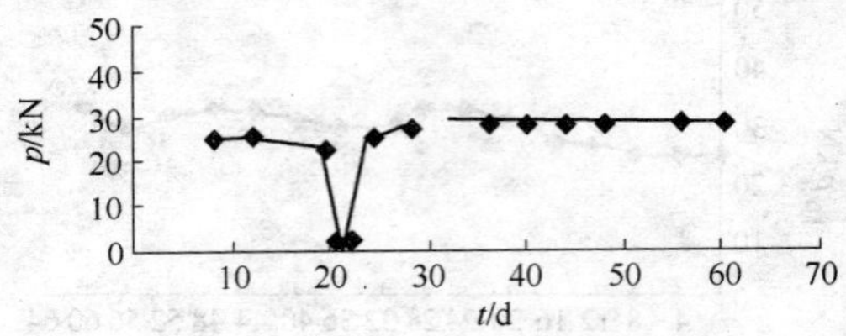

图 4-33　2 号测面、3 号测面 4 号点的锚杆承载曲线

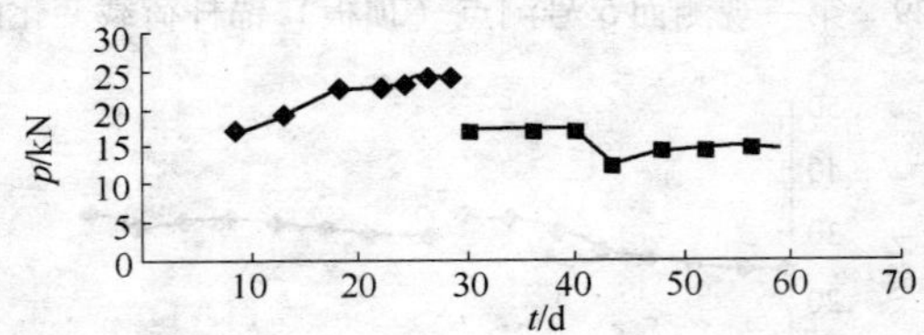

图4-34　2 号测面、3 号测面 5 号测点的锚杆荷载变化曲线

围岩收缩率在两个观测面进行了测试，即第一和第二观测断面，测量结果如下：

（1）1 号观测面在 52 天时间里顶底板相对移近量为 61.12mm，平均移近速度为 1.17mm/d，1 号观测面两帮在 51 天时间里相对移近总量为 76.38mm，平均移近速度为 1.498mm/d；

（2）2 号观测面顶底板在 52 天时间里相对移近总量为 163.09mm。平均移近速度为 3.136mm/d；

（3）2 号观测面两帮在 52 天时间里移近总量为 51.954mm，日平均移近速度为 51.954/52 = 0.999mm/d。

68001 号工作面在试验锚杆同时，还对锚杆进行拉拔试验，经过一年的检测，其结果见表 4-7。

表 4-7 68001 号工作面锚杆数据

月 份	次数	根数	合格根数	不合格	合格率/%
1	6	43	43	0	100
2	9	63	63	0	100
3	9	65	65	0	100
4	11	75	74	1	98.7
5	4	27	27	0	100
6	7	47	45	2	95.7
7	10	72	69	3	95.8
8	18	126	125	1	99.2
9	13	91	91	0	100
10	9	63	60	3	95.2
11	13	91	90	1	98.9
12	21	146	141	5	96.57
总 计	132	909	893	16	98.24

4.2.4.11 不同支护方法试验效果的对比

（1）砌碹支护作为历史上最早的支护方式之一，面对深部强烈的矿压作用，碹体只能保持 3 个月的巷道完好，就开始破裂，说明这种支护形式不适用巷道支护。

（2）U 形棚和喷浆支护使用寿命也很短。

(3) 管缝锚杆作为锚杆的一种，曾经起到积极的作用，但由于锚固力较低且不平均的缺陷，不能形成完整的挤压加固拱，支护效果不理想。

(4) 树脂锚杆支护虽然增加了一些作业环节，但它是一种主动的支护形式，靠其强大的挤压加固作用，将其锚固范围内的岩体形成一个完整的锚固平衡拱，具有一定的承载能力，是一种先进的支护形式。

4.2.4.12 试验结果综合分析

由于现场的工程地质条件和影响因素众多，施工质量符合要求是试验巷道锚杆支护成功的前提，根据工程地质条件和施工监测反馈的信息及时完善设计并采取相应措施是非常重要的，并由此可以保障巷道安全。

A 社会效益

锚网支护技术的应用，经历了由感性认识到理性认识；由理论到实践，再上升到理论；其社会效益十分突出，具体表现有以下几个方面：

(1) 工人有了安全感：开始实施锚网支护时，很多人对它持怀疑态度。认为这么大的断面，而且地质构造复杂，还有冲击地压，靠几根锚杆、锚索就能支撑住那么大的压力吗！在68001号西和78001号二期。以及65001号二期的机采准备期间发生1级以上冲击地压52次，其中2.5级以上三次，发生最大震级为3.2级后，通过对锚网支护和金属棚支护效果进行了比较，金属棚支护的巷道大部分已被破坏，有的已更换几次。帮顶经常落煤造成空帮空顶，留下冒烟发火隐患；而锚网支护的2100m巷道基本完好，没有发现一裂帮、顶帮煤伤人事故，由此充分证明锚网支护强度完全具备抗冲击地压的能力，是其他支护形式无法比拟的。

(2) 改善了作业环境：锚网支护一次成巷，支护强度大，不存在二次修复金属网全封闭煤壁，有效预防帮、顶落煤，保证了巷道断面规范，给施工创造了宽敞的空间和清洁作业现场。

（3）减轻了劳动强度：采用放棚和金属棚的支护，施工单位必须投入大量的人力和物力。施行锚网支护、工人只需拉一些锚杆和药卷。从而减轻了劳动强度，节省了人力，使工人从笨重的体力劳动中解脱出来。

（4）有利于质量达标：锚网支护是主动支护，缩短了空顶时间，防止了帮顶脱落，保证了安全生产。支护强度大，服务时间长。减少巷道失修改变了作业环境为质量达标创造了条件。

B　经济效益

（1）以 4 号断面为例，采用 U 形支护，每米巷道材料费 2100 元，采用锚网支护每米巷道材料费 1600 元，由此每米降低材料费 500 元。

（2）提高了掘进速度，锚网支护巷道共计完成 2100m，在 68001 号南顺槽炮掘实现了月进 121m，55001 号二期运输煤门 4. 5 号断面综合掘进实现月进 120m 保证了采区接续。

（3）锚网支护大大减少了巷道维修量。63006 号采用梯铁支护，由于压力大，造成巷道严重失修，安装前历时一个半月，普遍拆换一遍。投产后，伴随着冲击地压的作用，又造成大量巷道破坏；由此造成材料、设备运不进去。不但影响生产，而且严重影响通风，对安全构成威胁。被迫投入大量人力、物力停产维修。施行锚网支护，可以减少或杜绝类似问题，不但保证安全生产，而且减少了维修人员及所需物力、财力；所创造的综合经济效益是非常可观的。

（4）采用锚网支护、可有效地保证巷道断面，为大型设备运输创造了条件。开切眼一次成巷，不搞二次开帮，节省了材料，创造了几项工作平行作业的条件，缩短了安装工期。

（5）有利于回采面正常生产，锚网支护巷道断面大，巷道施工方便，综采变电列车可随工作面移动，节省电缆、降低电耗、同时可安设辅助运输处理机电故障，更换设备缩短时间。

（6）有利于一通三防，施行锚网支护消除了架棚支护中因围岩压力大，冲击地压作用造成片帮、炸顶和过断层、破碎带、渡旧巷、打掉子等产生的高顶浮煤自爆发火，避免了安全隐患及小断面产生，减少通风阻力，保证了足够风量，避免了瓦斯积聚，使安全生产得到了保证；同时也将降低拆换和灭火的费用。

4.2.5 采空区处理

4.2.5.1 空间处理方法

空间处理方法主要分为三大类：充填法、崩落围岩法和隔离法。

(1) 充填法是指用废矿石或外来充填料堆填采空区的处理方法。充填体的作用是减小上覆岩层破坏或移动幅度，从而减少地表沉降值，同时还可以防止上部围岩冒落时产生的冲击荷载和空气冲击波对下阶段生产产生危害。充填体可以改变矿柱应力状态，提高矿柱的支撑能力，避免冲击地压的发生。

充填采空区能保持围岩和夹墙的稳定并限制其移动幅度，减小地表变形带来的危害；同时还有利于矿柱回收、有利于保护上部回风系统的巷道。如果充填物为尾矿则可以减少地表尾矿的体积；如果充填物为废石，则可以减少地表废石场的占地，并降低矿石产出成本。

(2) 崩落围岩处理采空区是通过崩落围岩，释放应力，改变应力集中部位，将承压带转移到采空区周围较远处的岩体中，使岩体中的应力达到新的相对平衡状态，并对回采区无安全威胁的。崩落的围岩，使生产阶段与上部陷落区之间隔有相当厚的废石垫层，这种垫层可以缓冲上部围岩冒落时的冲击荷载和隔绝空气冲击波。这种处理方法的实质是在矿房回采的同时，及时回采矿柱，使围岩自然脱落，能够主动地控制地压，但它只能用于地表允许大变形的条件下。

(3) 隔离法分为隔绝孤立分散的小采空区与生产作业区段之间可能传递危害的一切通路；一种对于连续或基本连续的大矿体，在其中设置隔离带，隔离两侧采空区次生应力场的相互影响，并消除它的叠加的可能。

4.2.5.2 *崩落围岩处理空场*

崩落围岩处理空场的特点是利用崩落围岩充填空场，并形成缓冲保护垫层，以防止空场内大量岩石突然冒落所造成的危害。采用崩落围岩处理空场，能及时消除空场应力过分集中和大规模的地压活动，并且可以简化处理工艺，提高劳动生产率。该法处理成本低，但易引起地表开裂、沉陷。

崩落围岩处理空场的方法可分为自然崩落围岩和强制崩落围岩两种。前者适用于围岩强度低、较松软、易崩落的岩体条件，如崩落法采矿（煤炭系统称为放顶煤开采）的上覆岩体及两盘围岩，用空场法开采后立即回收矿柱的可崩落围岩，后者适用于坚硬顶板。

强制崩落围岩常见的方法有深孔、中深孔切槽放顶和地下深孔爆破、地表深孔爆破及浅孔削壁充填等。近几年，用爆破预处理弱化顶板、注水软化和弱化顶板的研究取得了一定进展。

崩落围岩处理空场的适用条件是地表允许大变形，地表崩落后对矿区及农业生产无害；在采空区上方预计崩落范围内，矿柱已回采完毕，井巷设施等已不再使用并已撤除。

4.2.5.3 *充填料充填空场*

充填料充填处理空场是用废石或湿式充填材料充填采空场，限制围岩移动。一般用于围岩稳固性较差，上部矿体或地表需要保护，矿岩会发生火灾以及稀有、贵重金属、高品位的矿床开采。

充填处理空场可分干式充填和湿式充填两种。前者建立充填系统投资少，简单易行，但充填能力低，多用于矿体规模不大的中小矿山及老矿山。后者流动性好，充填速度快，效率高，但需一整套充填输送系统和设施，投资大。胶结充填较水砂、尾矿充填成本更高。

4.2.5.4 *矿柱支撑空场*

留永久矿柱或构筑人工岩柱支撑空场，一般用于缓倾斜薄至中厚以下的矿体，用空场类方法回采，顶板相当稳定、地表允许冒落的矿山。

实践证明，用矿柱支撑空场顶板，并不能避免顶板最终发生冲击来压，仅能暂时缓解采区地压显现。况且修筑人工岩柱较昂贵，留矿柱支撑要损失大量的地下资源，缩短矿山开采服务年限。

4.2.5.5 封闭和隔离采空场

封闭和隔离采空场是一种经济、简便的空场处理方法。该方法适用于孤立小矿体开采后形成的采空场，端部矿体开采后形成的采空场和需继续回采的大矿体上部采空场的处理。

目前，使用该法处理采空场的矿山比较多，一般采用留隔离矿壁、修钢筋混凝土隔离墙、挑顶封堵和胶结充填封堵等。对大空场，为了便于人员进入空场观察，每中段铺设一牢固密闭门。以防止顶板冲击来压，一般在空场开“天窗”。

封闭隔离可起到如下作用：（1）空场一旦冒落，可保证作业人员、设备的安全及井巷完好；（2）可以预防作业人员误入空场避免发生意外危险；（3）有利于矿井通风。

4.2.5.6 联合法处理空场

联合法处理空场是在一个采空场内同时采用几种方法处理采空场。由于各矿矿体赋存条件各异，生产状况不一，各单一空场处理方法均有优劣，有些空场内采用单一方法很难做到经济合理、简便适用，因而产生了联合法处理空场。

联合法处理空场，可吸收各单一方法的优点，摒弃其缺点，易于做到经济、合理。目前已有矿柱支撑与充填联合法，封闭隔离崩落围岩联合法。

4.2.5.7 空场处理法综合对比分析

各任何一种空场处理方法既有优点，也有缺点。崩落法较充填法经济，但易引起地表沉陷、开裂；充填法限制岩移的效果较好，但需巨大投资建充填系统，且尾砂充填每立方米空场费用也不低；然而矿柱支撑只能暂时维持空场稳定，并不能最终消除空场冲击地压；封堵仅适于小矿体开采；联合法是一种较有前途的空场处理方法，容易根据生产实际吸收单一方法的优点，摒弃其缺点。应根据生产实际情况，依靠四类基本方法，创新和发展经济实用、简便可行的联合空场处理方法。

空场处理应与其利用相结合，最大限度地应用地下资源，保护环境，实现矿产开发的可持续发展。

4.2.5.8 空场处理中矿柱回收

A 大爆破法回收矿柱

该方法矿房处于空场状态下，此时在间柱、顶柱和上阶段底柱（上阶段底柱和下阶段顶柱一起回采）中打各种形式的深孔。然后装药向空矿房崩落矿柱。随着矿柱的崩落，采空区被采下矿石和上部阶段的废石或本阶段垮落的废石所充填，矿柱崩落后，采下的矿石直接在自然崩落或强制崩落的围岩覆盖下尽量放出，这种方法的缺点是矿石的回收率低，损失、贫化较大。

B 矿房已充填时的矿柱回收

矿房已充填时的矿柱回收是指用充填采矿法采后，或者采用自然支撑采矿法回采后将采空区充填的情况下矿柱回采。

（1）顶、底柱回采。当开采低品位、不稳固的矿石，围岩允许崩落时，可以采用分段崩落法回采，一般本阶段的顶柱和上阶段的底柱同时回采。

（2）间柱回采。如果隔离壁稳固或矿房用胶结充填，矿柱矿石也未遭受破坏时，而顶底柱又是用充填法回采的，间柱的回采可以用上向分层水砂充填法或干式充填法。充填和通风道可利用间柱中原有的人行天井，如果原来没有人行天井则重新开掘一个，由于回采顶底柱使上部矿脉内平巷无法进行维护，为了保证天井上口与主要运输巷道连通，以便输送充填料和形成一条完整的通风路线，需要在上水平开掘脉外平巷和横巷。

如果隔离层不稳固，或者矿柱受破坏而不够稳固，矿石品位较高，若围岩不允许崩落时，则宜采用下向分层水砂充填法，若围岩允许崩落，也可以采用分层崩落法，如果矿石品位不高，也可以采用分段崩落法。随着胶结充填法的试验成功，可先用胶结充填法的回采矿柱，形成一个人工矿柱，在此条件下再用水砂充填法或自然支撑采矿法回采矿房（其采空区可用充填料充填或崩落围岩充填来处理）。

4.2.6 放顶技术

顶板岩层结构，特别是煤层上方坚硬厚层砂岩顶板是影响冲击地压发生的主要因素之一，这是因为坚硬厚层砂岩顶板容易积聚大量的弹性能。在坚硬顶板破断或滑移过程中，大量的弹性能突然释放，形成强烈震动，导致顶板煤层型（冲击压力型）冲击地压或顶板型（冲击型）冲击地压。

4.2.6.1 顶板防治

顶板循环工艺过程：打开帮眼→装药→放炮→挂网串上梁→出煤→架设硬帮柱→串下梁放顶打倾斜戗柱→隔口多循环放顶煤→补软帮网→扫浮煤→卸中心柱、移溜、支中心柱→检修。

顶板事故是指在地下采掘过程中，由于围岩破坏、支护失效而引起顶帮垮塌等造成的人员伤亡、设备损坏或中止生产的事故。

A 顶板事故分类

为彻底研究顶板事故的机理及其预防措施，因此，首先要对顶板事故进行科学分类。目前常用的分类方法有按冒顶规模（范围）和局部冒顶两种。

（1）大面积冒顶。有老顶运动导致的大面积切顶、直接顶运动导致的大面积切顶、厚层推垮冒顶、复合顶板条件下大面积冒顶、金属网下大面积推垮冒顶、坚硬顶板条件下因控顶距不当引起的大型冒顶等。

（2）局部冒顶。主要有采煤过程中的局部冒顶，放顶过程中的局部冒顶，巷道掘进、维修过程中的局部冒顶，断层破坏带、镶嵌型顶板冒落，脆性支护突然折断，局部空顶（空洞）冒落冲击。

B　按受力原理分类

按力学原理分通常将顶板事故分为压垮型、漏顶型和推垮型3类。

（1）压垮型冒顶。包括老顶来压时的压垮型冒顶，厚层难垮顶板大面积冒顶，以及直接顶导致的压垮型冒顶。

（2）漏顶型冒顶。包括大面积漏垮型冒顶与机道上方、放顶线附近及工作面两端的局部漏顶。

（3）推垮型冒顶。包括复合顶板推垮型冒顶、金属网下推垮型冒顶、大块孤立顶板旋转推垮型冒顶、冲击推垮型冒顶，还有老塘冒矸冲入采场的推垮型冒顶。

4.2.6.2　局部冒顶事故的预测及防治措施

井巷工程开凿，必然引起围岩原始应力的变化，从而促使围岩运动。通常情况下，离层后的顶板将发生弯曲、下沉、断裂以致垮落，会使井巷工程的支撑物产生变形、破坏与折损，有时甚至还会在岩体中产生一系列的动力现象。

局部冒顶事故通常是由于顶板破碎断裂而导致支护失效或没有支护所引起的。其冒顶范围不大。局部冒顶发生的地点通常在“两口”（在采煤工作面的上、下出口，掘进工作面的掘进工作面及交叉口）、“两线”即煤壁线、放顶线及地质构造带附近。由于局部冒顶事故在冒顶事故的预防以局部冒顶事故的预防为重点。

A　局部冒顶的先兆

（1）裂缝、脱层。在地质构造和采动的影响下，产生的自然（原生）裂隙、采动（次生）裂隙和顶板离层、脱落现象，使围岩不稳定。

（2）响声。岩层下沉、断裂、垮塌以及支架下缩、折损都会发出一些声音。

（3）片帮。局部冒顶前，煤壁一般已经产生塑性变形，易造成顶板大面积的悬露。

（4）漏顶、掉渣。事实上，破碎顶板很难依靠相互间的摩擦阻力维持平衡，如若支护体再出现一些漏洞，不可避免地会发生小块岩体的掉落现象。

此外，在某些特定条件下，冒顶前还会出现诸如瓦斯涌出量、涌水（淋水）量的异常变化等现象。

B 局部冒顶事故的防治措施

(1) 掌握地质资料与开采方法。通过地质钻孔、岩层柱状图等多种途径，摸清地质及顶板结构、岩性变化、水文地质情况。在地质图上标明地质构造、裂隙发育带的位置、产状、层厚等。弄清采煤、掘进工作面相对空间位置与时间的关系，分析受采动影响的程度等。

(2) 严格顶板安全检查制度。施工的全过程要严格执行煤矿安全规程，坚持进行敲帮问顶，发现危岩和伞檐要及时处理。

(3) 加强支护质量管理。对每一工作面进行实地观测，根据统计规律分析影响端面顶板冒落稳定性指标，对支护质量与顶板动态进行监测，使顶板在形成事故前消除其隐患。选择合理的支护技术，严格按操作规程施工。技术措施注意如下：

1) 开采前 10d 必须进行顶板注水，煤层注水。

2) 开采前必须进行钻粉率测试，测试方法是沿回风道、工作面、溜子道每 10m 布置 1 个钻孔，孔深 10m、孔径 40mm。

3) 开采期间，每循环超前工作面 3 ~ 5m，在两道进行钻粉率测试，孔深孔径同前述方法。

4) 回采期间，随工作面回采进行 1 次深孔爆破卸压。

5) 煤厚在 8m 以上的有冲击矿压煤层，可进行放顶煤开采，安全系数较大，但溜子道、回风道应加强支护，防止冲击地压的袭击。

6) 进行放顶煤开采时，不必采取深孔卸压爆破及深孔卸压措施，因为超前工作面的顶煤裂隙带松动已起到了这一作用。

7) 煤体注水非常必要，首先是起到煤体应力释放作用；第二是使煤体软化，更易于放顶煤开采工艺；第三是放煤时起降尘作用；第四是阻止煤层自然发火。

8）两道掘进时，应采用大断面（910m^{2}以上）U形钢可缩支架支护。这种支架有让压性，不易损坏，减小巷道维修量，并能保证足够的巷道断面。

9）对坚硬顶板进行处理：一是对顶板注水进行软化，从上下两巷对高应力区顶板打深孔，然后加压注水；二是从地面打钻孔到顶板的采后离层带，然后对离层带注黏土水泥浆。这项措施可以起到充填离层裂隙、减少下沉的作用，同时也可起到软化坚硬老顶作用。

10）进行临时支护。局部冒顶事故大都是在空顶作业的情况下发生的，因此，对新悬露的顶板应采用及时或超前的临时支架，以保证作业安全。

11）提高职工素质。需要通过专门的技术培训，提高职工的安全技术、安全意识和责任意识。

4.3 局部防治措施

在有冲击倾向性的煤岩体中，当应力达到一定的程度之后，就有可能发生冲击地压。一般冲击地压发生的因素有两个：巷道与采场周围的应力状态；煤岩体的冲击倾向性。

这两个因素是互相依存的，但不是数学关系。一般来说，压力梯度有多大，发生冲击地压的可能性就有多大。甚至在弱冲击倾向性的煤岩体中情况也是如此。因此，防治冲击地压发生的实用有效方法就是改变诱发条件，破坏巷道周围煤体的结构，减少煤岩中聚积弹性能的能力，减少其发生的可能性，甚至可以采取在人员撤离的情况下人为诱发冲击地压，以便减小其破坏性。一般常用的方法是：爆破法、原煤岩体中注水法。

4.3.1 爆破方法

4.3.1.1 爆破基本理论

炸药是在外界能量作用下，能够发生快速化学反应，放出大量能量和气体产物，显示爆炸效应的化合物或混合物。由于环境和引起化学变化的条件不同，炸药有3种不同形式的化学变化，即热分解、燃烧、爆炸。

A 热分解

炸药在一定的温度时会发生热分解，它是在炸药内全面发生的，炸药内各点的温度相同。炸药分解速度取决于炸药的类型和环境温度。当温度较高时，炸药分解得较快。

B 燃烧

炸药在热源的作用下引起燃烧，由温度、压力环境的不同可引起缓慢的（每秒数毫米）燃烧或速燃甚至爆燃（每秒数米或数百米），在密闭空间中燃烧时可能变为爆炸。

C 爆炸

在足够的外部能量作用下，炸药发生高速化学反应，形成高温、高压环境，生成大量热和气体。爆炸有稳定爆炸和不稳定爆炸两种。爆炸速度保持不变的称为稳定爆炸，相反则称为不稳定爆炸。稳定爆炸也称为爆轰。

爆炸的上述反应形式在一定条件下是可以相互转化的。热分解可发展为燃烧甚至爆炸；反之，爆炸，也可以转变为燃烧和热分解。

炸药爆炸的三要素即放出能量、生成气体产物和爆炸过程的高速度是炸药爆炸的一般特征，也是炸药的必要条件，缺一不可，通常称为炸药爆炸的三要素。

（1）放出热量。炸药爆炸就是将蕴藏的大量化学能以热能的形式快速释放的过程。炸药的能量密度比普通燃料的能量密度要高得多，因而爆炸时放出能量也大。

（2）生成大量气体。炸药只有借助生成的气体产物才能将爆炸的热量转变为气体的压缩能，从而对周围介质产生机械功。如果某物质的反应热很大而没有气体产物的形成，就不会形成爆炸。

（3）爆炸反应速度快。炸药爆炸化学反应是由压缩冲击波引起的，因此，反应速度和爆炸速度都很高。在反应区内，炸药爆炸反应的时间只需要几十秒，甚至不到一微秒；爆炸速度可达每秒几千米。爆炸过程的高速度，决定了炸药能够在极短的时间内放出大量能量，从而有极大的威力。

4.3.1.2 爆破造成冒顶事故的预防及处理

A 爆破造成冒顶事故的原因

（1）顶眼的眼底距顶板距离太小或打入了顶板内，爆破时易造成冒顶。

（2）采掘工作面遇有地质构造特殊，顶板松软破碎，未采取少装药放小炮的办法，而照样爆破。

（3）顶眼装药量过大，爆破对顶板冲击强烈，造成冒顶。

（4）一次爆破炮眼数超过煤矿安全的《作业规程》的规定，空顶面积大，支架又未能及时跟上，或在一炮一放时，未执行崩倒即扶的规定而造成冒顶。

（5）炮眼的角度不合适，爆破时崩倒、崩坏支柱，导致大面积空顶，支架不及时跟上，造成冒顶。

（6）全部垮落法采煤工作面老顶未冒，煤帮顶板出现大裂缝，放顶支柱时间、顺序不合理，也能引发冒顶。

B 爆破造成冒顶事故的预防

（1）采掘工作面遇有顶板破碎、松软、裂隙发育等地质构造时，采用少装药放小炮的办法减少对顶板的振动或破坏。

（2）保证顶眼角度、位置合理，眼底与顶板应有0.2～0.3m的距离，控制顶眼装药量，防止爆破时对顶板冲击强烈而造成冒顶。

（3）合理布置炮眼，控制装药量，爆破前加固爆破地点附近支架，防止爆破时崩倒、崩坏支架造成大面积空顶而导致冒顶。

（4）采掘工作面的空顶距离不符合作业规程的规定，或者支架有损坏，或者伞檐超过规定，严禁装药、爆破。

4.3.1.3 爆破卸压原理

在回采工作面及上下两巷，震动爆破能最大限度地释放聚积在煤体中的弹性能，在工作面附近及巷道两帮形成卸压破坏区，使压力升高区向煤体深部转移。震动爆破的合理布置及合理的装药量，由于岩体的震动，形成煤体的松动带，避免应力集中，而且落煤方便。

合理的钻孔布置应使炸药爆破后，形成的弹性波以合理的方向传播，避免炸药爆炸形成新的压力或引发冲击地压，由此震动卸压爆破的效果最好。

实践证明，如果在工作面前方和巷道两帮始终保持一个宽度为5~10m的保护带，就能防止冲击地压的出现。卸压爆破不仅可以在有冲击危险的工作面卸压，同时也可以在一定宽度的条带煤壁内破坏煤的结构，在工作面前方形成一条卸压保护带，避免工作面积聚大量弹性能，隔绝工作空间与处于煤层深处的高应力区，达到防治冲击地压的目的。

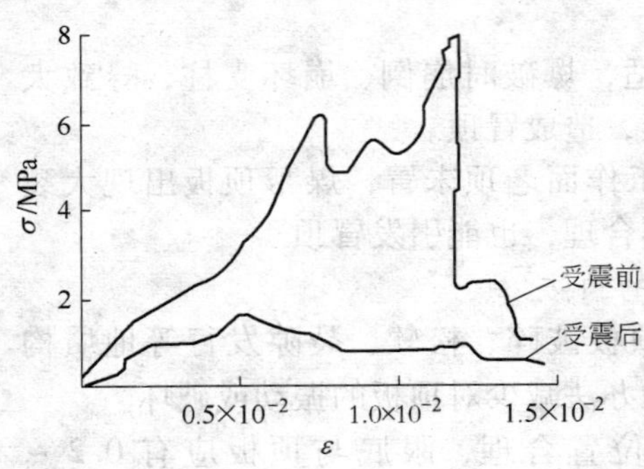

图4-35　煤岩受震前后应力应变曲线

在一定的震动频率和应力作用范围内，煤岩体内部结构将发生变化。图4-35所示为在一定的震动频率下煤体地应力应变曲线，从图中可以看出，煤岩受震后的应力应变曲线变得较平缓。深孔松动爆破卸压措施可以在煤体中产生大量裂隙，引起煤体力学性质的变化，以及煤岩体的强度降低、弹性模量减小，使煤岩内积聚的弹性能减少，从而破坏了发生冲击地压的强度条件和能量条件。

为了达到良好效果，炸药爆炸的能量应为（见图4-36）：

$$E_w = W_2 - W_1 \quad (4\text{-}8)$$

式中　W_2——岩体保持稳定状态时的弹性能；

W_1——岩体发生冲击矿压时的最小能量。

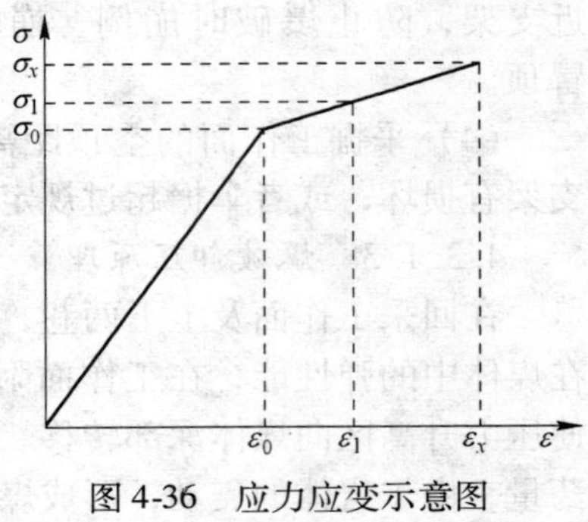

图4-36　应力应变示意图

$$W_1=\frac{\sigma_0\varepsilon_0+(\sigma_0+\sigma_1)(\varepsilon_1-\varepsilon_0)}{2} \tag{4-9}$$

$$W_2=\frac{\sigma_0\varepsilon_0+(\sigma_0+\sigma_x)(\varepsilon_x-\varepsilon_0)}{2} \tag{4-10}$$

在钻孔中合理布置炸药，并最大限度地将其传播给周围岩体，以达到卸压目的，并将应力集中区向深部转移，避免发生冲击地压。

窦林名等学者通过模拟研究表明，钻孔深度不同、装药量的不同，其卸压爆破的效果是不一样的。图 4-37 所示为不同钻孔深度、不同装药量对应力峰值及应力峰值位置的影响程度。图 4-38、图 4-39 分别为 1. 5m 和 7. 5m 时煤层内的应力分布图。由图可见，钻孔越深，爆破力度越大，效果越好。

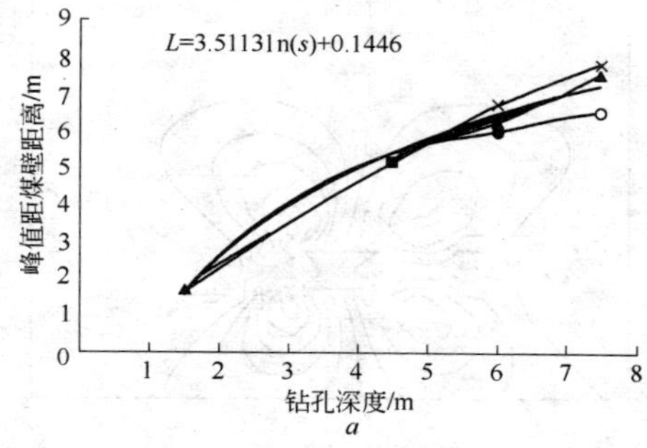

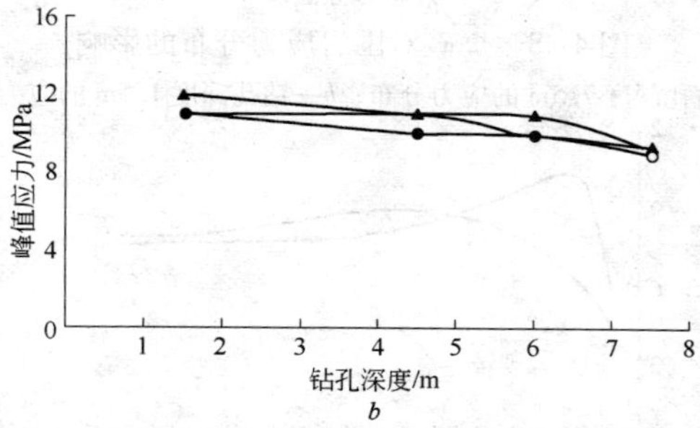

图 4-37　钻孔深度装药量与应力峰值距离及应力峰值大小之间的关系

a—应力峰值距巷道边的距离与钻孔深度之间的关系；

b—应力峰值大小与钻孔深度之间的关系

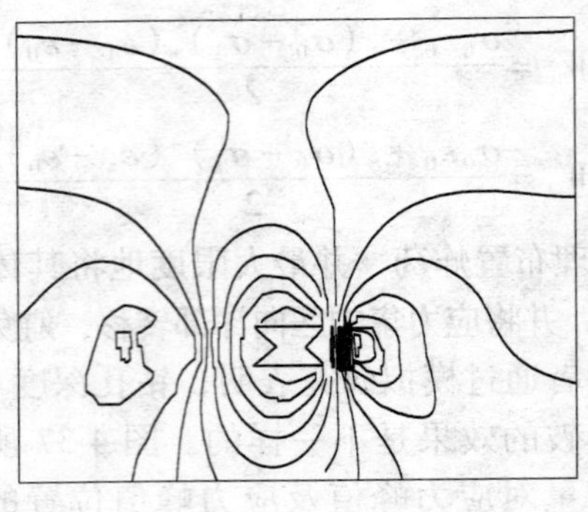

a

正应力等值线模型Ⅱ—1 Model Ⅳ

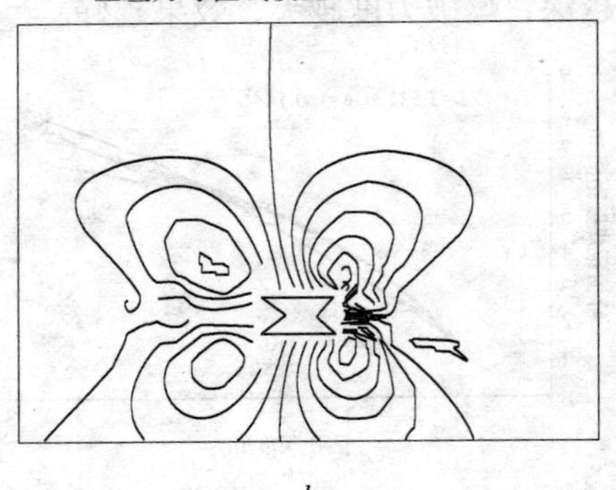

b

剪应力等值线

图 4-38 爆破对围岩应力分布的影响

a—钻孔深度 7.5m 的应力分布；*b*—钻孔深度 1.5m 的应力分布

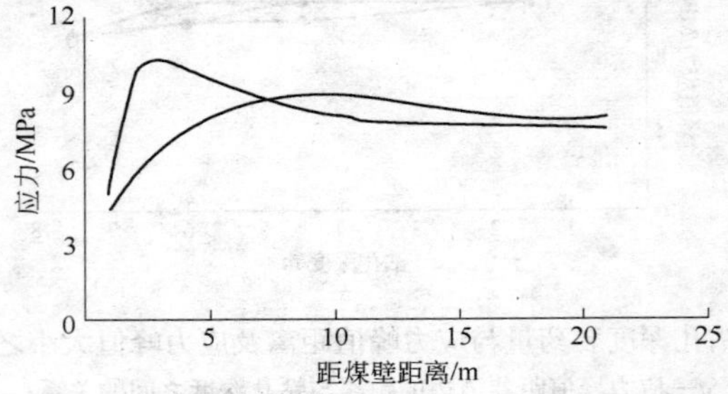

图4-39 钻孔深度 1.5m 和 7.5m 时煤层内应力分布

回归分析表明，钻孔深度 L 与应力峰值距巷道煤壁距离 s 呈自然对数关系。

$$L = a\ln(s) + b \tag{4-11}$$

式中 L——钻孔深度；

s——煤体参数变化深度；

a，b——分别为系数。

采面附近煤壁内，其应力分布如图 4-40 所示。炸药的布置应从煤层内应力最高点开始向岩层内部，而外部全用炮泥封孔。因应力集中地点、煤层的密度最大，通过爆破可扩大塑性区，并将应力最高点向深部转移。

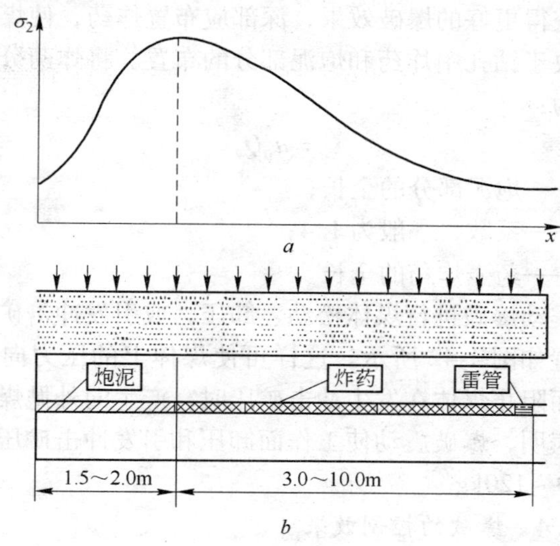

图 4-40　炸药布置

a—应力分布；b—爆破分布

要获得最佳的爆破效果，在炸药爆炸时，其合理雷管引信的位置应使冲击波的方向作用于岩体的垂直压力方向。对于煤层卸压来说，冲击波传播的最佳方向是其波头与煤层中最大压力的平面相遇。由炸药爆炸作用机制的分析，可知最佳的方式是药壶型爆破，这种方式可一次引发两个头的炸药如图4-41所示。

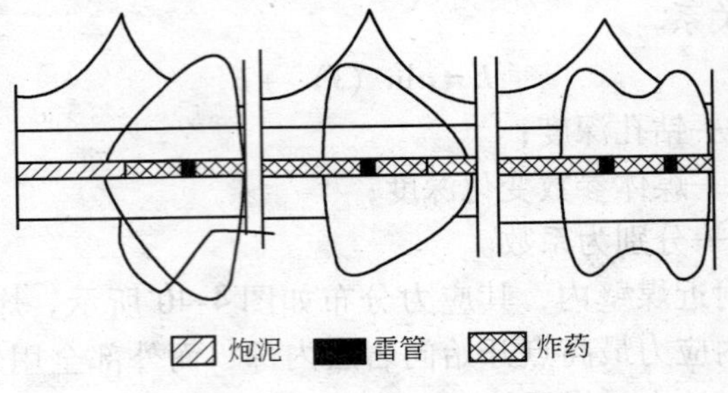

图4-41 雷管的布置方式

为了获得更好的爆破效果，深部应布置炸药，使煤体产生松动。这取决于钻孔中炸药和炮泥部分的布置。将炸药分开的炮泥部分全长为：

$$L_c = a_p Q_c \tag{4-12}$$

式中 L_c——炮泥部分的全长；

a_p——系数，一般为1.4；

Q_c——药壶炸药的全长。

采用震动爆破进行煤体松动、卸压，或引发冲击矿压时，其炸药的布置如图4-42所示。这样可使煤体上的压力向煤体深部转移，从而阻止煤体在发生冲击矿压时，产生向外抛煤的作用。

研究表明，爆破震动使工作面卸压和引发冲击矿压的最佳装药量为100～120kg。

4.3.1.4 爆破的控制效果

为了保证地下采矿作业的安全，近年来，采用爆破能卸载取得了突破性的进展。研究表明，爆破对裂隙岩体有3个方面的影响。

通过爆破改变了巷道围岩的物理（弹性）性质，这样可以减小径向裂隙形成区半径。利用爆炸地震使岩体向暴露面移动，保证药包和暴露面之间在100d（d为药包直径）范围内的岩体卸载；由于节理块从药包往岩体深部移动和契入，附加的残余应

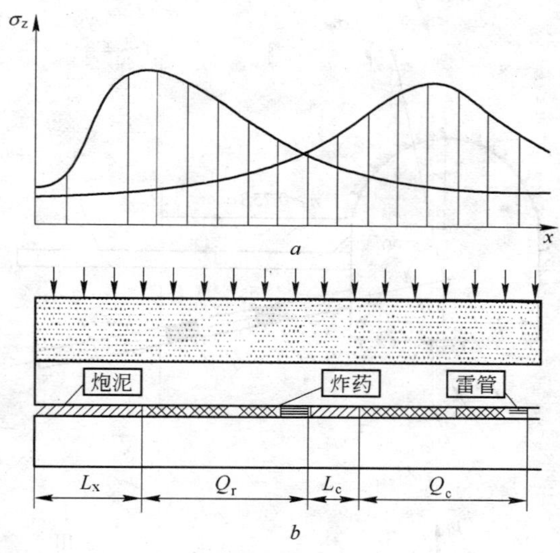

图 4-42 炮眼内炸药及炮泥布置

a—爆破前后应力分布；*b*—爆破分布

力致使径向裂隙形成区以外（10～50）d 范围内岩体加载，即岩体应力的增高区域。

对于坚硬岩石，采用梯段爆破方法来降低巷道中的应力集中（见图 4-43），其效果更好。在形成药壶破碎带之前，要确定在岩体中最大压应力的作用方向，而后在垂直于最大压应力作用方向上钻一排降压孔和测量孔。炸药包布置在最大支撑压力带中心，每个钻孔中的第 1 个初始药包质量取 0.5～0.6kg，爆破后支撑压力特点将重新分布；在第一个梯段药壶爆破后，最大支撑压力接近巷道轮廓，或移向保护带范围外。保护带尺寸可由 $n=0.75B$ 确定（n 为保护带宽度，B 为巷道横向尺寸），但不小于 2m。在第一个降压药包爆破后造成的最大支撑压力带中心放置第 2 个药包，药包质量要比初始药包质量增加 20%～40%。重复上述工序，使巷道转变为非冲击地压危险状态。

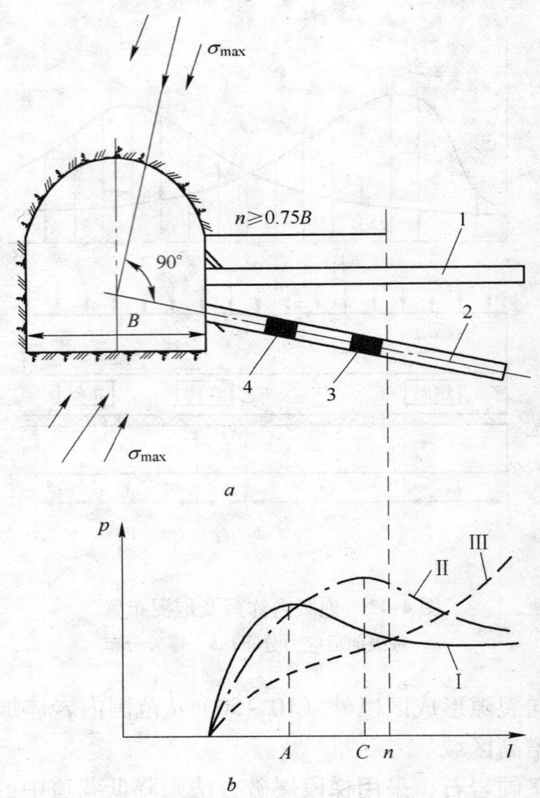

图 4-43 梯段爆破降低巷道中的应力集中

a—爆破装药分布；*b*—爆破前后应力分布

1，2—药壶和量测钻孔；3，4—第 1、第 2 梯段包；

Ⅰ，Ⅱ，Ⅲ—分别为第 1 梯段爆破前后和第 2 梯段爆破后支撑压力 *p* 的分布特点

4.3.1.5 炮眼深度和间距的确定

炮孔深度是指炮孔孔底至工作面的垂直距离。炮孔深度在各爆破参数中占重要地位，它不仅影响掘进、回采的速度或强度，而且还影响爆破效果和材料消耗。孔深增大则凿岩和装岩的时间增加，而装药、通风和准备时间相应减少；但随着孔深的增加，

爆破的夹制作用增大，不利于爆破效果，并增加了炸药的消耗量。

平行排列的炮孔，孔距是指相邻两孔之间的轴线距离，扇形排列的炮孔，孔间距又分为孔口距与孔底距两种。孔口距是指从装药长度较短的炮孔口至相邻孔轴线的垂直距离。孔底距是指从装药长度较短的孔底至相邻孔轴线的垂直距离。

实施卸压爆破，钻孔深度应达到支撑压力峰值区。装药位置越靠近峰值区，炸药威力越大，爆破效果越好。深孔卸压爆破不装药部分需填满黏土炮泥，其深度不仅要保证爆破不破坏煤帮，同时使靠近巷帮的煤体免受支撑压力作用。通过现场实例和打钻检测结果，支撑压力的峰值在煤壁内 3 ~ 4m 处时，钻孔深度在 6m 以上，可以使支撑压力峰值向煤体内转移 3m 左右。因此，确定卸压爆破地段炮眼深度确定为 7m，装药和不装药深度均为 3.5m。

炸药爆炸后，从爆源向外依次形成压碎区、破裂区和震动区。计算爆破作用下产生的破裂区范围，可以确定合理的炮孔间距。由于爆破是在无自由面情况下进行的，不耦合装药时，可以按爆炸应力波计算单孔卸压爆破的破裂区范围。

装药爆破后作用于孔壁上的径向应力峰值，即初始冲击压力 p_r 为：

$$p_r = \frac{1}{8}\rho_e D^2 \left(\frac{d_c}{d_b}\right)^6 n \tag{4-13}$$

式中 ρ_e，D——分别为炸药密度和爆速，$\rho_e = 1.1 \times 10^3 \mathrm{kg/m^3}$，$D = 3710\mathrm{m/s}$；

d_c，d_b——分别为炸药和炮孔直径，为 35mm 和 42mm；

n——爆生气体碰撞岩壁时产生的应力增大倍数，$n = 8 \sim 11$，取 $n = 10$。

因此，作用于炮孔孔壁上的初始冲击压力 p_r 的大小为：

$$p_r = 6338\mathrm{MPa}$$

在爆炸冲击压力下，沿炮孔切向的最大拉应力 $\sigma_{\theta\max}$ 分布特征为：

$$\sigma_{\theta\max} = \frac{bp_r}{\bar{r} \cdot \alpha} \tag{4-14}$$

式中 b——波速比，$b = \mu/1 - \mu = 0.25$；

$\bar{r}$——比例距离，即炮孔周围任一点至药包中心距离 r 与装药半径 r_c 之比 $\bar{r} = r/r_c$

α——应力波衰减系数，$\alpha = 2 - b = 1.75$。

由于径向裂隙是由拉应力引起，因此，可以用岩石的抗拉强度代替其切向拉应力峰值。根据弹性理论，由式 4-13 和式 4-14，得到炮孔周围爆破后煤层的破裂区半径为：

$$R = \left(\frac{bp_r}{\sigma_t}\right)^{1/\alpha} r_c = 0.952 \tag{4-15}$$

式中 σ_t ——煤体的抗拉强度，2MPa；

r_c ——为炮孔半径，21mm。

上述公式计算过程中忽略了爆破产生气体的准静态膨胀作用。同时，由爆破引起的岩体完整性下降和强度损失也不仅仅局限于破裂区范围内，破裂区以外应力波的损伤作用以及震动效应同样可以削弱岩体的完整性和强度，所以实际的破裂半径可能大于0.952m，即单孔卸压明显的影响范围为 2 ~ 3m 左右。因此，卸压爆破合理炮眼间距为 3m 左右。

4.3.1.6 振动爆破

震动爆破是一种特殊的爆破，它与爆破落煤不同。震动炮的主要任务是要求爆破形成强烈的冲击波，使震动范围最大，甚至是整个工作面长：在装药量一定的情况下，震动效果最好。常用震动爆破作用有：

（1）震动卸压爆破；

（2）震动落煤爆破；

（3）震动卸压落煤爆破；

（4）顶板爆破。

A　震动卸压爆破

在人员撤离的情况下，这种爆破除引发冲击矿压外，可将高应力集中区转移到煤体深部，形成松动带。而煤体的松动带不可能是应力集中区。

为了使震动、卸压爆破效果更好，必须确定好下列参数，而这些参数是由采矿地质条件确定的：

（1）炮眼的深度：3～12m；

（2）炮眼中的最大装药量：1.0～5.0kg；

（3）炮皮眼的布置：相邻眼距为2～10m；

（4）同时爆破的炮眼数量：12～100个。

为了保证卸压爆破中，增加炮眼中的装药量，其效果将会是：

（1）引发冲击地压；

（2）减缓深部煤体中的压力升高区；

（3）爆破引发一些地震能的释放。

这里需要说明一点的是，如果震动、卸压爆效果不明显，则应改变其参数。

B　震动落煤爆破

震动、落煤爆破的目的是在人员撤离的情况下，引发冲击地压，减缓或移去深部煤体或采煤机截深范围内的应力释放。在这种情况下，采煤机几乎仅起装煤作用。

震动、落煤爆破的炮眼长度为1.2～2.4m，炮眼装药量为300～1200g，人员撤出后等待时间为30min。

C　震动卸压落煤爆破

这种爆破组合了震动、卸压和震动、落煤爆破两种。震动、卸压、落煤爆破既用于采面前方，也可用于巷道掘进，其参数可根据具体条件而定，但卸压长钻孔爆破后，应避免在同一眼位布置落煤爆破孔。

4.3.1.7　顶板爆破

煤层顶是影响冲击矿压发生的最重要因素之一。顶板爆破能使采场围岩的高应力区向深部转移，使巷道浅部围岩处于应力降低区，同时可以使煤岩体中积聚的能量得以释放，从而实现消除动压事故，或者减轻动压危害程度。爆破瞬间周围煤岩体应力变化情况及长时期煤体动态应力监测总体效果均表明，爆破工作可以降低爆破区域煤岩体应力集中程度，进而降低动压灾害发生的可能性，是治理动压灾害的理想措施。

顶板爆破能将顶板破断，降低其强度，释放因压力而聚集的能量，减少对煤层和支架的冲击震动。而这种震动将使处于极限应力状态的煤岩体应力超限，引发冲击地压。

炸药爆炸破坏顶板的方法有两种，一是短钻孔爆破，二是长钻孔爆破。短钻孔爆破有带式的、阶梯的和扇形的。这样爆破后，在顶板形成条痕。在顶板弯曲下沉时，在条痕处形成拉应力而断裂。这种情况就像金刚石划破厚玻璃出现的条痕一样。

长钻孔爆破是在工作面或两巷中钻眼、爆破来破坏顶板或者引发冲击地压。选择参数时应以不损坏支架为准。

这种爆破要破断整个顶板岩层，缩短顶板悬臂梁的长度（l），其模型为：

$$R = \frac{3}{8}p_0 l \tag{4-16}$$

式中 R——作用在支架及煤层上的荷载；

p_0——岩体压力；

l——悬臂梁长度。

这样就可以减少顶板对支架和煤层的压力。当煤层有冲击危险时，顶板爆破后，工作人员的等待时间应等于或大于煤层放振动炮的时间。

4.3.1.8 松动爆破

松动爆破是利用炸药爆炸的力量增加和扩大煤岩体裂隙，从而改变煤岩体的力学特性。震动爆破是在应力集中区中借助于爆震波的影响，人为诱发强度较小的冲击地压，从而避免发生程度较大的冲击地压。

在煤体高应力带内布置钻孔，通过爆破释放其弹性能量，使应力高峰带内移，为冲击地压危险煤层的安全开采创造条件。松动爆破方法使用方便、快捷、可靠。钻孔垂直煤壁布置，孔深4~6m，间距3~5m，每孔装药量600~750g，黄泥填实填满，瞬发电雷管起爆，安全距离为100m。

断顶爆破能使采场围岩的高应力区向深部转移，使巷道浅部围岩处于应力降低区，同时可以使煤岩体中积聚的能量得以释放，从而实现消除动压事故或者减轻动压危害程度。爆破瞬间周围煤岩体应力变化情况及长时期煤体动态应力监测总体效果均表明，爆破工作可以降低爆破区域煤岩体应力集中程度，从而降低动压灾害发生的可能性，是治理动压灾害的理想措施。

4.3.1.9　预裂爆破

预裂爆破是预定境界上钻一排密集的预裂孔，在主炮孔爆破之前爆破。预裂孔爆破时沿孔连线发展成为预裂缝。预裂爆破可以显著地减少爆破对预定境界外岩体的破坏。

预裂爆破施工时要注意以下要点：

（1）严格按设计孔位施工，炮孔前后移位偏差不应大于20~30cm。

（2）采用不耦合装药结构时，药包应尽可能放置在炮孔中心，炮孔底部药量应增加1~3倍。

（3）炮孔一般不超深，孔口未装药部分是孔深的15%~30%。

（4）预裂孔应预先起爆或超前邻近主炮孔50~30ms起爆。

（5）预裂孔一般应同时起爆，但为了降低预裂孔爆破的地震波效应，也可分段起爆。

4.3.1.10　光面爆破

光面爆破是在轮廓或挖掘边上钻一排较密集的炮孔，使其抵抗线大于孔距，爆破时沿炮孔连线形成破裂带而获得较平整的破裂面。一般光裂面爆破是在主爆炮孔爆破后或清渣后再一次起爆。光面爆破后成型规整，不超欠挖，符合设计要求，新面不受破坏，保证了新面岩体的完整性。

光面爆破多采用不耦合装药，露天矿与井下矿在现场工作过程中大量用到这种爆破方式。

4.3.2 煤层注水防治冲击地压的方法

煤层注水预防冲击地压的方法简单易行，防治费用低，适应性广。即使是水不湿润的煤层，只需要加入少量的湿润剂，而且还具有降尘、降温及软化煤层的多种效果，一举数得，因而可以作为防治冲击地压的首选措施。

4.3.2.1 煤层注水防治冲击地压的机理

煤层注水作用在于改变煤体的结构，软化煤层，增加塑性变形，使煤体的强度和积蓄弹性能的能力下降，使冲击倾向减弱。多数煤层注水后，冲击能量要降低一个等级。同时，注水可以使支撑压力峰值降低，使峰值位置向煤体深部转移，从而达到改变煤体（或局部煤体）应力状态的目的。

冲击地压是煤岩体受载后产生变形，当达到峰值强度后，由于变形局部化而发生失稳的破坏现象。这种失稳现象在20世纪80年代中期就已得到了绝大多数有关学者、专家的认同，即煤岩破坏的绝大多数情况是不会发生冲击地压的；只有在发生失稳破坏时，才会发生冲击地压。也就是说冲击地压与煤岩层的破坏形式有关，这与矿井发生冲击地压的实际情况完全吻合。井下煤岩体随时都会发生不同程度破坏，但并不每次破坏都产生冲击地压，只有在煤岩变形处于非稳定状态失稳破坏时才发生冲击地压。因而对煤层注水就是通过增加煤层含水率或用煤层中水的饱和程度来改变煤岩变形状态，使其不发生失稳破坏，从而避免冲击地压的发生。

煤层是多孔隙介质，含有大量的裂隙和孔隙。一般情况下，在裂隙、孔隙的空间中含有水和气体两种介质。当含水率很低时，即水的饱和度非常小，即使水是湿润煤层的湿润流体，但由于裂隙中水很少，因此，裂隙内壁以及外界面被水湿润面积很小，水不能对煤层起作用。这种含水率很低的干燥煤层试样，在实验室进行压缩试验，当达到其强度极限时，产生不可控制的剧烈破坏，破碎试件块飞出，并产生巨响，实验机由于受完全卸载影响而产生震动。这就是试件发生失稳破坏产生的情况，如果是煤层失稳破坏，所产生的就是冲击地压。

当将水注入煤层的孔隙、裂隙之间，水逐渐将孔隙、裂隙中的气体驱走，含水率逐渐增加或饱和度逐渐增大。水为煤的湿润流体时，水就被煤孔隙、裂隙内外表面所吸收，水湿润面积就逐渐增大，直至全部为水所湿润。在煤的孔隙、裂隙表面形成水膜。当水膜增加至一定厚度并保持一定时间后，在水与煤之间复杂的物理化学作用下，煤颗粒间的黏结力减小，煤颗粒接触面的摩擦力降低，煤的力学性质发生了变化，冲击倾向减小。将注水煤层的试件在实验机上进行试验，当达到破坏时，试件仍有强度，试验机不完全卸载，需要进一步做功才能进一步破坏，而这一破坏不仅不释放能量还要吸收能量，试验机不发生震动，也不发生响声。这就是井下煤岩大多数破坏而不发生冲击地压的道理。所以，通过对煤层注水，可以防治冲击地压。

如果水不是煤的湿润流体，而气体是煤的湿润流体，即使含水率高，甚至被水充满，但煤颗粒的表面均将为气体所湿润，形成一层气膜。该气膜将水与煤隔开，使水与煤不能接触而发生作用，也就无法改变煤层性质，注水就不能起到防治冲击地压的作用。遇到这种情况可以通过在水中加湿润剂，使煤对水的亲和力大于煤对气的亲和力，水成为湿润流体，这样就能起到防治冲击地压的作用。

通过钻孔向煤层注水，实际上是从钻孔附近由近及远向周围煤层扩展的一个水驱气的过程，用水将煤层中气体驱走，然后由水占据煤层中孔隙、裂隙的大部甚至全部空间。在水驱气的过程中，在水和气两种流体的界面附近有一个混相过渡区，由于其厚度相对煤层来说是很薄的，可简化为一个突变界面进行处理。这个突变界面即为注水时，水由钻孔附近向四周煤层中推进的锋面。在理想情况下，锋面是以钻孔轴作为轴心的圆柱面，柱的长度就是钻孔的长度。锋面将煤层划分为两个区域：锋面推过的煤层区域为水区域，即此区域内的孔隙、裂缝空间可视为全部为水充满，也即水渗流区。锋面尚未推到的煤层区，煤层孔隙、裂缝空间主要为气所占据，称为气区或称气渗流区。注水过程就是锋面不断从钻孔附近向周围煤体运动扩展的过程。随着锋面不断地推进，预定由该钻孔注水的煤层区域已经全部成为水区域，则注水过程结束。

从注水开始至煤层注水区域全部注满成为水区域所需的时间，称为注水时间。水对煤作用改变煤层无力与力学性质所需的时间，称为水作用时间。两者之和即为煤层提前注水时间。当煤层含水率达到一定值，煤层不致发生失稳破坏，此时的含水率称为临界含水率。煤层注水预防冲击地压最主要的工作就是根据矿井煤层的情况和所需注水煤层面积的大小，确定钻孔布置、煤层的提前注水时间和煤层的临界含水率。

4.3.2.2　煤层注水数学原理及方法

大量的研究表明，煤系地层的单向抗压强度随着其含水量的增加而降低，其关系可用式 4-17 表示，其变化规律如图 4-44 所示。

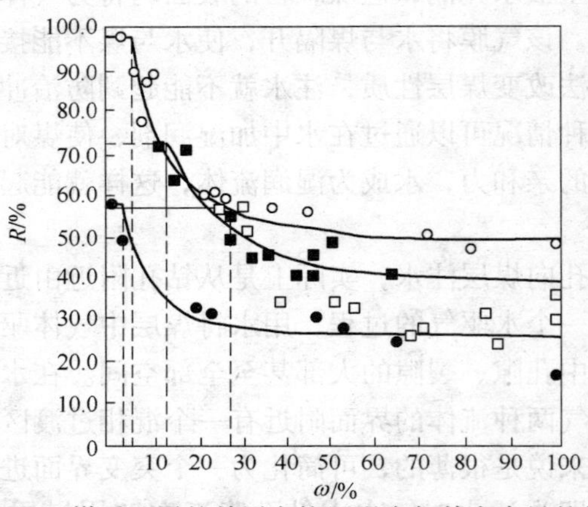

图 4-44　煤系地层的单层向抗压强度与其含水量的关系

$$R = aw_0b + c \tag{4-17}$$

式中 R——抗压强度；

w_0——强度最大时的含水量；

a,b,c——系数。

其中的系数 a、b、c 及 w_0 的值见表 4-8。

表 4-8 系数表

岩石种类	a	b	c	w_0
粗粒砂岩	290	-1.39	25.9	≥4
细中粒砂岩	537	-1.2	46	≥7
泥 岩	985	-1.21	34	≥15
页 岩	6100	-2.27	23.9	≥28

同理，煤的强度与冲击倾向指数 W_{ET} 也随煤的湿度的增加而降低。一般情况下煤的冲击倾向指数与煤的湿度增量（含水率）的关系可用下式表示：

$$W_{ET} = W_{ET0}e^{b\Delta\omega} \tag{4-18}$$

式中 W_{ET}——注水后，煤层冲击倾向性指数；

W_{ET0}——自然状态下煤层冲击倾向性指数；

$\Delta\omega$——含水率，%。

煤层不同，上式中系数也不相同，见表 4-9 和图 4-45。同时含水率与注水时间并不成正比，如图 4-46 所示。另外，煤湿度的增加可改变其切割指数，降低煤尘。

表 4-9 煤的冲击倾向指数与含水率的关系

序 号	煤 层	W_{ET0}	b
1	Ce510	9.26	-0.56
2	Ma703/J	2.7	-1.17
3	Ma703/M	3.36	-1.04
4	NW502	4.43	-0.74
5	NW504	4.47	-0.82

续表 4-9

序　号	煤　层	W_{ET0}	b
6	NW506	2.99	-0.67
7	NW507	5.49	-0.79
8	Ry620	5.2	-0.7
9	SZcz506	—	—
10	Szom504	6.65	-1.04
11	Mie510	4.87	-0.56

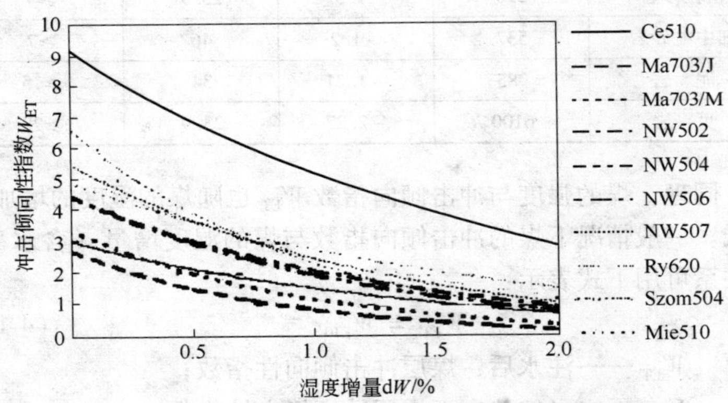

图 4-45　煤层的冲击倾向指数与煤的湿度增量的关系

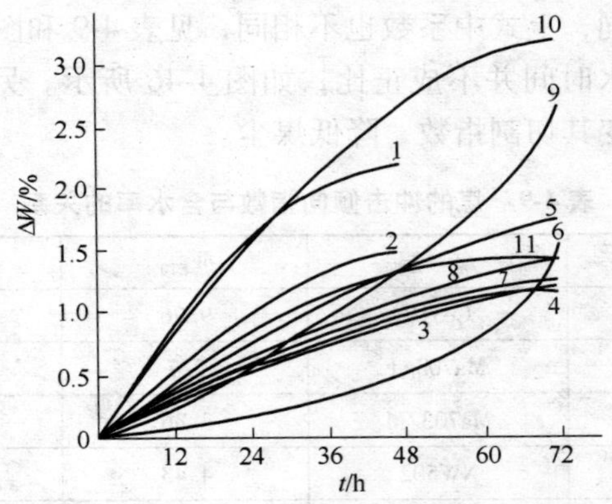

图 4-46　煤的湿度增量与注水时间的关系

从上述的研究结果可见，对煤层注水，可有效地防治和减弱冲击矿压的危险性，而煤层注水的方法有三种布置方式：

（1）与采面煤壁垂直的短钻孔注水法；

（2）与采面煤壁平行的长钻孔注水法；

（3）联合注水法。

A 短钻孔注水法

短钻孔注水法主要看注水钻孔的数量。钻孔通常垂直于煤壁，而且在煤层中线附近。注水时，依次在每一个钻孔放入注水枪，水压力通常为20～50MPa。一般有效的注水孔间距为6～10m，注水钻孔的深度不小于10m，注水孔的大小应与注水枪的大小相适应，而且放入注水水枪后能自行注水，封孔封在破裂带以外。该方法的优点是容易钻孔注水；可在其他不方便的条件下用短钻孔注水。短钻注水法的缺点是：

（1）注水工作需在机道进行，影响采煤；

（2）注水工作需在冲击最危险的区域进行，对人身安全有影响；

（3）注水范围小。

B 长钻孔注水法

这种方法是通过平行工作面的钻孔，对原煤体进行高压注水，钻孔长度应覆盖整个工作面范围。注水钻孔后面的长度应小于两倍的注水半径，通常为10～20m，注水钻孔之间的距离应为10～20m。这些参量均取决于注水时的渗透半径。

采面区域内的注水应从两巷相对的两个钻进行注水，注水从靠工作面最近的钻孔开始，一直持续整个工作面范围。一般注水枪应布置在破碎带以外，深度视具体情况而定。一般情况下，注水区应在工作面前方60m外进行。

长钻孔注水法的最大优点是工作面前方区域内的注水是均匀的，注水工作在两巷进行，不影响采煤作业。注水的超前时间不宜过早，因为随时间的推移，注水效果会降低。实践证明，注水的有效时间为3个月。这种方法可最大限度地使用机械，而且注水工作可在冲击危险区域外进行。其缺点是某些情况下很难进行钻孔作业，特别是薄煤层更加困难。

C　联合注水法

联合注水法是上述两种方法的综合。采面部分区域采用长钻孔注水，部分区域采用短钻注水，注水压力不小于10MPa；当水压力降至5MPa时，认为该钻孔水已注好。在有些情况下煤壁会滴水。在长钻孔或联合注水结束后，可将注水钻孔和消防龙头相连。注水效果可由下面的方法控制：

(1) 定期从注水煤体中取煤样并监测其湿度变化；

(2) 观察滴水与含水情况；

(3) 采用地球物理方法测量。

高压注水时，可能产生注水枪抛出的现象；另外，顶底板软弱、破碎时注水可能很困难。

4.3.2.3　煤层注水的数学模型及有关参数的确定

A　厚煤层注水的数学模型及有关参数的确定

如图4-47所示，注水孔布置可根据煤层的湿润半径 R，取孔距 $D=2R$，孔深 L 取工作面长的3/4为宜。对于提前注水时间、流量可根据计算求得。一般将注水过程视为水驱替气的有动界面的流动问题处理，水渗流按径向流，动界面位置用 r_c 表示。

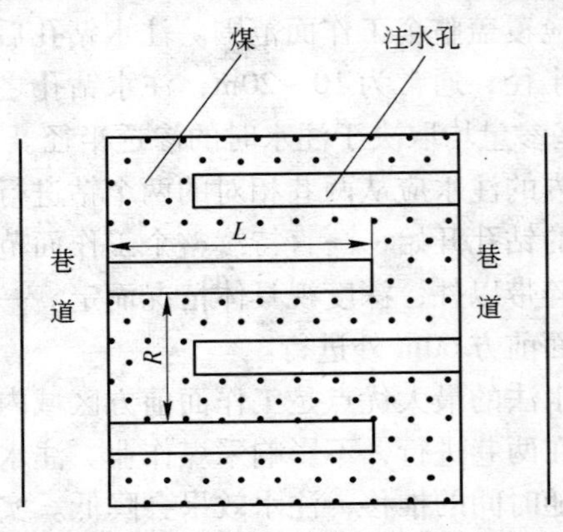

图4-47　厚煤层注水孔布置

以一孔为例建立模型并求解。

如图 4-48 所示，其中 R 为煤层的湿润半径，r_w 为注水孔半径，r_c 为水气交界面半径。考虑有界圆形地层，设煤层近似各向同性、均质、透率为常数，并假设为活塞式驱替。在注水过程中，注入水的渗流与孔隙中的气体渗流符合达西定律。不计重力及流体的可压缩性。描述该流动过程的方程和定解条件如下：

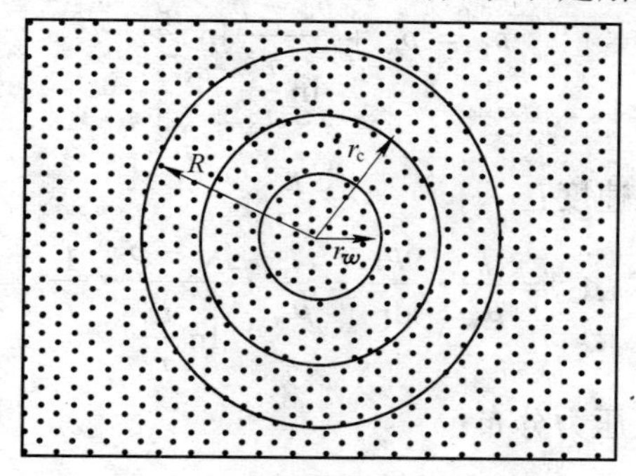

图 4-48　厚煤层注水力学模型

$$\frac{\partial^2 p_1}{\partial r^2} + \frac{1}{r} \cdot \frac{\partial p_1}{\partial r} = 0, r_w < r < r_c \tag{4-19}$$

$$\frac{\partial^2 p_2}{\partial r^2} + \frac{1}{r} \cdot \frac{\partial p_2}{\partial r} = 0, r_c \leqslant r < R \tag{4-20}$$

$$p_1 = p_w, r = r_w \tag{4-21}$$

$$p_2 = p_g, r = R \tag{4-22}$$

$$p_1 = p_2 = p, r = r_c \tag{4-23}$$

$$\frac{1}{\mu_w} \cdot \frac{\partial p_1}{\partial r} = \frac{1}{\mu_g} \cdot \frac{\partial p_2}{\partial r}, r = r_c \tag{4-24}$$

式中　p_1 ——水区压力分布；

p_w ——注水压力；

p_2 ——气区压力分布；

p_g ——煤层原始压力；

μ_w ——水的黏性常数；

μ_g ——气的黏性常数。

求解方程，注意到动界面上压力分布连续，渗流速度连续，可得水区、气区的压力分布与渗流速度为：

（1）水区压力分布：

$$p_1 = p_w + \frac{p_w - p}{\ln \frac{r_w}{r_c}} \ln \frac{r}{r_w} \tag{4-25}$$

（2）渗流速度：

$$\mu_w = \frac{k}{\mu_w} \cdot \frac{dp_1}{dr} = \frac{k}{\mu_w} \cdot \frac{p_w - p}{\ln \frac{r_w}{r_c}} \cdot \frac{1}{r} \tag{4-26}$$

（3）气区压力分布：

$$p_2 = p_g + \frac{p - p_g}{\ln \frac{r_c}{R}} \ln \frac{r}{R} \tag{4-27}$$

（4）渗流速度：

$$\mu_g = \frac{k}{\mu_g} \cdot \frac{p - p_g}{\ln \frac{r_c}{R}} \cdot \frac{1}{r} \tag{4-28}$$

式中　p——动界面压力。

$$p = \frac{\mu_g \ln \frac{r_c}{R} p_w + \mu_w \ln \frac{r_w}{r_c} p_g}{\mu_g \ln \frac{r_c}{R} + \mu_w \ln \frac{r_w}{r_c}} \tag{4-29}$$

由界面物质导数与迁移导数的关系，渗流速度和平均速度满足 Dupuit-Forchhetuer 关系式 $u = \phi \frac{dr_c}{dt}$（ϕ 为孔隙率）。可求得水气动界面到圆形煤层边界的时间：

$$t = \frac{\phi}{k(p_w - p_g)} \int_{\gamma_n}^{R} (\mu_g - \mu_w) r_c \ln r_c (\mu_w \ln r_c - \mu_g \ln R) r_c \mathrm{d}r_c \tag{4-30}$$

也即水湿润全部圆形煤层范围所需要的时间，就是提前注水时间。

所需流量为：

$$Q = 2\pi \cdot r_c h \cdot \mu_w$$

式中 h——注水孔长度。

B 薄煤层注水的数学模型及有关参数的确定

如图 4-49 所示，当煤层很薄时，除了在孔附近处，可视为平面平行流，动界面的位置用 $x(t)$ 表示，描述该流动过程的方程和定解条件为：

$$\frac{\partial^2 p_1}{\partial x^2} = 0, 0 < x < x(t) \tag{4-31}$$

$$\frac{\partial^2 p_2}{\partial x^2} = 0, x(t) \leqslant x \leqslant L \tag{4-32}$$

$$p_1 = p_w, x = r_w \tag{4-33}$$

$$p_1 = p_2 = p, x = x(t) \tag{4-34}$$

$$p_2 = p_g, x = L \tag{4-35}$$

求解方程，注意到动界面上压力分布连续，渗流速度连续，

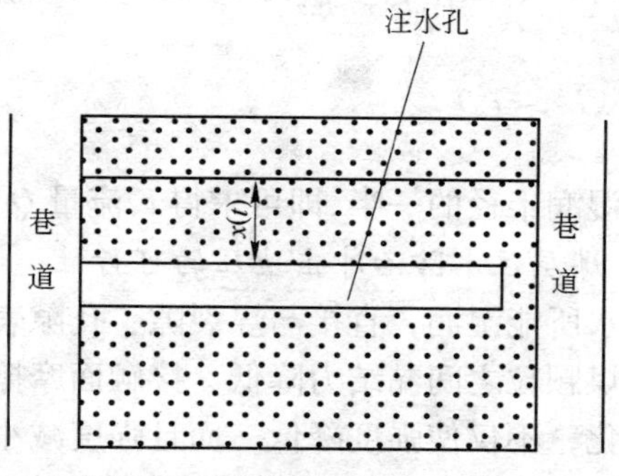

图 4-49 薄煤层注水力学模型

可得水区、气区的压力分布与渗流速度为：

（1）水区压力分布：

$$p_1 = p - \frac{p_w - p}{r_w - x(t)} x(t) \tag{4-36}$$

（2）渗流速度：

$$\mu_w = \frac{k}{\mu_w} \cdot \frac{p_w - p}{r_w - x(t)} \tag{4-37}$$

（3）气区压力分布：

$$p_2 = p + \frac{p - p_g}{x(t) - L}(x - x(t)) \tag{4-38}$$

（4）渗流速度：

$$\mu_g = \frac{k}{\mu_g} \cdot \frac{p - p_g}{x(t) - L} \tag{4-39}$$

式中 p——动界面压力。

$$p = \frac{\mu_g p_w (x(t) - L) - \mu_w p_g (r_w - x(t))}{\mu_w (r_w - x(t) + \mu_g (x(t) - L))} \tag{4-40}$$

由界面物质导数与迁移导数的关系，渗流速度和平均速度满足 Dupuit-Forchhetuer 关系式，求得提前注水时间的计算公式为：

$$t = \frac{\Phi}{k(p_w - p_g)} [(\mu_w r_w - \mu_g L)(L - r_w) - (\mu_w - \mu_g)] \times \frac{1}{2}(L^2 - r_w^2) \tag{4-41}$$

将 L 代入湿润半径的一半，即可求得 t，流量 $Q = 2\pi r_c h \cdot \mu_w$。

4.3.2.4 煤层注水防治冲击地压的可行性

煤层如为水所能湿润，直接与煤裂隙、孔隙表面接触，被煤所吸附时，则煤颗粒之间黏结力降低，接触面摩擦力减小，使煤的性质发生变化，不仅使强度降低，而且强度减小。即在峰值强度后，曲线变得平缓，冲击倾向减弱甚至丧失，因而可以预防冲击地压的发生。如不能湿润可以在水中添加湿润剂，使煤被水所湿润，从而达到预期效果。

煤层干燥时易发生冲击地压；而在干燥煤层中，其中空隙主要是为气体所充满，水分很少。因此，煤层注水是在压力高于煤层已有的气体压力，将水注入驱气的过程，也是有动界面的水驱气的过程。

煤层注水防治冲击地压的效果取决于所开采的煤层区域能否都为水所湿润。而这又取决于提前注水时间、钻孔布置、注水压力等诸多参数。通过相关的分析与计算，可以将诸多参数进行优化组合，确定最佳方案。如确定了注水压力、提前注水时间，就可以决定钻孔布置；如钻孔布置方案、注水压力已定，就可以选择提前注水时间等。从而提高注水防治冲击地压的效果。此外，注水压力必须大于煤层中气体压力，否则注水难以取得较好效果。

4.4 老虎台矿煤层注水防治冲击地压技术方法

对冲击地压区域实施煤层注水，可以改变煤体的物理性能，减少、减轻或避免冲击地压对矿井安全生产的威胁和危害。老虎台矿是冲击地压威胁较为严重的矿井，每年发生一级以上冲击地压 1000 余次。随着矿井的延伸，矿压增加以及复杂地质构造的影响，冲击地压威胁越来越严重。为了治理冲击地压对矿井安全生产的危害，为矿井安全生产摸索出一条有效的技术途径。

老虎台矿在多年煤层注水的基础上，对冲击地压较为严重的 73001 号、83001 号实施了煤层高压注水与静压注水相结合。先高压后静压、长短孔互补、跟班注水、两掘一注、两注一掘、边注边掘等防治冲击地压和减震措施，有效地减少、减轻和避免了冲击地压的威胁和危害。

73001 号综采区位于老虎台井田中央西部，运输水平为 -730m，回风水平在 -680m；开采标高 -638 ~ -718m，开采煤厚最大 38m、最小 12m，平均 24m；东至 -630m 主巷，西至

-730m 运输石门，南至 68001 号已采综放面，北至 68002 号西已采综放面；工作面长 146m，东西平均可采长度 600m，煤层倾角 6°~20°，直接顶为油母页岩，直接底为泥岩。煤层走向北东向，煤层倾向，呈东高西低，向北倾斜，南高北低。瓦斯涌出量 $49m^3/t$（根据 63006 号 -2 已采综放面实际涌出量推算），煤尘爆炸指数 46%，煤层自然发火期 1~3 个月，最短 13 天。采煤方法为综合机械化放顶煤采煤法。

由于煤层位于井田北部，开采深度较大，瓦斯抽放不充分，在构造应力、重力、瓦斯压力和邻区开采等因素综合作用下，使该区域地压较大，特别是在准备过程中，冲击地压显现会相当频繁，对安全生产威胁较大，如图 4-50 所示。

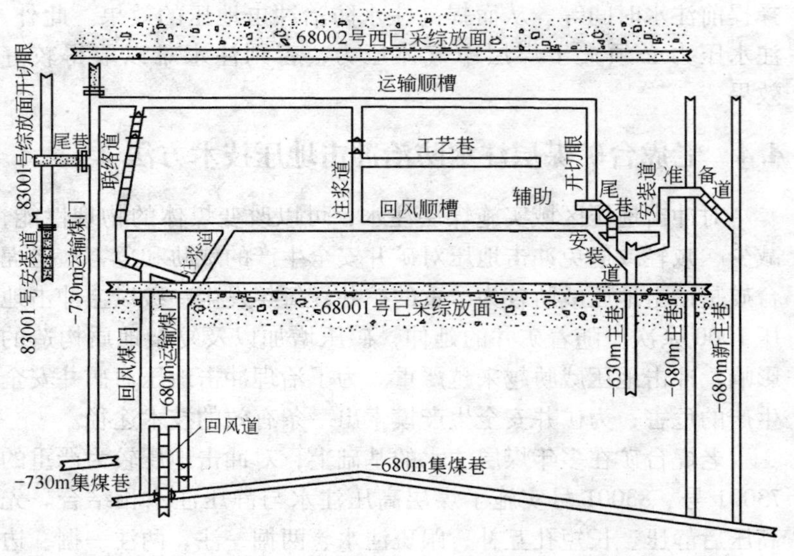

图 4-50　73001 号综放面示意图

83001 号位于井田西翼，地面标高 +78.4m，采区回采标高 -743~-816m。该采区西邻井下回采边界，东邻 -730m 水平 73001 号现采区；南部为 -830m 水平 78001 号、78002 号两采空区；北部为准备区。采区开采煤组上含煤组，一层煤，直接顶油母页岩，直接底泥质粉砂岩，老底凝灰岩。采区走向长（东-西）810m，倾斜长度（南-北）154m，开采厚度 18m。瓦斯涌出量实测 24.64m^3/t，煤尘爆炸指数 46.24%，自然发火期 1～3 个月，最短 13 天。

83001 号综采区受北部 F26 断层及区域地质构造影响，使本区形成一条的主要纵贯东西的向斜褶曲构造，影响本区的主要断层 7～8 条，其落差 0.5～1.0m。由于构造断裂的影响，节理比较发育，煤质松脆。运输顺槽距 F26 断层较近，受其牵引压力作用，使该区北部形成压力集中区。83001 号工作面采用走向长壁后退式综合机械化放顶煤采煤方法，由东向西推进，如图 4-51、图 4-52 所示。

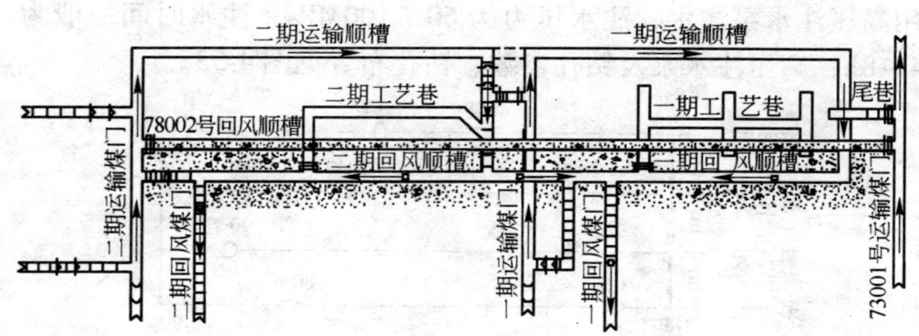

图 4-51 采区工作面分布

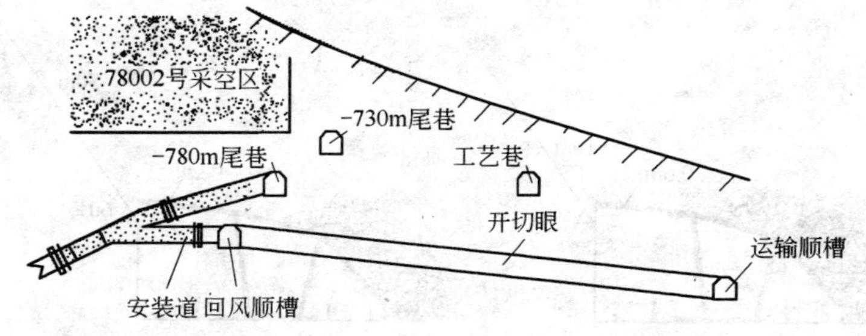

图 4-52 83001 号综放面示意图

由于 73001 号综放面南、北两侧均已开采，西翼相距 30m 为 83001 号综放面，因此，73001 号综放面处于高应力区域，是冲击地压高危区。83001 号综放面的南翼为 78002 号已采区，北翼为矿井 25 号大断层，沿走向贯通整个采区，其东翼与 73001 号综放面以 30m 煤柱相隔，处在高应力区，也是冲击地压高危区。为了解除冲击地压的威胁，针对这两个综放面的具体情况，采取了一系列解危措施，取得了良好的效果，特别是采用煤层注水措施后，使煤的物理与力学性质改变，煤层应力发生变化，峰值降低；应力区域应力逐渐均匀，高低峰区域差别变小，或者逐渐缓慢释放，避免了强烈冲击地压的发生。主要技术措施如下所述。

4.4.1 注水钻孔布置

高压注水是向煤体内钻 15 ~ 30m 长钻孔，孔径 ϕ42mm；利用高压注水泵注水，注水压力为 60 ~ 100MPa，注水时间一般为 4 ~ 8h；高压注水泵及钻孔参数、钻孔布置见图 4-53。

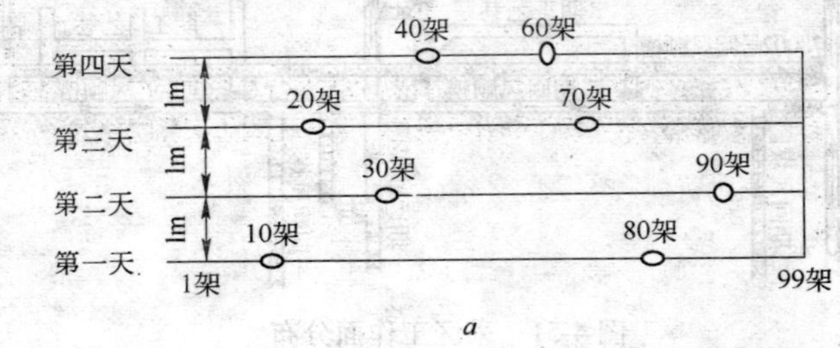

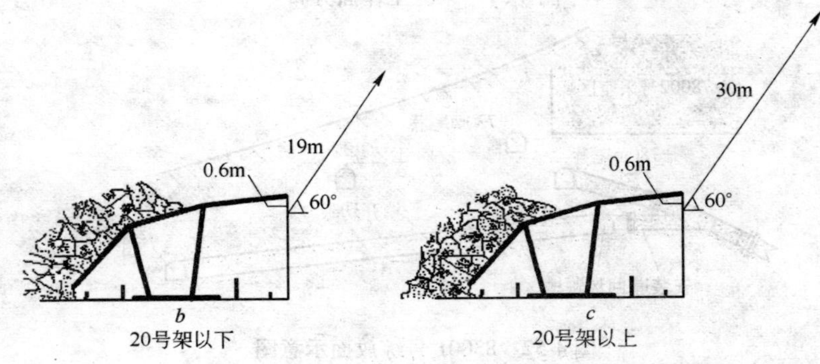

图 4-53　注水钻孔布置示意图

a—排架分布；*b*—20 号架以下水深及角度分布；*c*—20 号架以上水深及角度分布

注水孔在综放面 10～90 号架间实施，靠近运输顺槽和回风顺槽的两端，由于受采掘应力的影响，已经出现压裂缝隙，高压注水可能会造成漏水，达不到注水效果，因此，在综放面两端各留 15～20m。综放面注水孔每四天一个循环，每天两个孔。开孔位置在工作面两个架子的架间前方顶梁至以下 600mm，角度 +60°，孔深 20 号架以下 19m、20 号架以上 30m，封孔深度 7m。注水压力 9MPa 以上，两台泵各注一个孔，注水时间分别为 4h。

4.4.2 工艺巷注水

在工艺巷掘进中实施高压注水，以保证安全施工。工艺巷施工完毕后，结合抽放瓦斯钻孔进行注水，一是在两个钻场间打钻进行高压注水；二是对抽放量衰减的抽放孔进行注水。注水先采用高压注水；当注水压力降到 6MPa 以下时，改用静压注水，静压注水时间不得少于 1 个月，以增加注水效果。工艺巷注水见图 4-54。

4.4.3 巷道钻孔卸压及注水

在综放面回风道、联络道、回风顺槽、运输顺槽的应力集中带实施巷道钻孔卸压及注水措施。钻孔垂直于煤壁，孔径 89mm，孔深 30m，孔间距 3m，奇数组角度 +10°、偶数组角度 +30°，钻孔施工后立即封孔进行高压注水。其封孔方法如下所述。

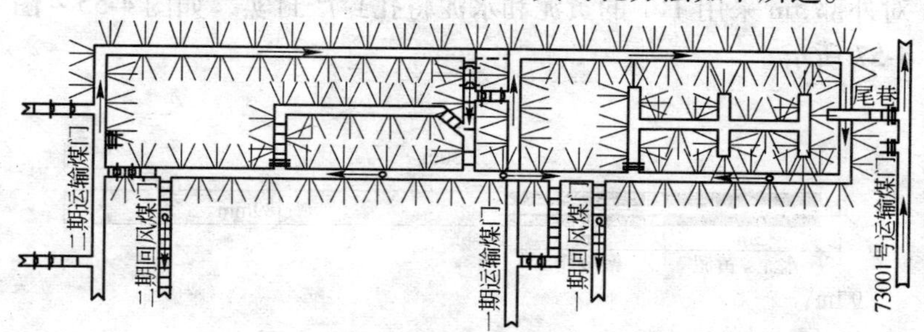

a

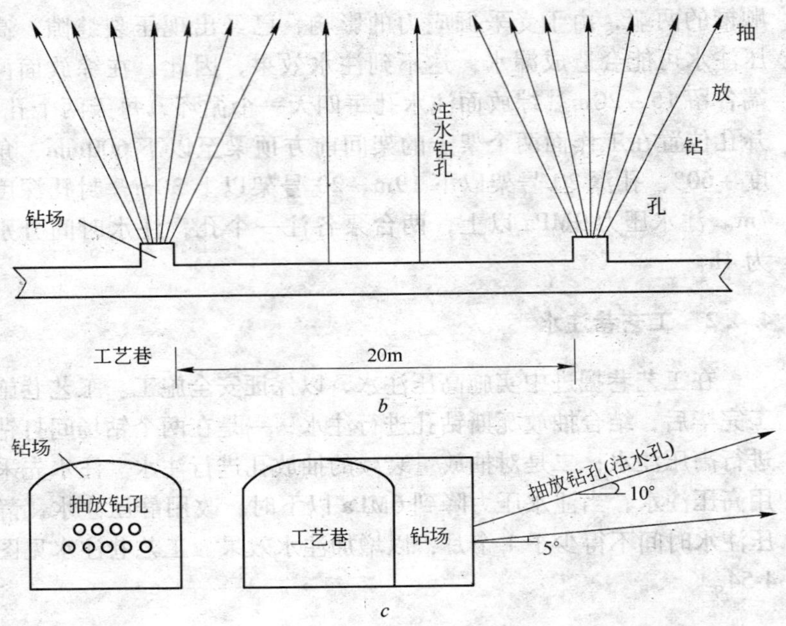

图 4-54　工艺巷注水示意图

a—采区分布；*b*—不同功能分布；*c*—工艺巷与钻孔分布

采用聚胺酯及 1∶1 的黄泥和水泥配合直径 ϕ25mm 的铁管封孔。封孔深度不低于 10m，先用聚胺酯封钻孔里面 5m 段，然后对外部 5m 采用 1∶1 的黄泥和水泥将孔封严封实，如图 4-55 ~ 图 4-57 所示。

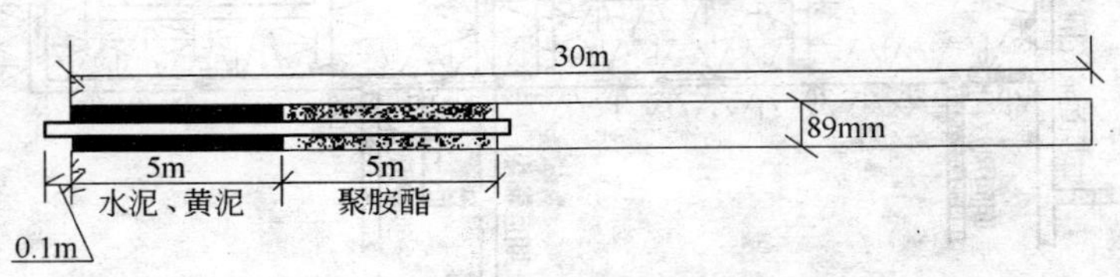

图 4-55　高压注水孔封孔示意图

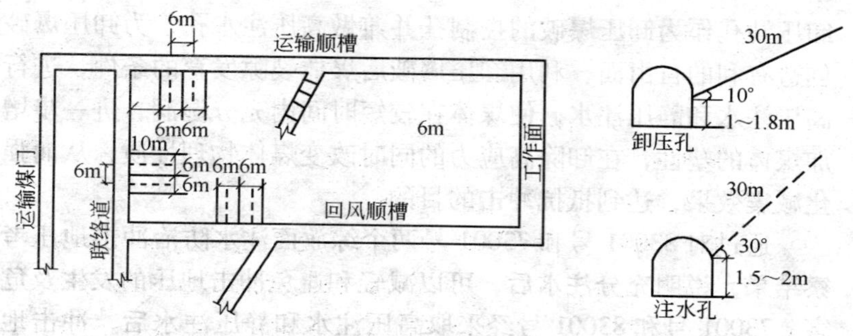

图 4-56　卸压及注水钻孔布置示意图

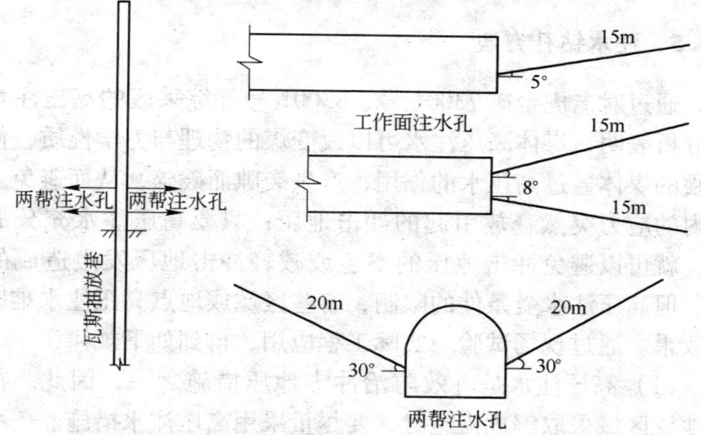

图 4-57　瓦斯抽放巷高压注水孔布置示意图

4.4.4　注水效果分析

综放工作面开采前进行静、高压注水后采样分析；开采期间在工作面煤壁前方每 10m 布置一个钻孔进行高压注水，每推进 3 ~4m 注水一个循环；在回采工作面的两帮每 15m 布置一个钻孔，孔深不低于 20m 进行高、静压注水；煤巷掘进工作面利用高压泵进行高压注水卸压，注水钻孔深度在 10m 以上，使掘进工作面始终位于卸压带内。

在有严重冲击危险的巷道中实施综合减震措施，利用大孔径卸压钻孔作为卸压爆破的控制孔并兼做高压注水孔，为卸压爆破创造有利的自由面，利用卸压爆破后煤体裂隙发育的条件，进行高压注水和静压注水，使煤体在较短时间内充分湿润，进一步增加煤体的塑性，在卸除高应力的同时改变煤体物理性质，从而强化减震效果，达到抵抗冲击的目的。

通过对 83001 号和 73001 号两个综放面注水防治冲击地压考察结果，说明充分注水后，可以减轻和避免冲击地压的发生及危害。73001 号和 83001 号经采取高压注水和静压注水后，冲击地压发生的次数和震级明显降低，巷道破坏减轻。

4.4.5 注水钻孔方法

通过对老虎台矿 73001 号、83001 号等综采区的高压注水效果分析表明，煤体高压注水可以改变煤的物理与力学性质，使较坚硬的煤体通过高压水的作用，产生裂隙而破碎，从而避免了煤体内的应力突然释放引起的冲击地压；只要高压注水充分的区域，就可以避免冲击地压的发生或减轻冲击地压发生造成的危害。但高压注水受条件的限制，有些区域或地点高压注水难以达到效果。通过现场试验与实际工程应用，得到如下规律：

（1）高压注水是有效防治冲击地压措施之一，因此，在冲击地压区域采取解危措施时，要尽量采用高压注水措施。

（2）在断层、破碎带附近布置高压注水孔时，难以保证注水效果，因为在这些地点注水时，水往往沿断层和破碎带流失，不能进入煤体内，所以，在这些地点注水时，要考虑采取封闭断层和破碎带的措施，以保证注水效果或者避开这些地点。

（3）布置注水孔时要均匀布置，避免出现盲区，封孔时要严密，防止泄漏，一旦发生泄漏，要及时补孔进行注水。

（4）注水半径与注水压力及注水时间成正比，随注水时间的延长，注水半径扩大。因此，在布置注水孔间距时要考虑注水压力和注水时间。一般情况下，高压注水压力不应低于 8MPa，注水时间不应低于 2h。

(5) 静压注水时（静压注水指不用注水泵，用水池位差产生的水压进行注水），水压不应低于 0.6MPa，注水时间不应低于 1 个月，但经高压注水后改成静压注水时，注水时间可根据采掘面施工情况确定。

(6) 当采用高压注水封孔时，应根据具体情况，采用封孔器或马丽散、聚胺酯、黄泥混合水泥等进行封孔。但煤、岩较硬、孔壁光滑时，应尽可能采用封孔器进行封孔，因为，封孔器封孔比较快捷，而且可以复用。在对较破碎煤层的注水孔封孔时，应选用马丽散封孔，由于用专用泵注入马丽散封孔，可以封闭煤壁裂隙，但封孔的成本较高。

4.5 老虎台煤矿采掘面超前排放卸压钻孔工程与效果

4.5.1 钻孔布置

老虎台矿井工开采的突出煤层，在回采工艺改革前，采用的防治突出措施主要是大范围的预抽瓦斯，即在煤层开采前，向煤层打瓦斯钻孔，经 3 ~5 年的抽放，抽出率可达 30% 以上，基本上消除了突出危险。但进入深部后采用大面积预抽瓦斯，一是必须提前 3 ~5 年掘出岩巷，布置钻场，打钻孔进行抽放，才能达到抽放率 30% 以上的要求。但提前掘岩巷，工程量大，造成采掘接续紧张；二是深部地质构造复杂，掘进施工困难，也不易布置瓦斯钻场，而且巷道维护量大；三是煤质结构变化，矿压大，难以施工钻孔，抽放瓦斯困难。

在改革回采工艺实行综放开采过程中，针对矿井的生产实际情况，采取两顺超前和掘顶板瓦斯道超前抽放瓦斯及采用超前排放卸压钻孔等措施，对消除引起采掘面发生煤与瓦斯突出的瓦斯压力、煤层应力等因素效果明显，实践证明，采取这些防治措施后，保证了采掘工作面的安全生产。

4.5.1.1 *超前排放钻孔布置*

超前排放卸压钻孔是随综放面的推进在综放面煤壁施工的。

排放卸压钻孔孔径不小于 ϕ89mm，布置角度25°左右，钻孔深度以打到顶板为准，一般 30m 左右，其水平投影长度不得小于10m。钻孔沿工作面每 10m 布置一个，至少四天循环打一遍，其有效间距不大于 2m。但在经突出预测指标超值点的 10m 范围内，需增加孔数和密度，有效间距不大于 0.5m。钻孔参数见表4-10。

表 4-10　综放面超前排放卸压钻孔布置参数

钻孔名称	孔径/mm	角度/（°）	孔间距/m	孔　深
排放卸压钻孔	ϕ89	25	0.5～2	至煤层顶板

排放卸压钻孔在综放面的检修班施工，如果预测指标超标，则停止工作面推进，进行打钻卸压排放，直至消除突出危险。经在 78001 号 1—3 综放面实施，取得了良好效果。

4.5.1.2　掘进面设计

采掘面实施排放钻孔，要始终保持工作面前方有不少于 7～14 个孔，其深度 10～15m 的排放钻孔。掘进面超前排放卸压钻孔布置参数见表 4-11 和图 4-58 所示。

表 4-11　掘进面超前排放卸压钻孔布置参数

孔　号	孔径/mm	角度/（°）		孔间距/m	孔深/m
		方位角	仰　角		
1.7	ϕ89	20	3～5	0.5	10～15
2.6	ϕ89	10	3～5	0.5	10～15
3.5	ϕ89	5	3～5	0.5	10～15
4	ϕ89	0	3～5	0.5	10～15
8.14	ϕ89	20	15～20	0.5	10～15
9.13	ϕ89	10	15～20	0.5	10～15
10.12	ϕ89	5	15～20	0.5	10～15
11	ϕ89	0	15～20	0.5	10～15

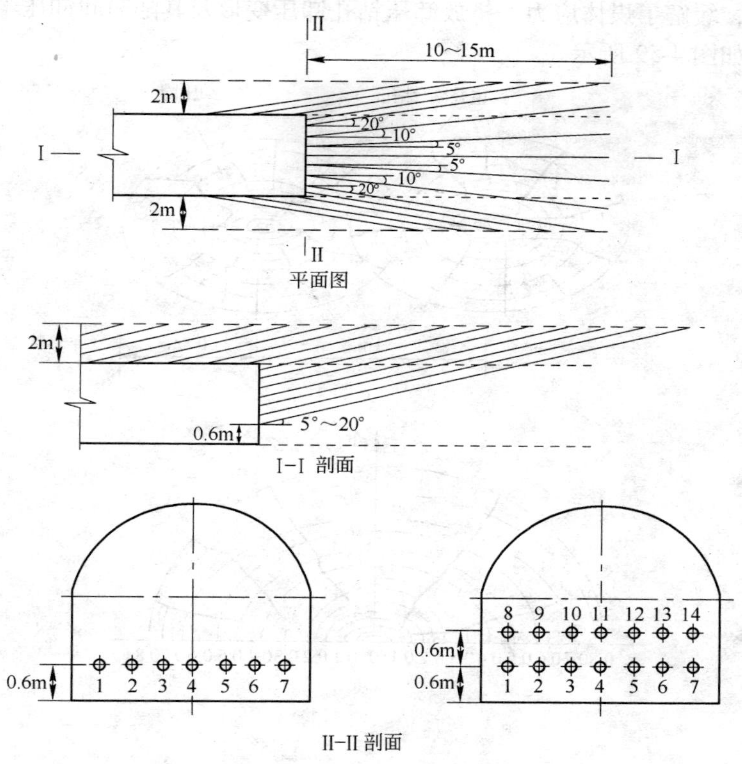

图 4-58　掘进面排放钻孔布置示意图

4.5.1.3　老虎台煤矿排放卸压钻孔效果分析

在采掘面施工排放卸压钻孔，可以使用 2.0kW 岩石钻机进行，这种钻机体积较小，搬运较方便，40min 左右便可施工完一个钻孔，一个面同时由两台钻机施工，可以满足生产的需要。

在施工排放卸压钻孔的过程中，有时孔壁出现卸压的震动声，表明钻孔在释放应力，经多次观察、测定，随时间的延长，钻孔的边缘会出现由里向外呈层状的圆形卸压圈，24h 后其卸压圈的半径可达 0.5 ~0.8m，布置较密集的部位出现卸压圈交叉的变形，有的钻孔呈椭圆形变形，有的孔垮塌压实，表明煤体松动，缓解了煤体应力。排放卸压钻孔卸压变形及其随时间卸压半径如图 4-59 所示。

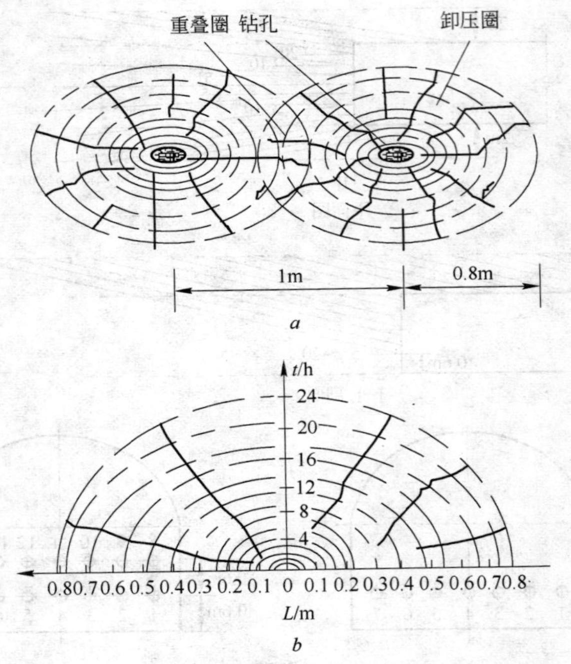

图 4-59 排放卸压孔卸压半径随时间变化

a—卸压孔间的叠加关系；*b*—卸压孔卸压半径与时间关系

通过用钻屑法测定排放卸压钻孔施工前后的钻屑量可以看出施工前钻屑量超值部位，排放卸压后钻屑量明显减少。见表 4-12。

表 4-12 排放卸压钻孔施工前后钻屑量变化

测定地点及区段	施工前/kg · m^{-1}	施工后/kg · m^{-1}
73001 号综放面 135m 运输顺槽 80m	4. 2	3. 8
73001 号综放面 158m 运输顺槽 110m	5. 2	3. 5
73001 号综放面 181m 运输顺槽 20m	18. 5	4. 8

续表 4-12

测定地点及区段	施工前/kg·m^{-1}	施工后/kg·m^{-1}
73001 号综放面 31m 运输顺槽 100m	9.2	4.0
73001 号综放面 82m 运输顺槽 90m	5.2	3.8
73001 号综放面 181m 运输顺槽 70m	8.2	3.6
73001 号综放面 181m 运输顺槽 90m	8.9	3.2
73001 号综放面 214m 运输顺槽 100m	5.4	2.6

老虎台矿煤层透气性较好，透气系数达 0.261～3.6m/d，施工排放卸压钻孔时，瓦斯随钻孔施工从孔内涌出，甚至有时有明显感觉。如孔内凉手，可以看到雾状气体，有时有气体吹手的感觉，甚至有时喷孔，用瓦斯检定器检查孔口瓦斯，其浓度明显增加，说明瓦斯正在通过钻孔排出。经测定从排放卸压钻孔施工完毕经 6 个小时的排放，平均钻孔内的瓦斯自然涌出量可降低 1.2mL/min，表明其衰减的速度较快。由于瓦斯通过排放卸压钻孔排出，降低了综放面前方瓦斯压力和瓦斯含量，消除了瓦斯参与突出的威胁。

4.5.1.4 老虎台煤矿采掘面超前卸压钻孔效果分析

影响煤与瓦斯突出的基本因素，一般认为是瓦斯、地应力和煤质本身结构相互影响和作用的结果。通过采掘面实施排放卸压钻孔措施，对地应力和瓦斯涌出的研究得到如下特点：

(1) 通过合理布置排放卸压钻孔，可以对采掘面前方煤体的应力起到释放作用，ϕ89mm 孔径经 24h 对 0.8m 半径内的煤体起到松动作用，此时钻孔已经变形或压实。因此，在综采面采用排放卸压措施时，孔间距不得大于 2m。在超值点部位 10m 范围内孔间距不得大于 0.5m，以使其充分卸压；在掘进面实施排放卸压钻孔，孔间距不应大于 0.5m，在两帮和顶板的终孔位置应超出巷道轮廓线 2m 以上，卸压时间不应小于 4h。

(2) 排放卸压钻孔排放瓦斯时，瓦斯自然涌出量虽然随时间延长而降低，但在排放卸压钻孔压实之前，时间越长排放效果越好，钻孔压实之后就减弱或失去了排放作用。因此在24h前是排放的最佳时期。

（3）在施工排放卸压钻孔排放瓦斯过程中，由于孔数较多，瓦斯排放量增大，所以要考虑适当调节增加采掘面风量，以稀释排放出的瓦斯，防止风流瓦斯超限。

（4）排放孔孔径越大排放效果越好，但孔径大了会给钻孔施工增加困难，而且增加了排放孔排放期间防止瓦斯事故的难度等，因此孔径不易过大。可是孔径小了排放瓦斯和卸压效果不好，所以一般应以 $\phi89 \sim 108$mm 为宜。

（5）排放卸压孔是防治煤与瓦斯突出的有效措施，而且对防治冲击地压也有明显效果，因此，在冲击地压区域应将排放卸压钻孔作为主要防治措施之一。

（6）在施工排放卸压钻孔时，必须制定可靠的防止喷孔伤人等安全措施。

4.5.2 钻孔卸压

钻孔卸压的实质是利用高应力条件下，煤层中积聚的弹性能来破坏钻孔周围的煤体，使煤层卸压、释放能量，消除冲击危险。

4.5.2.1 钻孔卸压的原理

钻孔卸压是利用钻孔方法消除或减缓冲击地压危险的解危措施。此法基于施工钻屑法钻孔时产生的钻孔冲击现象。钻进愈接近高应力带，由于煤体积聚能量愈多，钻孔冲击频度越高，强度也越大。钻孔可以起到破裂和软化煤体的作用。当在煤体内进行卸压钻进时，在钻孔周围的高应力作用下，其钻出的煤粉量较常规增加很大，因此每一个钻孔周围形成一个比钻孔直径大得多的破碎区，当这些破碎区互相连通后，便能使岩体钻进剖面全部破裂，支撑压力均衡，向围岩深部转移，起到卸压作用如图4-60所示。煤层支撑压力峰值部位钻孔的破裂和卸压作用钻孔卸压的实质是利用高应力条件下，煤层中积聚的弹性能来破坏钻孔周围的煤体，使煤层卸压、释放能量，消除冲击危险。

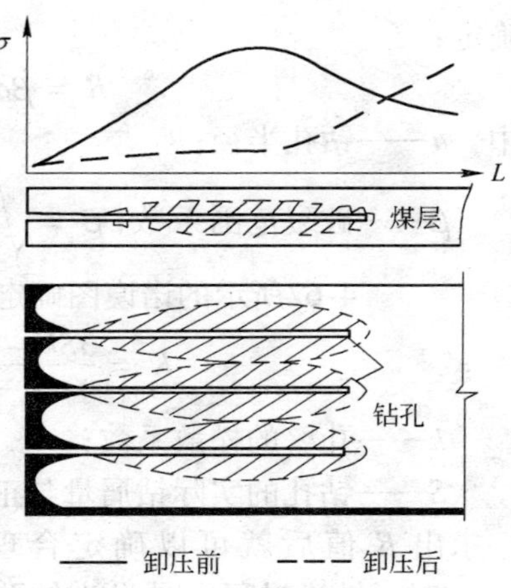

图 4-60 在煤层中钻孔的卸压作用

4.5.2.2 卸压钻孔的参数确定

钻孔卸压作为防治冲击地压的积极措施，正逐渐得到普遍应用。卸压钻孔的布置方式如图 4-61 所示。经验表明，在多数情况下煤层钻孔是防治冲击地压的有效方法。

前苏联对钻孔卸压进行了大量研究，试验表明，当钻孔孔径为 300mm，孔间距为 1.5 ~ 2m 时，煤层卸压效果好。当孔间距 3m 时，卸压效果降低。并提出单一钻孔周围破裂区半径 R 按下

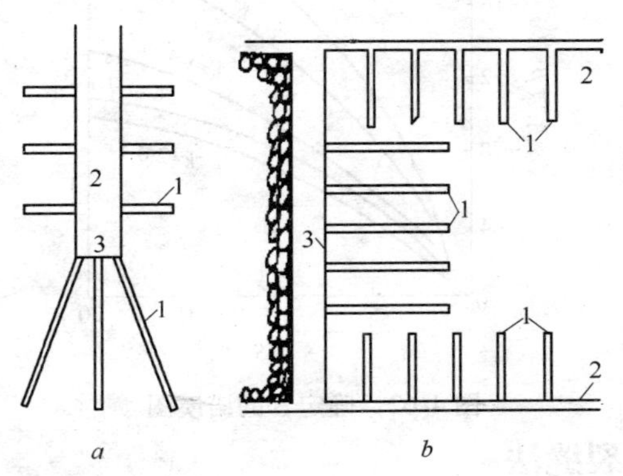

图 4-61 卸压钻孔布置方式

a—巷道内布置方式；*b*—采煤工作面布置方式；

1—钻孔；2—巷道；3—工作面

式确定：

$$R = \beta a$$

式中　a——钻孔半径；

β——破裂范围系数，$\beta = \sqrt{K + \frac{1}{4}} - \frac{1}{2}$，（式中 β 按图 4-62所示的诺谟图确定）；

$$K = \frac{3Sk - k - 2}{k - 1} \tag{4-42}$$

k——孔壁的松散系数；

S——钻孔的实际钻屑量与正常钻屑量之比。

求出 R 值后就可以确定合理的孔间距。不过孔径大于 250mm 时，钻进过程中易发生钻孔冲击等强烈而危险的卸压现象，钻屑量达到1～5t/m，造成钻进操纵困难等。解决办法是对钻机进行遥控，对钻孔注水进行排粉。

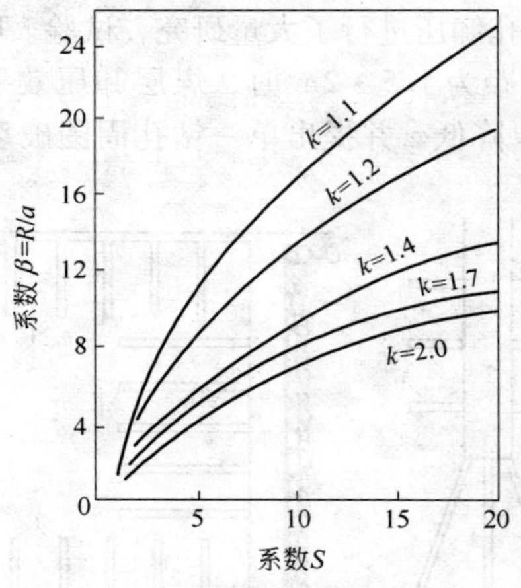

图 4-62　确定 β 的诺谟图

4.6　定向裂缝法

4.6.1　定向水力裂缝法

定向水力裂缝法就是人为地在岩层中，预先制造一个裂缝。

在较短的时间内，采用高压水，将岩体沿预先制造的裂缝破裂。在高压水的作用下，岩体的破裂半径范围可达 15～25m，有的甚至更大。

采用定向水力裂缝法可以简单、有效、低成本地改变岩体的物理力学性质，其主要作用：

（1）降低冲击矿压危险性，改变顶板岩体的物理力学性质，将坚硬厚层顶板分成几个分层或破坏其完整性。

（2）维护平巷，将悬顶挑落。

（3）在煤体中制造裂缝，有利于瓦斯抽放。

（4）破坏煤体的完整性，降低开采时产生的煤尘等。

定向水力裂缝法实施的过程与步骤如下：

（1）在分层的岩体中打钻；

（2）在钻孔中完成定向预裂缝；

（3）在一定的水压和流量下，向其中注入高压水；

（4）检查作业效果。

定向水力裂缝法有两种，一是预裂缝为周向的，一是预裂缝为轴向的。研究表明，在要形成周向预裂缝的情况下，为了达到较好的效果，周向预裂缝的直径至少应为钻孔直径的两倍以上，而且裂缝端部要尖。高压泵的压力应在 30MPa 以上，流量应在 60L/min 以上。而轴向裂缝法是沿钻孔轴向制造预裂缝，从而沿裂缝将岩体破断。

制造周向预裂缝法是沿钻轴向制造预裂缝，从而沿裂缝将岩体破断。制造周向预裂缝的钻头如图 4-63 所示。

当在矿井中实施定向水力裂缝法时，其效果可采用水压力的变化和声发射的脉冲来控制。当水压力突然下降或突然出现大量的声响，则说明有较大的裂缝产生，并且采用声发射可确定裂缝的范围。也可采用在控制钻孔中观察水位和电阻的变化来控制该方法的效果。定向水力裂缝法的钻孔布置及效果控制钻孔的布置如图 4-64 所示。

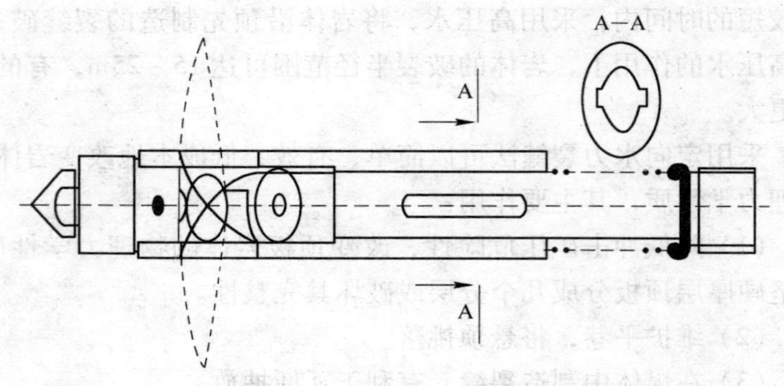

图 4-63　周向预裂缝钻头示意图

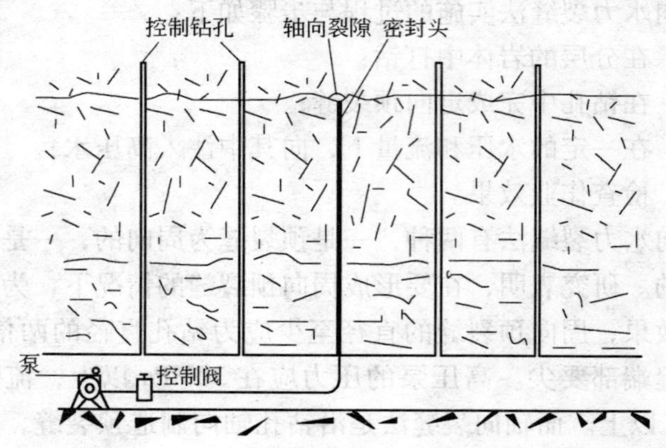

图 4-64　注水钻孔和效果控制钻孔布置示意图

4.6.2　定向爆破裂缝法

定向爆破裂缝法的原理与定向水力裂缝法的原理是一样的，不同之处只是将高压水换成了炸药。其预裂缝也有周向和轴向之分。图 4-65 所示为制造轴向裂缝的钻头。而制造的周向裂缝可以在钻孔的底部，也可以在钻孔中形成几个预裂缝，如图4-66所示。

定向爆破裂缝法的钻长度、布置方式、制造预裂缝的数量、

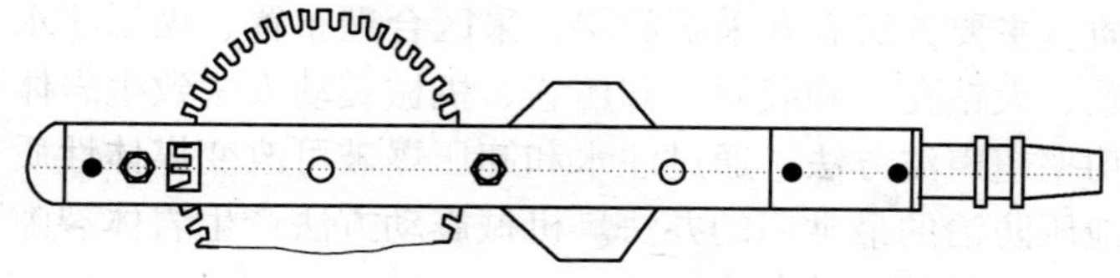

图 4-65　轴向预裂缝钻头示意图

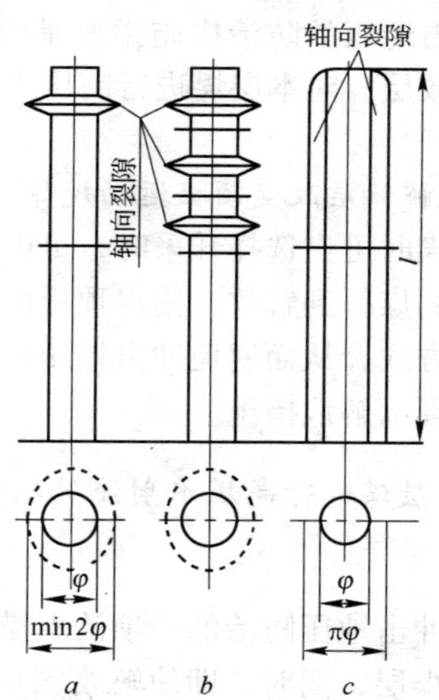

图 4-66　爆破钻孔结构示意图

a—周向裂缝最小半径；*b*—周向裂缝沿轴向分布；

c—轴向裂缝分布

形式等均取决于井巷支护形式，要破坏岩体的力学性质以及破裂的目的，这需要根据具体的生产实际，进行具体的设计和实施。

4.7　冲击地压综合防治

4.7.1　对于不同机理冲击地压的处理措施

4.7.1.1　煤体压缩型冲击地压

煤体压缩型冲击地压的主要防治措施是改变应力场分布和煤

体性质。主要方法有开采解放层、采区合理布置、煤层注水、卸压爆破、大钻孔、卸载洞、卸压巷、机械震动方法致生岩体裂隙和大功率超声波方法。通过注水和卸压爆破可改变煤体性质，是冲击地压防治的最常用的办法。机械震动方法产生岩体裂隙也是改变煤体性质的一种办法。

4.7.1.2 顶板断裂型冲击地压

顶板断裂型冲击地压的防治措施主要是改变顶板运动规律。主要方法为开采解放层。对本层煤进行高压水射流钻孔割缝、留设煤柱。

4.7.1.3 开采解放层改变顶板运动规律

当有相邻两层煤时可供选择开采时，可以先开采位于下层的煤，这时位于上层的煤得到解放，使得顶板由可能断裂的方式变为弯曲下沉的运动方式，从而避免冲击地压的发生，但对于应力增加区，还需采取局部解危措施。

4.7.1.4 对本层煤进行高压水射流钻孔割缝改变顶板运动规律

开采解放层是冲击地压防治的一项治本措施，但对有些煤层找不到可以解放的煤层，同时，即使解放层开采，还有一个解放范围问题。对于非解放范围，由于应力集中，冲击地压会更加严重，所以寻求本层煤的开采解放是冲击地压防治的一个发展方向。高压水射流钻孔割缝技术就可以实现本层煤的解放。

4.7.1.5 留设煤柱改变顶板运动规律

在有些情况下可以通过留设煤柱来改变顶板运动规律。通过合理选择煤柱的宽度和间距，使得留设的煤柱，既改变了顶板运动规律，使之不会产生大面积顶板断裂，同时又因留设煤柱而不致引起新的应力集中。

4.7.1.6 通过限制断层移动防治断层错动型冲击地压

对于断层错动型冲击地压采用改变煤体性质和顶板活动规律，都不能解决问题，只有通过使开采不接近断层，或通过留设煤柱的办法，避免断层的移动，从而防治这种类型的冲击地压。

4.7.2 综合治理

冲击地压防治的基本途径是综合防治。必须从煤矿生产实际出发，从生产的各个环节入手，把科学试验、防治实践和生产技术管理有机地结合起来，制定和形成科学的、行之有效的防治体系。在防治工作面中要有针对性地采取防治措施，并在实际中贯彻执行和有效应用，以消除冲击地压事故，保证安全生产。

根据现场实践、试验和理论研究，原煤炭工业部制定了我国煤矿《冲击地压煤层安全开采暂行规定》，并制定了煤层冲击危险性预测和防治冲击地压措施应用规范，形成了我国防治冲击地压综合防治方案。它是综合防治体系在具体生产地质条件下的具体化，是指导防治工作的有力工具。综合防治方案主要由防治程序、防治和管理措施、防治内容等部分组成。

综合防治的出发点是力求避免冲击地压发生。当冲击地压不可避免时，力求控制其规模和危害程度。一般在程序上规定了防治工作的步骤、防治工作与生产和管理工作的关系。加强管理工作是掌握和使用复杂的防治技术的客观要求。就整个矿井而言，在制定和安排年（季）度生产计划时，就要评定待采区域的冲击危险级别，制定有效的监测和治理计划。对每个待采区在开采前必须编制冲击地压防治措施的生产作业规程。对重点危险区还要编制专门的作业规程。在总结生产和安全工作时，也应总结冲击地压防治工作。防治和管理措施应包括预防方法、防治措施和管理制度。

在综合防治过程中，应坚持对冲击地压发生条件，规律和机理的分析研究。在进行煤岩力学性质和冲击倾向试验研究的同时，要重视对生产地质条件等冲击地压影响因素的分析研究。特别要分析形成冲击地压的主导因素，要组织一定规模的科技队伍，采取多种手段，对该矿采动支撑压力和构造应力场分布规律，弹性能积聚和释放过程的时空规律进行观测研究，并以此为基础，开展冲击地压预测试验，确定适合本矿具体生产地质条件下的冲击危险判别指标。同时积极实施冲击地压防治措施的试验和应用，选择确定各项措施的合理工艺参数和施工设备。进而总结，归纳出适合于本矿条件，行之有效，具有普遍指导意义的一整套综合防治体系和方法，并使之规章制度化，生产工艺化，在生产中推广应用。保证生产安全、高产高效。

5 老虎台矿冲击地压事故实例分析

5.1 老虎台矿 55001 号采区冲击地压事故分析

5.1.1 采区概况

55001 号工作面位于老虎台井田东部（见图 5-1）。

工作面所采煤层为本层煤，工作面东部为 - 580m。55001 号一期综放面采空区、西部为未采区、南部为 - 580m 水平 58003 号作面采空区、北部为两厂压煤线。

该工作面东西走向长度 1077m、面长 100m、煤层平均厚度 21.8m。该工作面煤质破碎，比较松软。顺槽支柱形式全部采用锚网和 No.4.5 号 U 形支架复合支护。

该工作面为一、二期分期准备、顺序推进，一期走向推进长度 490m，开采时间 1998 年 9 月份、二期工程 1998 年 10 月开始准备，1999 年 10 月贯通。工作面于 1998 年 9 月份正式开采，发生事故时累计推进 870m，采出煤炭 160 万 t，工作面剩余走向可采推距 178m，运输顺槽剩余全长 210m。

5.1.2 事故造成的破坏情况

2001 年 1 月 6 日 2 点 53 分在 55001 号综放工作面运输顺槽发生 ML2.8 级冲击地压，由此造成运输顺槽 200 多米巷道不同程度受到破坏，80m 巷道严重破坏；其中变电列车处近 40m 巷道压死通风不能行人，支护全部变形、巷道高度由原来的 3.25m 压缩到 1.7 ~ 1.0m、巷道断面由 12 m^2 缩小为 2 ~ 4 m^2，死亡 3 人。

在抢修与恢复生产一周期间里，于 2001 年 1 月 12 日 15 点 19 分再次发生 M_L2.8 级冲击地压，使运输顺槽 200 多米巷道再次受到不同程度的破坏；回风顺槽两处严重漏货，勉强可以爬行走人，10 多名工人被困在回风顺槽、工作面、运输顺槽之间，其中 2 人死亡。在两次冲击地压事故抢险过程中，由于巷道破坏严重，并时常有大小冲击地压发生，对抢险救灾人员的人身安全构成了威胁，给抢险救灾带来很大难度，最后被迫将工作面封闭。两次事故 5 人死亡，28 人不同程度受伤，直接经济损失 147 万元。

全长 45m 的 150 运输机道，设计高度 2.5 ~ 2.8m；但由于受到强烈的冲击的作用，造成巷道底鼓和顶板下沉，局部区段高度仅剩 0.5m、大部分缩小为 1.2 ~ 1.4m；150 运输机道由于受底鼓影响扭曲变形，部分脱节已不能正常运转；大约有 110 余支架下沉压在皮带上部，造成不能行人。断面面积由原来的 10 m^2 缩小为 3 ~ 4 m^2。皮带运输机主、被动受震动冲击移位，拖棍全部震坏、震掉，部分电气设备开关被震坏。联络道两道风门被冲击破坏。回风顺槽整体巷道平均下沉 500mm，断面面积仅为 0.5 ~ 1m^2，造成无法行人，有 120 架棚子严重变形。南北顺槽联络道全长 100m，由于冲击底鼓顶板下沉，造成 40 余架支架严重变形，见图 5-1、图 5-2。

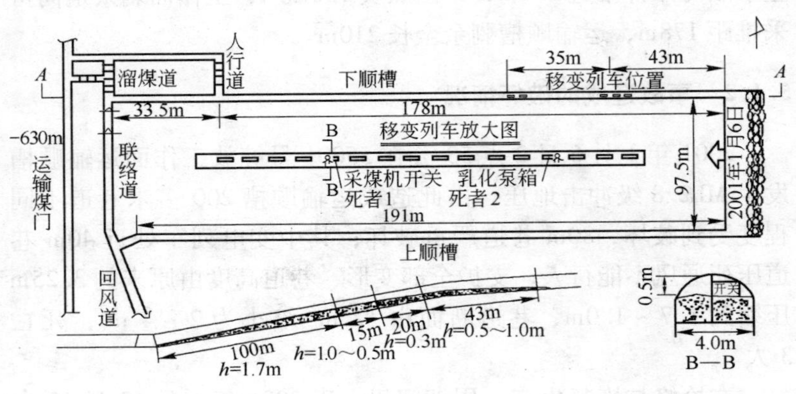

图 5-1　55001 号下顺槽“1.6”矿震事故现场示意图

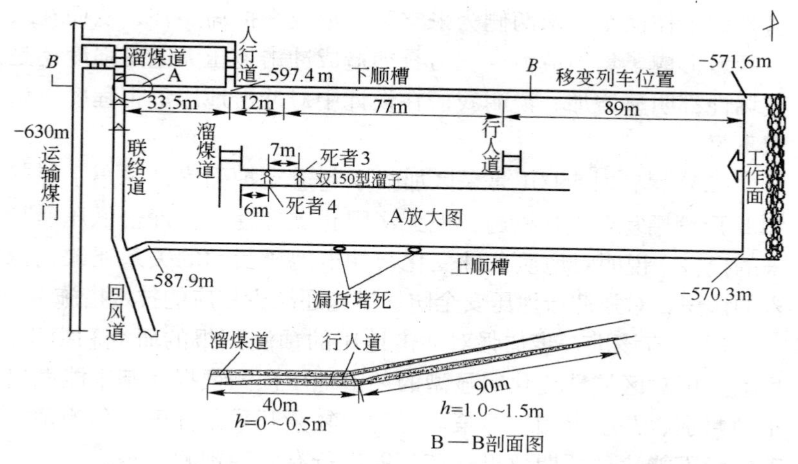

图 5-2　55001 号下顺槽“1.12”矿震事故现场示意图

5.1.3　事故原因

由于冲击地压发生的机理及预测与预防手段目前还不完善，特别是在同一采区，不到一周时间内发生两次同样大震级冲击地压是前所未有的。然而两次事故前均未发现有冲击地压预兆或变化特征，特别是第二次事故是在矿组织对第一次冲击地压造成的破坏进行拉底、扩面，背棚、撤出设备过程中突然发生的，工作面尚未生产，说明复杂地质构造条件下与开采深度大等因素的影响，诱发冲击地压的发生因素比较复杂，许多问题有待深入研究。但从经验和教训方面来看，综合起来有以下几点：

（1）随着矿井采区开采向下延伸，工程地质条件更加复杂，构成冲击地压的因素比较多，任何环境工程地质条件的改变都有诱发冲击地压发生的可能性，所带来的危害性也明显的增加。另外该工作面正处于断层附近，由于 F7-1 断层的影响，地应力明显增大，煤质破碎，层理、节理十分发育，再加上工作面推进尚不足于 180m，使整个煤体均处于工作面采动超前压力影响之下，另外该工作面东、南两侧为采空区，形成半孤岛煤柱，从而在未采区域形成了集中应力。三力叠加造成冲击地压无论是强度还是破坏性都明显增加，说明我们在设计中对冲击地压危害程度上认识不足。

(2) 尽管对55001号采区加强了巷道支护强度，采用了锚网和U形钢棚复合支护措施，但无法阻止破坏性较大冲击低压所带来的损害，说明对地质条件变化与冲击地压活动的关系还缺乏深入的认识，对强冲击地压安全防护措施还缺少相应的技术措施。

(3) 应该进一步加强对冲击地压的预测预报的研究和探索。目前矿山对区域性变化明显型的冲击地压预测预报，基本能做出正确判别、并制定相应对策。但对于复杂开采条件下的预测预报工作尚不能达到预期效果，还不能进行有效的预测预报。

(4) 加强对矿井深部开采冲击地压防治措施方面的研究，对深部的地质情况应做进一步探明，逐步解决由于地质构造原因和采深所造成的地应力增高规律，采取切实可行的安全技术措施。在采区布置上要避开地质构造应力区，特别是矿井整体布局上和开采顺序要合理，避免形成孤岛煤柱应力集中区。

(5) 对受构造应力、集中应力及采动超前压力影响的冲击地压危险区，要加大卸压解危措施实施力度，全面实施高压注水、松动放炮、卸压钻孔等可行的防治解危措施，减轻和避免冲击地压的威胁。

5.2 老虎台矿73001号冲击地压事故分析

5.2.1 采区概况

5.2.1.1 采区布置与开采概况

73001号综采区位于井田中央，该采区西至－730m西探巷，东临－680m水平68002号东已采综采区，西部为83001号1已采综采区，北部为68002号—1已采综采区，南部为68001号—西已采综采区。该采区东部上面为63006号—2已采综采区。采区走向长度（东—西）为600.5m，倾斜长度（南—北）为155m，采区面积为93007m²。该采区回采标高 -638 ~ -717m，回采阶段为 -630 ~ -730m。见73001号综放面布置示意图5-2。

73001号综采区为原生煤体，工作面煤层平均厚度24.8m，可采储量2639913t；开采方法为走向长壁下行跨落后退式综合机械化放顶煤采煤法，采煤机为MG400-W；落煤方式为采煤机割煤后部放顶煤，工作面长147 ~ 150m；采空区管理为自然垮落法，工作面倾角3°26′1″；液压支架型号为ZF-6000/18/28H型液压支架。割煤高度2.6m，截深为0.6m，移架步距0.6m，放煤步距1.0m，放顶煤时采取多轮次，间隔式的均匀不间断放煤法，循环往复直到见到老顶油母页岩为止。

5.2.1.2 端头和两巷支护

（1）上端头采用4根前、后两组Π型钢梁，单体液压支柱支护顶板，双排1.2m长金属铰接顶梁单体液压支架支护顶板。下端头采用4根前、后2组Π型钢梁、单体液压支柱支护顶板，双排1.2m长金属铰接顶梁单体液压支架支护顶板，Π型钢梁迈步前移，支护前、后部运输机机头顶板。

（2）运输、回风顺槽保证超前采煤工作面20m加强支护；采煤工作面硬帮往前10m范围内，均采用两排1.2m长金属铰接顶梁单体液压支架支护顶板；10m至20m范围内采用原巷道的锚网U形棚复合支护形式加强支护顶板。

5.2.1.3 采区工程地质条件

73001号综采区地质构造复杂程度中等，采区的南部为F25断层，对本区影响不大，西部走向近似北东向，区内赋存有较小的背斜褶曲构造，小断层构造比较发育。73001号综采区直接顶为油母页岩，直接底为泥质粉砂岩，老底为凝灰岩。

5.2.2 冲击地压发生的过程与破坏情况

5.2.2.1 综放面封闭前、后情况调查

73001号综放区四周均为已经开采后采空区，属于一个大的

煤柱区域，并且区内有较小的断层和褶曲等构造，地层压力较为集中（见图 5-3），在开采过程中曾多次发生较大的冲击地压，因而在综放面回采前和回采期间，采取了高压注水、排放卸压钻孔等一系列解危措施后冲击地压发生的震级和次数明显降低。表 5-1 是 73001 号综放面生产期间和启封前发生冲击地压统计。

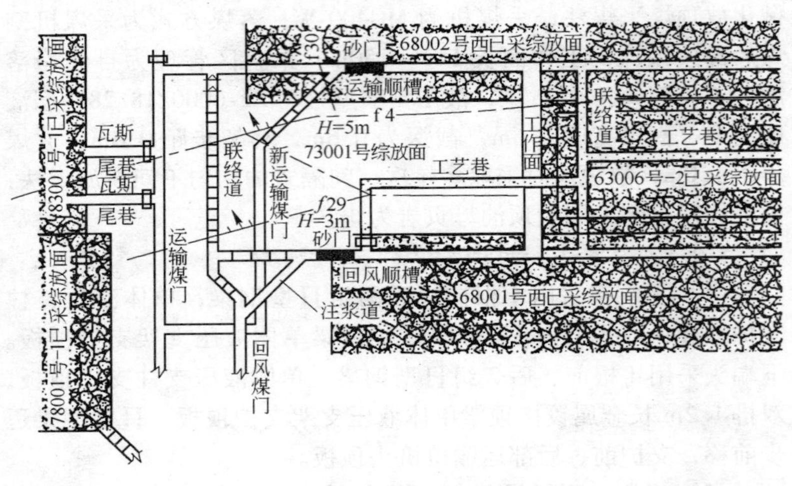

图 5-3　73001 号综放面布置示意图

表 5-1　73001 号综放面生产期间和启封前发生冲击地压统计

状　态	时　间	冲击地压次数				备　注
		合　计	1 ~ 2 级	1 ~ 2 级	3 级以上	
掘进期间	2002. 1 ~ 12	41	21	17	3	
生产期间	2003. 2 ~ 2004. 5	26	11	15		
封闭期间	2004. 6 ~ 2005. 1	3	1	1	1	回风顺槽掘尾巷
启封期间	2005. 1. 3 ~ 1. 5	1			1	

2004 年 6 月 1 日由于矿井限产而停产封闭，此时回风顺槽距终采线尚有 220m，运输顺槽顺距终采线尚有 248m。停产 7 个月后于 2005 年 1 月 3 日至 5 日启封，在此期间工作面始终处于停产状态。

从表 5-1 中可以看出，由于综放面封闭停产，冲击地压发生次数明显降低，除封闭期间在回风顺槽掘进尾巷时，引起回风顺槽和回风巷发生 3 次冲击地压外，73001 号综放面没有发生冲击地压。

5.2.2.2 启封情况

启封前首先利用预先敷设的瓦斯管，对封闭区内的瓦斯进行抽放，瓦斯降下来以后再进行启封。启封时，先由运输顺槽开始，然后启封回风顺槽，启封时可以看到运输顺槽和回风顺槽的砂门密闭已经压得非常硬实，需用镐刨。考虑到由于工作面长时间封闭，而且封闭区域内温度较高，为防止综放面煤炭自然发火，启封后 1 月 3 日 ~1 月 4 日在工作面架间和架后进行了消火注水钻孔施工，消火注水钻孔施工情况见表 5-2。

表 5-2 冲击地压发生前施工消火注水钻孔统计

时间（年．月．日）	地 点	孔径/mm	孔深/m	仰角/(°)
2005. 1. 4	工作面 44 架	73	10	5
2005. 1. 4	工作面 54 架	73	10	5
2005. 1. 4	工作面 2 架	73	15	70
2005. 1. 4	工作面 5 架	73	15	70
2005. 1. 4	工作面 8 架	73	15	70
2005. 1. 4	工作面 11 架	73	15	70
2005. 1. 4	工作面下隅角	73	10	30
2005. 1. 4	工作面 21 架	73	10	8
2005. 1. 4	上隅角	73	10	35
2005. 1. 4	南顺距工作面 15m	42	15	70
2005. 1. 4	南顺距工作面 30m	42	15	70
2005. 1. 4	工作面 42 架	42	15	70
2005. 1. 4	工作面 57 架	42	15	70
2005. 1. 4	工作面 47 架	42	15	70
2005. 1. 4	工作面 59 架	42	5	70

工作面封闭前，为了保护液压支架，采用 ϕ160mm 的圆木，

进行了辅助支护，每组架子两根，共计198根。启封后，于1月4日对木支柱进行了回撤。但由于工作面压力大，有70%的木支柱被压裂、折，液压支架被压死。启封后该采区其他支护未动。

5.2.2.3　采掘情况

73001号在封闭期间，在回风顺槽掘进施工了一条尾巷，目的是在恢复生产后抽放采空区瓦斯，防止回采时瓦斯大量涌出问题，在掘进尾巷过程中，曾在回风系统发生了3次冲击地压。另外，在73001号综放面西翼的83001号综放面向西推进，采空区长度近200m，采空区边缘距73001号综放面250~280m，73001号综放面停产期间，83001号综放面一直在生产推进。73001号尾巷布置如图5-4所示。

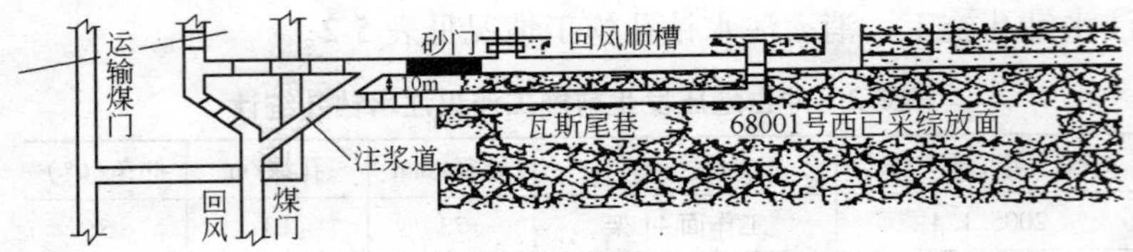

图5-4　73001号瓦斯尾巷示意图

5.2.2.4　大气压情况

冲击地压发生前、后大气压力出现了较大的波动。冲击地压发生前后大气压力变化情况见表5-3。

表5-3　冲击地压发生前后大气压力变化

时间（月.日）	1.1	1.2	1.3	1.4	1.5
气压/kPa	75	75.2	75.3	76.5	75.5

5.2.2.5　冲击地压发生情况

2005年1月5日3点25分73001号综放面在启封运输顺槽密闭的时候，发生了3.3级的冲击地压，虽然没有造成人员伤亡事故，但综放面出现了严重的破坏，注浆道10~50m底鼓200mm；运输铁轨向西北帮移400mm；回风顺槽40~70m底鼓；运输胶带架子震翻，60~70m处净高由2.5m压缩到1.5m，90~

125m 处底板鼓起 200mm，顶板下沉 200mm；工作面 60 号～81 号架子处煤壁片帮，其中 77 号～64 号架处较严重，架前煤壁片帮煤炭堆满前部溜子，工作面净高由 2.0m 普遍降到 1～0.8m 之间，33 号～60 号架之间破坏较轻，片帮煤炭少，另外，工作面电缆有三处被颠出运输机电缆槽；运输J顷槽 100～180m 运输胶带架子与 U 形棚紧紧靠上，巷帮吊挂的电缆落地，部分运输胶带架子震翻，造成运输顺槽不能行人；联络道两道风门震坏，至其下部运输顺槽 40m 段水沟震坏。这次冲击地压使原启封后即恢复生产的计划推迟了 3 天，造成了一定的经济损失。而且，这次冲击地压现象较为典型，即在 73001 号封闭停产 7 个月的时间内，没有发生冲击地压现象，而在启封完毕尚未恢复生产的时候，发生了较大的冲击地压。

5.2.3 原因分析

（1）该采面的东部为采空区，北部为 68002 号西采空区，南部为 68001 号西采空区，西部为 83001 号、78001 号、78002 号的采空区。因此，该采区所剩余的煤体为孤岛煤柱，属于高度应力集中的煤体，73001 号运输顺槽应力分布如图 5-5 所示。

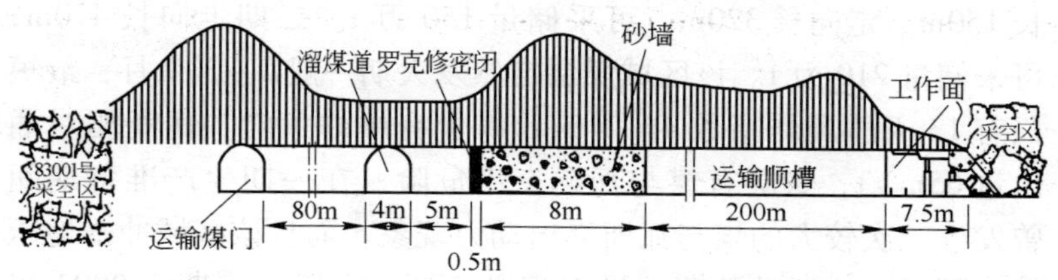

图 5-5　73001 号运输顺槽应力分布示意图

（2）该采区自 2004 年 6 月 1 日停采后，由原来采动影响的高应力平衡状态转为了高应力静态平衡状态，使综放面前方煤体固定的应力增高区长时间地处在高压状态下，促成该处煤体形成了极限平衡状态。

（3）从冲击地压发生前的大气压上看，由 1 月 3 日的

75.3kPa 到 1 月 4 日的 76.5kPa，气压急剧增加了 1.2kPa。另外，在启封前封闭区气压高于外面气压，而启封后形成矿井全负压通风，空气压差变化很大。

(4) 综放面回撤木支柱后，使工作面对顶板的支护撑力骤然减小，迫使顶板松动，这样造成综放面的压力继续向综放面推进前方的煤体转移。

(5) 综放面及南顺消火注水钻孔的施工，在一定程度上也使该处煤体的应力发生变化。

(6) 特别是封闭时在运输顺槽设置了 8m 砂墙，为了严密又灌注了罗克修、粉煤灰等，73001 号停采后在应力平衡过程中，使其形成了一个牢固的应力平衡支撑体，拆除砂墙后应力失衡，是引发这次冲击地压的影响因素。

5.3 老虎台矿 83001 号冲击地压事故分析

5.3.1 工作面概况

83001 号综放面位于井田西部 -830m 水平，距地表垂深 930m，煤层均厚 40m，倾角 4°~12°。83001 号一期工作面倾斜长 150m、走向长 320m，可采储量 150 万 t。二期走向长 470m，可采储量 210 万 t。该区域煤层自然发火期一般 1~3 个月，最短只有 13 天。爆炸指数 46.24%，煤尘有爆炸危险。瓦斯相对涌出量 $65m^3/t$，煤层有煤与瓦斯突出危险，在一期生产准备期间曾发生三次较大的煤与瓦斯突出动力现象。而且该区域冲击地压较为频繁，一期准备期间最大震级达到 3.2 级。一期于 2003 年 8 月 27 日投产，83001 号二期在一期开采的同时进行准备，为防止回采和掘进相互干扰，83001 号二期准备时，运输顺槽暂不与一期运输顺槽连通，中间留 15m 长的煤体巷段，待二期掘进准备完毕再掘通运输顺槽与一期相连通。但为方便行人与联络，在一期运输煤门和二期联络巷之间掘一条联络道，并设两道隔绝风门，防止风流紊乱。

从区域地质构造看 83001 号综采区受 F26 断层影响，派生断层较多，在采区范围内断层交错，构造复杂，对采区影响较大的有四条，落差均在 10m 以上。而且，沿走向有一条向斜构造贯通 83001 号二期。采区南翼上部为 78002 号采空区，由于 78002 号已经采完，使煤层原始应力平衡状态失衡，应力集中区北移，与区域内断层构造应力叠加，局部区域形成高应力状态。83001 号综放面如图 5-6 所示。

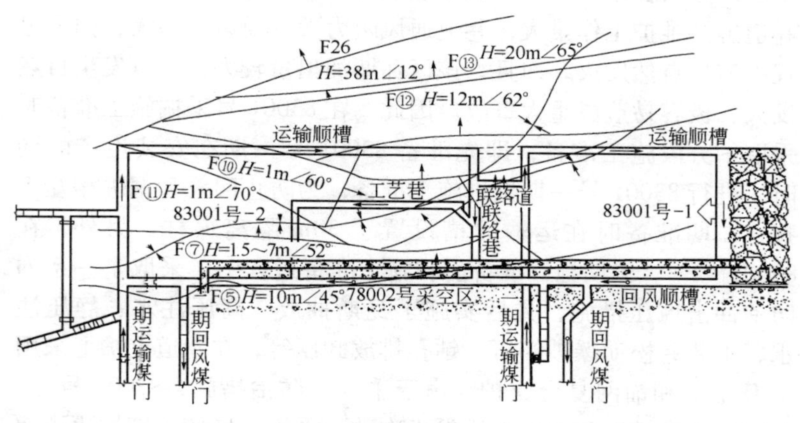

图 5-6　83001 号综放面示意图

5.3.2　冲击地压发生过程与破坏特征

2004 年 3 月 26 日在老虎台矿 83001 号运输顺槽发生了一次 3.1 级冲击地压，冲击地压发生的地点是在对 83001 号一、二期之间 30m 煤体掘进贯通施工过程中。冲击地压使工作面瓦斯浓度升高，巷道底鼓变形，风门被震坏，皮带架子变形，皮带颠翻；高压水泵移位，开关颠翻，溜子移位；并有两人微伤。

这次冲击地压虽然没有造成较大人员伤亡，但是对巷道及有关设备、设施的破坏还是较为严重的。这就给我们提出了一个必须引以为重的警示，即在冲击危险程度较大的区域内施工的过程中，不仅要避免近距离的相向掘进、提高支护强度，还必须对施工现场的相关设备和设施采取加固等防护措施。因此，分析这次冲击地压动力现象，对指导今后在冲击地压区域进行安全采掘作业和保证矿井安全生产，具有一定实际意义。

83001 号综放面是深部采区距地表深，矿压大，而且地质构造复杂，掘进施工较为困难，特别是该区煤层自然发火期短，整个采区走向长近千米，一次准备完毕后安装生产，生产周期长，巷道拆换维护工作量大，巷道通风阻力大，通风压差大，回采过程中容易自然发火，而且，该区瓦斯涌出量较大，一旦发生自然发火，极容易造成重大事故。因此，在 83001 号采掘施工准备时采取了分段施工准备，即先准备 83001 号一期在安装生产的同时，进行 83001 号一期掘进施工准备，为防止回采和掘进相互干扰，二期准备时在运输顺槽设置了 30m 隔离煤柱。另外，在 83001 号一、二期施工准备前和施工准备过程中，采取了一系列防治冲击地压措施，先后实施了瓦斯抽放、高压注水、静压注水、工艺巷松动爆破卸压、钻孔排放卸压等，在巷道支护上采用了 U 形棚和锚网复合支护。由于采取了防治措施，83001 号一、二期掘进准备期间冲击地压发生次数、震级、破坏程度均比预期小得多。见表 5-4、表 5-5、表 5-6。

表 5-4　83001 号卸压钻孔统计

地　点	孔数/个	孔延米/m
一期北顺	75	2105
二期工艺巷	78	2197
二期回风煤门	46	999
二期南顺	226	5756
二期北顺	511	13331
合　计	936	24388

表 5-5 震动放炮统计

地 点	孔数/个	孔延米/m	火药量/kg
一期运输煤门	32	320	96
一期工作面	94	1528	2574
一期北顺	185	1850	555
一期联络道	35	350	105
一期瓦斯道	18	180	54
一期工艺巷	207	4513	7638
二期南顺	115	1145	345
二期北顺	60	600	180
二期工艺巷	62	579	231
合 计	808	11065	11778

表 5-6 83001 号高压注水统计

地 点	孔数/个	延米/m	水压/MPa	注水时间/h	注水量/m^3
83001 号一期工作面	1058	24227	6～14	13986.5	104898
83001 号一期运输顺槽	511	6450	3～14	2113	15847
83001 号一期回风顺槽	24	688	2～14	910.5	6829
83001 号一期工艺巷	398	8556	2～16	3401	25507
83001 号一期联络道	11	311	3～14	472.5	3543
83001 号二期运输顺槽	1595	10482	2～16	5468.5	41013
83001 号二期工艺巷	176	3309	3～16	1547.5	11606
83001 号一期新尾巷	6	90	8～10	12.5	94
83001 号一期尾巷	10	300	6～12	153	1147
83001 号二期回风顺槽	68	1404	3～12	405	3037
83001 号运输顺槽一期、二期煤柱	4	80	4～12	24	180
83001 号一期运输煤门	137	1680	6～14	408	3060
83001 号二期运输煤门	97	1164	6～14	258	1935
83001 号一期安装道	39	468	6～10	156	1170
83001 号一期开切眼	66	792	6～14	168	1260
83001 号二期回风煤门	10	123	6～13	15	112
合 计	4210	60124	2～16	29499	221238

在83001号二期掘进施工准备基本结束，进行一、二期30m煤柱掘进贯通施工时，掘进5m，放炮后发生了3.1级冲击地压，造成一期运输顺槽皮带头部30m底鼓0.3m，皮带头部靠北帮皮带架子变形；回风顺槽在一期回风道往西140m底鼓0.2～0.6m，回风顺槽皮带颠翻40m，高压水泵移位，开关颠翻两个；一期联络道两个料石风门被震坏，15m长巷道底鼓0.6～0.7m；二期工艺巷100m底鼓0.4～0.8m，其中，严重底鼓长60m，二盘溜子移位；二期运输顺槽西进掌子头15m长一段底鼓0.4～0.8m；微伤两人；风流瓦斯浓度达2.9%。所幸没有造成大的后果。

5.3.3 原因分析

本次冲击地压发生的原因大体上可以归纳为如下几点：

(1) 从区域地质构造看83001号综采区受F26断层影响，派生断层较多，在采区范围内断层交错，构造复杂，对采区影响较大的有四条，落差均在10m以上。而且沿走向有一条向斜构造贯通83001号二期。

(2) 采区南翼上部为78002号采空区，由于78002号已经采完，使煤层原始应力平衡状态失衡，应力集中区北移，与区域内断层构造应力叠加，局部区域形成高应力状态。

(3) 83001号一、二期运输顺槽已经形成系统，其中间所留的煤柱是人为造成的采掘应力集中区，这个应力集中区又处于构造应力和上部开采形成的应力范围内，在没有掘进贯通前，处于平衡稳定状态。一旦掘进施工作业，应力平衡状态被破坏（或称为失稳），使应力重新平衡而发生冲击地压。

(4) 除构造应力和上部开采造成的集中应力的影响。尽管运输顺槽煤柱在掘进施工前，采取了高压注水、排放卸压钻孔等措施，但这些措施不能覆盖整个区域，虽然在局部范围内卸除了集中应力问题，并不能完全卸去这个区域的应力叠加的状态。但需要指出的是，正是采取实施了一系列解危措施，在一定程度和范围内减轻、缓解了集中应力状况，使冲击地压的震级和危害有了一定程度的减轻。

5.4 老虎台矿 708 号冲击地压事故分析

5.4.1 采区概况

708 号上段采区是老虎台矿 −730m 水平的西翼采区，该采区因 F25 断层（落差 50m 左右）影响，一分群不可采，只能采二、三分群。该采区西邻 709 号上段已采区，东邻 707 号上段已采区，上部为 508 号下段未完全采出区，下部为 708 号中段采区。708 号准备区如图 5-7 所示。

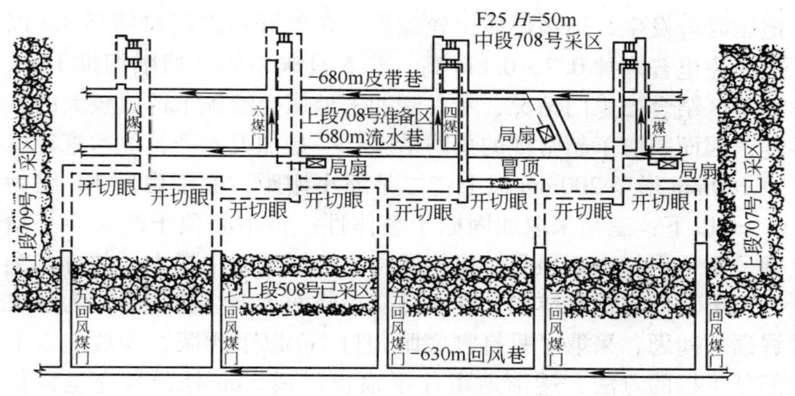

图 5-7 708 号准备区示意图

708 号上段采区掘进准备施工由老虎台建筑工程公司复采区承担，工程内容是掘进、维修、拉底、清扫。工程设计由老虎台矿提供，建筑公司复采区依据设计说明书的要求及局矿有关安全生产的规定，编制掘进作业规程，经公司批示，报矿总工程师审批后生效。规程由公司区、队生产技术负责人负责贯彻执行。

5.4.2 冲击地压发生的过程与破坏特征

1995 年 6 月 8 日在老虎台矿 −730 号西翼 708 号上段采区 4

煤门掘进准备时，发生 M_L1 级震级的冲击地压，造成工作面冒顶（长 8m，宽 4m，高 3.5m），使当场作业的 5 名工人全部被埋，在抢救人员过程中，距第一次冲击地压发生 10 余分钟后，再次发生冲击地压，使顶板进一步冒落，运输设备被震坏，而且在抢救人员过程中冲击地压连续发生，顶板不断冒落，时刻威胁着抢险人员的安全，抢救难度加大，直至 9 日 3 点 40 分才将所埋人员全部扒出。此次事故造成 4 人死亡，1 人受伤，这是一起由于冲击地压引起的顶板垮落埋人重大死亡事故，教训是深刻的。

5 月 24 日，四煤门东侧开切眼开始掘进，掘进开始后冲击地压时有发生，顶板煤质比较疏松，东侧开切眼门口掉顶 3m 以上，往里普遍掉 0.7 ~0.8m 高。到 5 月末东侧开切眼掘进 14m。复采区结合二煤门情况，考虑到冲击地压会给施工造成较大的难度，因而采取了超常规的预防措施；一是加大木径，坑木直径由原 180mm 增至 200mm 以上：二是缩小棚距，棚距由原 1m 缩为 0.9m 以下：三是采取加固棚子整体性，将中心顶子改为穿心抬棚，棚下再打中心顶子，每架棚由 3 个增至 5 个撑木，并打 5 个扒锔子，使支护整体化。在 6 月初检修两天继续施工后，为解决冒顶的问题，采取了只打腰底眼，打 1m 以下腰眼，少放炮，上部分手掘的方法，逐渐地留住了顶板，到 23m 处顶板完全留住了，又向前掘进了 8m。发生事故的四煤门到 6 月 8 日为止共掘进煤巷 144m，其中东侧开切眼准备道掘进 31m。

6 月 8 日白班，8 人到四煤门掘东侧开切眼，当班任务施工三架棚。其中 3 人在掌子头掘进作业，另外 4 人运料和看运输设备。当给好两架棚，放完第三遍炮给棚子立腿时，大约在 21 点 10 分左右，突然发生冲击地压，使工作面较大面积冒顶（8m × 4m × 3.5m），5 人全部被埋。

由于事故现场受冲击地压影响，条件恶劣，抢救过程中又连续不断发生冲击地压，顶板不断冒落，时刻威胁抢救人员的安全，给抢救带来了极大的困难，为了加快抢救速度，又保证抢救人员的安全，采取了先打木垛加强支护，再进行抢救的措施，经奋力抢救，直至9日3点40分才将所埋人员全部扒出。但因埋没时间过长，其中4人窒息死亡。事故现场如图5-8所示。

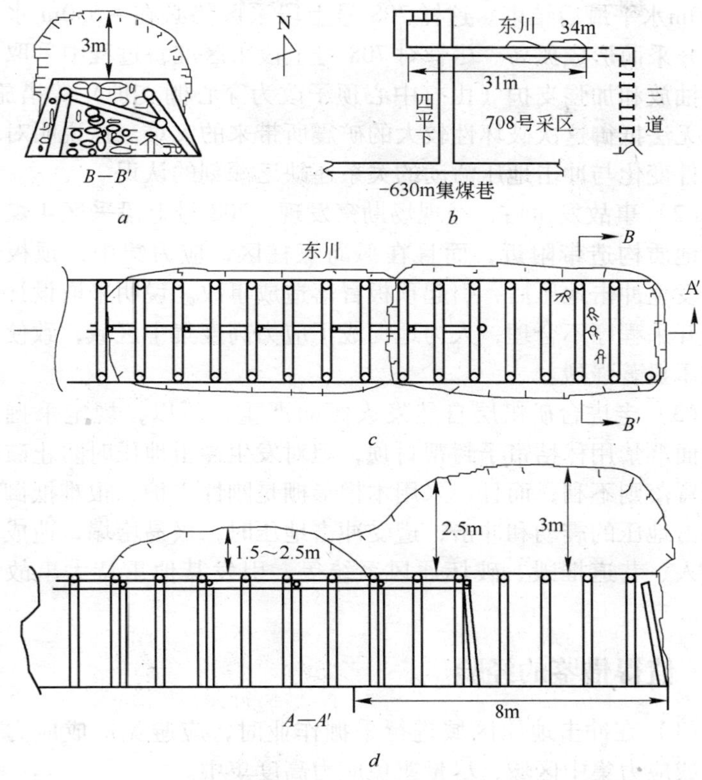

图5-8 “6.8”事故现场示意图

a—事故现场垂直轴向剖面图；*b*—事故现场巷道分布；*c*—事故现场支护巷道平面图；*d*—事故现场支护巷道沿轴向剖面图

5.4.3 事故原因

本次冲击地压发生的原因综合起来主要有以下几点：

(1) 随着矿井开采的延伸，地质情况变化更加复杂，冲击地压越来越强烈。该掘进地点正处于F25断层地带，由于F25断层的影响，下盘地应力明显增大，煤质破碎，层理、节理十分发育，再加上此条带凝灰岩底鼓等原因，致使508号下段采区在-580m水平最后结束。这样708号上段采区势必在-630m水平最后开采而形成孤岛。尽管对708号上段采区准备过程中采取了瓦斯抽放和加强支护（由打中心顶子改为穿心棚支护）等措施，但仍无法抵御这次破坏性较大的矿震所带来的灾难。这说明对地质条件变化与冲击地压活动的关系还缺乏深刻的认识。

（2）事故发生后，经现场勘察发现，708号上段采区4煤门处于地质构造带附近，而且在孤岛煤柱区，应力集中，顶板破碎，发生冲击地压后，引起顶板冒落造成事故。说明采取设计布置，开采程序不合理，人为地促成了应力高度集中区域，致使冲击地压显著强烈。

（3）老虎台矿煤层自然发火倾向严重，所以，规定采掘进工作面严禁用秫秸帘子封帮封顶，但对发生冲击地压时防止破碎顶板冒落则不利，而且，采用木梯形棚是刚性支护，很难抵御较强冲击地压的震动和冲击，遭受冲击地压时，极易垮塌，造成冒顶埋人、巷道摧毁、破坏通风系统等，引发其他重特大事故的发生。

5.5 值得借鉴的经验

（1）在冲击地压区域进行采掘作业时，应避免形成应力支撑点或应力集中区域，尽量避免应力高度集中。

（2）对已经形成的应力集中区域，必须采取有效的解危措施，如高压注水、排放卸压钻孔、卸压松动放炮等，使集中应力解除或降低后，方可进行其他施工。

（3）在冲击地压区域进行采掘作业时，必须采取个体防护、设备物件材料捆绑等安全防护措施，防止一旦发生冲击地压时造成人员伤害。

（4）在冲击地压区域进行施工作业时，加强电磁辐射仪、钻屑、矿压观测等预警措施，指导有针对性地采取解危措施，减轻冲击地压对作业人员的威胁程度。

（5）加强矿井深部开采的安全生产技术性问题研究，对深部的工程地质条件应做详细勘察，分析地质构造原因和采深所造成的地应力增高规律，采取切实可行的安全技术措施。在采区布置上要避开地质构造应力区，特别是矿井整体布局上和开采顺序要合理，不得形成孤岛煤柱区。

（6）积极开展冲击地压研究工作的科技攻关，设置专门机构和人员同有关科研单位协作，加强对冲击地压的防治与研究工作，重点是解危防治措施的方法和手段以及预测预报的敏感指标和临界值的确定等技术难点。

（7）进一步加强冲击地压区域采掘面的支护质量，采用可缩拱形支护，加强刹帮、刹顶质量，并全部用中拌切实刹严、刹实。并要学习新的支护技术，改变落后的支护方法和方式。

参 考 文 献

[1] 潘一山，徐秉业. 冲击地压发生和破坏过程研究[D]. 北京：清华大学工程力学系，1999.

[2] 公衍梅. 基于损伤的冲击地压理论研究及应用[J]. 阜新：辽宁工程技术学，2007：56～70.

[3] 刘卫方，张荣玉. 冲击地压发生机理综述[J]. 矿业工程，2006，4(2)：12～14.

[4] 赵斌，李秋，李新元. 矿井深部开采冲击地压发生的规律及影响因素；煤炭工程[J]. 2005，11：52～54.

[5] 王淑坤. 冲击地压机理[J]. 岩石力学与工程学报. 1996，15(增刊)：500～503.

[6] 李文，纪洪广，魏小文. 矿井冲击地压分类、机理和预测预报研究进展[J]. 中国矿业，2007，16(4)：86～88.

[7] 周晓军，鲜学福. 煤矿冲击地压理论与工程应用研究的进展[J]. 重庆大学学报(自然科学版)，1988，21(1)：126～132.

[8] 潘一山，李忠华，章梦涛. 我国冲击地压分布、类型、机理及防治研究[J]. 岩石力学与工程学报，2003，22(11)：1844～1851.

[9] 周宏伟，谢和平，左建平. 深部高地应力下岩石力学行为的研究进展[J]. 力学进展，2005，35(1)：91～99.

[10] 李文，纪洪广，武玉梁. 深井冲击地压发生机理分析及预测方法研究[J]. 中国矿业，2007，16(7)：105～107.

[11] 张若祥. 冲击地压的最新分类与防治对策[J]. 煤，2003，12(5)：19～21.

[12] 张成庆，孟宪琨. 冲击地压产生的原因及防治措施[J]. 煤炭技术，2005，24(2).

[13] 王健，孙学军，朱自为. 煤(岩)冲击地压研究进展[J]. 工业技术，2007，(17)：82.

[14] 王永秀，齐庆新，陈兵，雷毅. 煤柱应力分布规律的数值模拟分析[J]. 煤炭科学技术，2004，32(10)：59～62.

[15] 张玉祥，鲁庆明. 煤柱冲击地压发生机理及控制[J]. 矿山压力与顶板管理，1997，(2)：78～80.

[16] 李忠华，潘一山. 煤柱冲击地压的解析分析[J]. 地质灾害与环境保护，2001，12(2)：62～65.

[17] 秦四清，何怀锋. 狭窄煤柱冲击地压失稳的突变理论分析[J]. 水文地质工程地质，1995，(5)：17～20.

[18] 李忠华，潘一山. 采煤工作面冲击地压的解析分析[J]. 辽宁工程技术大学学

报(自然科学版)，2002，21(1)：40～42.
[19] 姜永东，鲜学福，尹光志. 煤矿采掘工作面发生冲击地压的突变理论研究[C]. 采矿科学技术前沿论坛论文集. 2006，1～3.
[20] 黄庆享，高召宁. 巷道冲击地压的损伤断裂力学模型[J]. 煤炭学报，2001，26(2)：156～159.
[21] 潘一山，徐秉业. 考虑损伤的圆形洞室岩爆分析. 岩石力学与工程学报[J]. 1999，18(2)：152～156.
[22] 刘长江，卢海军. 深部巷道岩爆的发生机理及防治对策. 煤炭科学技术[J]. 2005，33(11)：30～32.
[23] 潘一山，章梦涛，徐秉业. 断层冲击地压发生的理论与实验研究[J]. 岩石力学与工程学报，1998，17(6)：642～649.
[24] 邰英楼，王来贵，张明海. 顶底板受拉应力型冲击地压机理及数学模型[J]. 辽宁工程技术大学学报(自然科学版)，1999，18(5)：513～516.
[25] 兰大奇. 煤矿采准巷道冲击低压机理初探[J]. 河北能源职业技术学院学报，2002，(2)：55～56.
[26] 张智慧，潘一山，阎海鹏. 矿井深部矿压特征分析[J]. 煤炭科技，2007，(4)：65～66.
[27] 韩恩利，孟凡平，李国宏. 浅谈冲击地压的发生规律与防治[J]. 煤矿安全，2007，(总396)：75～76
[28] 朱建明，高立新，杨月江. 深部厚坚硬顶板诱发冲击地压原因的探讨[J]. 煤，1995，4(5)：16～19.
[29] 王来贵，潘一山，章梦涛. 采掘诱发地震的成因及对策[J]. 中国安全科学学报，1996，6(3)：40～43.
[30] 李忠华，潘一山. 采煤工作面冲击地压的解析分析[J]. 辽宁工程技术大学学报，2002，21(1)：40～42.
[31] 齐庆新，陈尚本，王怀新，毛德兵，王永秀. 冲击地压、岩爆、矿震的关系及其数值模拟研究[J]. 岩石力学与工程学报，2003，22(11)：1852～1858.
[32] 宋维源，潘一山，苏荣华，王洪英. 冲击地压的混沌学模型及预测预报[J]. 煤炭学报，2001，26(1)：26～30.
[33] 章梦涛，潘一山，王来贵，张永利，邰英楼. 冲击地压的预测[J]. 煤炭开采，1998，(1)：24～27.
[34] 潘一山，徐秉业，毛仲玉，徐方军. 冲击地压定量预测的研究[J]. 煤炭开采，1998，(3)：35～38.
[35] 姜福兴，王存文，杨淑华，张兴民. 冲击地压及煤与瓦斯突出和透水的微震监测技术[J]. 煤炭科学技术，2007，35(1)：26～28.
[36] 章梦涛，潘一山. 冲击地压失稳理论的解析分析[J]. 岩石力学与工程学报，

15(增刊)，1996：504～510.

[37] 范学理，潘一山．冲击地压与突出的理论、预报及防治的现状和前景[J]．阜新矿业学院学报，1995，14(1)：34～38.

[38] 窦林名，何学秋．冲击矿压危险预测的电磁辐射原理[J]．地球物理学进展，2005，20(2)：427～431.

[39] 郃英楼，王来贵，张明海．顶底板受拉应力型冲击地压机理及数学模型[J]．辽宁工程技术大学学报，1999，18(5)：513～516.

[40] 曹安业，窦林名，秦玉红，李志华，巩思园，王玉刚．高应力区微震监测信号特征分析[J]．采矿与安全工程学报，2007，24(2)：146～149.

[41] 邹德蕴，宋景春，许平，邵国柱，段伟．基于应力法的冲击地压预测系统的研发与应用[J]．煤炭科学技术，2007，35(4)：93～95.

[42] 李新元，马念杰，钟亚平，高全臣．坚硬顶板断裂振动型冲击地压预测技术研究[J]．中国煤炭，2007，33(3)：33～39.

[43] 孟贤正，汪长明，唐兵，孙炳兴．具有突出和冲击地压双重危险煤层工作面的动力灾害预测理论和实践[J]．矿业安全与环保，2007，34(3)：1～4.

[44] 王来贵，潘一山，梁兵，章梦涛．矿井不连续面冲击地压发生过程分析[J]．中国矿业，1996，5(3)：61～65.

[45] 李文，纪洪广，魏小文．矿井冲击地压分类、机理和预测预报研究进展[J]．中国矿业，2007，16(4)：86～88.

[46] 李世愚，和雪松，张少泉，陆其鹄，蒋秀琴，佟晓辉，李铁，管福恩，左艳，孙学会，李国基．矿山地震监测技术的进展及最新成果[J]．地球物理学进展，2004，19(4)：853～859.

[47] 潘一山，赵扬锋，官福海，李国臻，马植胜．矿震监测定位系统的研究及应用[J]．岩石力学及工程学报，2007，26(5)：1002～1011.

[48] 方焕明．煤矿冲击地压及其防治技术探讨[J]．煤炭工程，2005，(4)：60～62.

[49] 周晓军，鲜学福．煤矿冲击地压理论与工程应用研究的进展[J]．重庆大学学报，1998，21(1)：126～132.

[50] 何宗礼，陈高君，赵晓举．煤矿冲击矿压预测预报及治理技术[J]．煤矿开采，2006，11(5)：55～56.

[51] 李文，纪洪广，武玉梁．深井冲击地压发生机理分析及预测方法研究[J]．中国矿业，2007，16(7)：105～107.

[52] 唐绍辉．深井金属矿山岩爆灾害研究现状[C]．长沙矿山研究院建院50周年院庆论文集，2006：136～140.

[53] 吴爱祥，郭立，张卫锋．深井开采岩体破坏机理及工程控制方法综述[J]．矿业研究与开发，2001，21(2)：4～7.

[54] 黄学军，姜永东. 隧道岩爆的判据及预测预报[J]. 矿业安全与环保，2005，32(2)：7~10.

[55] 李凤琴，郝旺身，张兴民，王国际，高新春. 微地震监测技术对矿井冲击地压防治初步探讨[J]. 煤炭安全，2003，28(4)：357~360.

[56] 章梦涛. 我国冲击地压预测和防治[J]. 辽宁工程技术大学学报，2001，20(4)：434~435.

[57] 唐宝庆，曹平. 岩爆研究现状的分析[J]. 湖南有色金属，1996，12(1)：7~10.

[58] 王培，吴继忠，Bernard DRZEZLA. 采矿地质因素评价冲击地压危险[J]. 矿山压力与顶板管理，2001，(1)：72~74.

[59] 毛德兵. 冲击矿压发生危险性评价方法[J]. 煤炭开采，2000，(4)：52~53.

[60] 窦林名，曹其伟，何学秋，王恩元. 冲击矿压危险的电磁辐射技术[J]. 矿山压力与顶板管理，2002(4)：89~91.

[61] 窦林名，何学秋，Bernard DRZEZLA. 冲击矿压危险性评价的地音法[J]. 中国矿业大学学报，2000，29(1)：85~88.

[62] 窦林名，何学秋. 冲击矿压预测的电磁辐射原理[J]. 地球物理学进展，2005，20(2)：427~431.

[63] 窦林名，何学秋，王恩元. 冲击矿压预测的电磁辐射技术及应用[J]. 煤炭学报，2004，29(4)：396~399.

[64] 窦林名，何学秋，王恩元. 电磁辐射监测冲击矿压灾害危险[J]. 煤炭开采，2004，9(1)：1~3.

[65] 邹喜正，窦林名，徐方军. 分维在电磁辐射技术预测冲击矿压中的应用. 辽宁工程技术大学学报[J]，2002，21(4)：452~455

[66] 蒋金泉，李洪. 基于混沌时许预测方法的冲击地压预测研究[J]. 岩石力学与工程学报，2006，25(5)：889~895.

[67] 李文，纪洪广，魏小文. 矿井冲击地压分类、机理和预测预报研究进展[J]. 中国矿业，2007，16(4)：86~88.

[68] 孙振武，代进，杨春苗，杨建飞. 矿山井巷和采场冲击地压危险性的弹性能判据[J]. 煤炭学报，2007，32(8)：794~798.

[69] 李希勇. 煤体声发射与电磁辐射监测冲击矿压危险的应用研究[J]. 煤炭开采，2003，8(2)：61~63.

[70] 冯恩杰，邓小林，李伟清. 钻屑法检测冲击地压危险的实践[J]. 山东：东滩煤矿，2006：1~7.

[71] 赵本钧. 冲击地压及其防治[M]. 北京：煤炭工程出版社，1995：340~459.

[72] 窦林名. 何学秋. 冲击地压防治理论与技术[M]. 徐州：中国矿业大学出版社，2001：97~140.

[73] 潘立友. 深井冲击地压及其防治[M]. 北京：煤炭工程出版社，1997：23 ~55.
[74] 李廷春，沙小虎，邹强. 爆破作用下高边坡的地震效应及控爆减振方法研究[J]. 爆破，2005，22(1)：1 ~6.
[75] 司荣军，汪华君，岳强. 采场围岩控制理论与实践综述及展望[J]. 矿业工程，2006，4(4)：26 ~28.
[76] 缪协兴. 采动岩体的流变与控制技术[J]. 力学与实践，2001，23(3)：7 ~12.
[77] 王来贵，潘一山，章梦涛. 采掘诱发地震的成因及对策[J]. 中国安全科学学报，1996，6(3)：40 ~43.
[78] 杨明春. 采空场处理综述[J]. 矿业快报，2004，(24)：35 ~37.
[79] 张成庆，孟宪琨. 冲击地压产生的原因及防治措施[J]. 煤炭技术，2005，24(2)：73 ~74.
[80] 宋广鹏. 冲击地压发生的判别准则和预防措施[J]. 应用技术，2006，(12)：64 ~67.
[81] 崔德仁. 冲击地压预测及治理[J]. 当代矿工，1997，8：18.
[82] 王青海，李晓红，顾义磊，艾吉人，唐伯明，杨君，胡世斌. 地下工程中岩爆灾害的成因及防治措施[J]. 重庆大学学报，2003，26(7)：116 ~120.
[83] 冯国春，王树斌，杨卫东. 放顶煤工艺在冲击矿压煤层的开采试验[J]. 煤矿开采，2002，(48)：32 ~33.
[84] 雷毅，齐庆新，徐刚，付东波. 急倾斜特厚煤层深部开采动压防治技术[J]. 煤矿安全，2007，390：33 ~34.
[85] 李永刚，徐国元，易洋来，张钵. 控制巷道岩爆的爆破卸压法[J]. 采矿技术，2006，6(4)：23 ~25.
[86] 章梦涛，宋维源，潘一山. 煤层注水预防冲击地压的研究[J]. 中国安全科学学报，2003，13(10)：69 ~72.
[87] 宋维源，章梦涛，潘一山，张智慧. 煤层注水中的水渗流规律研究[J]. 地质灾害与环境保护，2004，15(2)：86 ~88.
[88] 方焕明. 煤矿冲击地压及其防治技术探讨. 煤炭工程[J]，2005，(4)：60 ~62
[89] 陈永民，陈平，张作礼. 煤矿冲击地压灾害的预防与治理[J]. 山东国土资源，2007，23(3)：21 ~23
[90] 吴兴荣. 煤矿冲击矿压监测与防治的实践与研究[J]. 地球物理学进展，2007，22(3)：1011 ~1018.
[91] 何宗礼，陈高君，赵晓举. 煤矿冲击矿压预测预报与治理技术[J]. 煤矿开采，2006，11(5)：55 ~56.

[92] 李华平. 煤矿深部开采冲击地压的防治对策[J]. 煤矿开采, 1998, (32): 33~34.
[93] 刘长江, 卢海军. 深部巷道岩爆的发生机理及防治对策[J]. 煤炭科学技术, 2005, 33(11): 30~32.
[94] 徐仁桂, 刘乡乐, 翟新献, 李光. 深孔爆破在预防冲击地压中的应用[J]. 煤矿安全, 2007, (391): 40~42.
[95] 李庶林. 试论深井硬岩矿山岩爆巷道支护[J]. 中国矿业, 2000, 9(1): 56~60.
[96] 潘一山, 李忠华, 章梦涛. 我国冲击地压分布、类型、机理及防治研究[J]. 岩石力学与工程学报, 2003, 22(11): 1844~1851.
[97] 章梦涛. 我国冲击地压预测和防治[J]. 辽宁工程技术大学学报, 2001, 20(4): 434~435.
[98] 石长生. 卸压钻孔在防治冲击地压区的实践[J]. 能源技术与管理, 2007, (1): 20~21.
[99] 阎海鹏, 潘一山, 李宗翔. 注水防治急倾斜煤层冲击矿压的应用基础研究[J]. 煤矿开采, 2006, 11(6): 11~13.
[100] 徐忠义, 杜前进. 采矿知识问答[M]. 北京: 冶金工业出版社, 2006: 88~362.
[101] 刘殿中, 杨仕春等. 工程爆破实用手册[M]. 北京: 冶金工业出版社, 2003: 297~319.
[102] 周成武等. 井下爆破工[M]. 北京: 中国劳动和社会保障出版社, 2007: 82~108.
[103] 窦林名. 冲击矿压防治理论与技术[M]. 北京: 中国矿业大学出版社, 2001: 82~259.
[104] 朱月明, 张玉林, 潘一山. 急倾斜煤层冲击地压防治的可行性研究[J]. 辽宁工程技术大学学报, 2003, 22(3): 332~333.
[105] 冯玉宝, 盛继权, 刘军. 不断改革支护形式提高巷道抗冲击能力[J]. 冲击地压防治与研究, 2007, (4): 25~28.
[106] 陈荣德, 乔河. 老虎台矿冲击地压下特厚煤层煤巷锚杆支护试验研究[J]. 中国矿业, 2000, 9(4): 57~77.
[107] 刘军, 李树贵. 老虎台矿2001"1.06"、"1.12"冲击地压事故分析[J]. 冲击地压防治与研究, 2007, 1(2): 62~64.
[108] 周蒲生, 刘军, 李树贵. 老虎台矿"95.6.8"冲击地压事故分析[J]. 冲击地压防治与研究, 2006, 10(1): 43~46.
[109] 周浦生, 李树贵. 老虎台矿"04.3.26"冲击地压动力现象分析[J]. 冲击地压防治与研究, 2007, 7(4): 63~65.

[110] 周浦生. 老虎台矿 73001 号“1.5”冲击地压调查与分析[J]. 冲击地压防治与研究，2007，4(3)：62 ~65.

[111] 惠乃玲，刘耀权，杨明皓，商玉靖. 抚顺老虎台煤矿矿震震源机制的研究[J]. 地震地磁观测与研究，1998，2，(19)1：39 ~46.

[112] 潘立友. 冲击地压前兆信息的可识别性研究及应用[D]. 山东科技大学，2003.

[113] 孙世国，特厚煤层综放开采上覆岩体移动特点与破坏范围的研究[D]. 北京科技大学博士后出站报告，2000.

[114] 孙世国. 高陡软岩边坡智能匹配优化设计技术[M]. 北京：科学出版社，2008.

[115] 孙世国. 矿山复合开采边坡岩体变形规律[M]. 北京：地震出版社，2000.

[116] 孙世国. 露天边坡与山体边坡复合体稳定性分析[M]. 北京：冶金工业出版社，2001.